大渡河流域
水文气象预报服务技术

郭 洁 贺玉彬 宋雯雯 陈在妮 陈 媛 梁 津 主编

内容简介

本书全面阐述了大渡河流域自然地理概况、水资源开发利用情况以及流域气象、水文特征，并详细介绍了大渡河流域气象服务系统。内容包括大渡河流域天气特征、强降水（极端降水）特征、积雪分布、流域雨季转换指标、面雨量时空分布及检验评估、流域径流的年际年内变化及丰枯特性、洪水的时空特性及入汛时间、降雨产流关系等。

本书可供气象、水文、资源、环境等部门的科研和业务人员参考，也可作为业务单位、高等院校、培训机构和相关专业教学和科研人员的参考用书。

图书在版编目（CIP）数据

大渡河流域水文气象预报服务技术 / 郭洁等主编
. — 北京：气象出版社，2020.12
ISBN 978-7-5029-7364-3

Ⅰ.①大… Ⅱ.①郭… Ⅲ.①大渡河—流域—水文气象学—气象预报 Ⅳ.①P339

中国版本图书馆 CIP 数据核字（2020）第 265516 号

大渡河流域水文气象预报服务技术
Daduhe Liuyu Shuiwen Qixiang Yubao Fuwu Jishu

出版发行：气象出版社
地　　址：北京市海淀区中关村南大街 46 号　　**邮政编码**：100081
电　　话：010-68407112（总编室）　010-68408042（发行部）
网　　址：http://www.qxcbs.com　　**E-mail:** qxcbs@cma.gov.cn
责任编辑：蔺学东　　**终　　审**：吴晓鹏
责任校对：张硕杰　　**责任技编**：赵相宁
封面设计：博雅锦
印　　刷：北京建宏印刷有限公司
开　　本：787 mm × 1092 mm　1/16　　**印　　张**：10.5
字　　数：270 千字
版　　次：2020 年 12 月第 1 版　　**印　　次**：2020 年 12 月第 1 次印刷
定　　价：80.00 元

《大渡河流域水文气象预报服务技术》

编委会

主　编　郭　洁　贺玉彬　宋雯雯　陈在妮　陈　媛
　　　　　梁　津

编　委　王西波　曲　田　朱　阳　朱艳军　刘　佳
　　　　　刘新超　李　佳　杨冬梅　陈　晋　郑　昊
　　　　　胡立春　袁　媛　徐　诚　高玉冰　陶　丽
　　　　　黄　瑶　淡　嘉　蒲吉光　熊灿林

序言

大渡河流域是岷江的最大支流，发源于青海省境内的果洛山南麓，向南流经金川、丹巴、泸定，于石棉折向东流，在乐山市注入岷江。该流域地处青藏高原东南边缘向四川盆地西部的过渡地带，总体地势呈西北高、东南低，干流全长1062 km，流域面积7.74万 km^2。大渡河流域是我国南水北调西线工程的关键水源区，蕴藏着丰富的水能资源，在补充黄河水资源不足、缓解我国西北地区干旱缺水、促进黄河治理开发等方面具有重要意义。

近几十年来，在全球气候变化的作用下，大渡河流域气候的暖干化趋势明显，流域水循环受到强烈影响；另外，人类活动极大地改变了传统的流域水循环模式，加速了冰川融水、干旱、水污染、地下水漏斗等一系列水资源与水生态问题的扩大化，严重制约了大渡河地区水资源与经济社会及生态环境系统的协同、可持续发展。因此，针对大渡河地区目前存在的问题，科学认知现代环境下大渡河地区水循环演变机理与规律，是进行大渡河地区水循环整体有效调控和宏观规划的科学基础。

大渡河流域是四川境内的重点流域，其水电基地在国家规划的十三大水能基地中排名第五位。由于大渡河流域的特殊性和重要性，四川省气象服务中心始终将大渡河流域水电气象服务作为专业气象服务的重点工作，多年来开展了面雨量分析、极端降水分析、积雪分析、气象因子对径流的影响等前沿课题研究，大力提升了专业气象服务的准确性与满意度。

长期以来，国电大渡河流域水电开发有限公司与四川省气象服务中心保持密切合作。气象预测在流域防汛、发电调度等方面发挥了重要作用。通过流域降水量等气象要素的多源数据融合、流域数值天气预报的本地化研究等措施，全面提高了流域气象预报精度，为大渡河流域梯级电站水情调控和防灾减灾提供了重要参考和指导，促进国电大渡河流域水电开发有限公司管理提升，实现效益增值。

该书对多年来大渡河流域水文气象方面的理论研究和业务实践进行了总结和提炼，兼具学术内容的前瞻性和业务实践的指导性，使读者能够快速、高效地掌握相关原理，达到读以至通、学以致用。

总之，该书的出版能在一定程度上满足科研和业务人员在水电气象服务和研究方面的需求，助力水文气象服务新跨越。

四川省气象局局长

杨卫东

大渡河流域是岷江的最大支流，位于青藏高原东南边缘向四川盆地西部的过渡地带，地理位置介于东经99°42′～103°48′，北纬28°15′～33°33′。流域四面环山，北以巴颜喀拉山与黄河分界；南以小相岭、大凉山与金沙江相邻；东以鹧鸪山、夹金山、大相岭与岷江、青衣江分水；西以罗科马山、党岭山、折多山与雅砻江接壤。大渡河流域面积77400 km^2，其中四川省境内70821 km^2，占全流域面积的91.5%。流域内高山耸峙，河流深切，沟谷深邃，地表起伏巨大，相对高差悬殊，整个地势由西北向东南逐渐降低。大渡河干流河道全长1062 km，由北向南流至石棉折向东，构成“L”字形，河口处多年平均年径流量488亿m^3，大渡河径流主要由降雨补给形成，部分为融雪和冰川补给，流域内水量丰沛，径流年际变化较小。其独特的自然地理条件，决定了其水能资源丰富，开发条件优越。大渡河水电基地在国家规划的十三大水能基地中排名第五位，对大渡河干流水电资源实施“流域、梯级、有序、综合”开发，可以有效地为四川经济发展和西电东送提供保障。

基于对大渡河流域多年专业气象服务的实践经验与总结，以及相关理论研究成果，四川省气象服务中心和国电大渡河流域水电开发有限公司展开深入合作，携手推进大渡河流域气象和水文相关内容的梳理工作，尤其是对大渡河流域的面雨量、极端降水、积雪、径流等特征及其气象服务平台等做了详细的分析，这构成了本书的主要内容。

全书共分9章，第1章主要介绍了大渡河流域自然地理、社会经济等概况，以及水资源开发利用等基本情况。第2~6章从气象角度介绍了大渡河流域的天气和气候特征，其中第2章主要介绍了大渡河流域降水气候变化特征；第3章介绍了大渡河流域强降水、极端降水特征以及环流分型；第4章介绍了大渡河流域积雪分布特征及其与气象因子（气温、降水）和径流的关系；第5章介绍了面雨量时空分布特征、流域雨季转换指标和强降水初终期；第6章主要对大渡河流域面雨量预报进行检验评估。第7、8章从水文角度介绍了大渡河流域径流特征，其中第7章主要介绍了大渡河流域径流的年际、年内变化及丰枯特性；第8章主要介绍了大渡河流域洪水的时空特性以及入汛时间、降雨产流关系。第9章从平台设计和功能方面介绍了大渡河流域气象服务系统。

本书第1章由郭洁撰写；第2章由郭洁、刘佳撰写；第3章由刘佳、刘新超、黄瑶撰写；第4章由宋雯雯、梁津撰写；第5章由郭洁、宋雯雯撰写；第6章由宋雯雯、梁津撰写；第7、8章由贺玉彬、陈在妮、陈媛撰写，第9章由郑昊、陈晋、淡嘉撰写。本书由郭洁、贺玉彬和宋雯雯和共同全面策划、谋篇布局和最终统稿。

本书的特色在于立足四川省水文气象的发展趋势，理论联系实际，开展了气象、水文等多学科融入型专业气象服务研究，有利于提升专业气象服务人员的综合研究能力和挖掘专业气象服务的潜能，同时还能为流域梯级电站水情调控和防灾减灾提供重要参考和指导。本书写作的目的在于，从气象和水文角度向读者介绍大渡河流域的气候特征和水文特征，以便读者对大渡河流域的理论研究和业务工作有一个全面的认识，进而拓展相关从业人员研究与实践的思路，并进一步推动专业气象服务科研深入发展，助力专业气象服务供给能力提升，为打造集约型、特色化、可持续的专业气象服务发展态势做出积极努力。

本书在编写过程中得到了四川省气象局、国电大渡河流域水电开发有限公司领导以及众多专家的鼓励、支持和帮助，在此谨向他们致以衷心的感谢！由于作者水平有限，书中难免有不足之处，恳望读者批评指正。

编者

2020年8月于成都

目录 Contents

第1章　大渡河流域基本情况

1.1　研究区域概况

大渡河发源于青海省玉树藏族自治州境内阿尼玛卿山脉的果洛山南麓，上源是足木足河（其上源为麻尔柯河、阿柯河，在久治县），经阿坝县于马尔康县境接纳梭磨河、绰斯甲河（杜柯河、多柯河）后称大金川，向南流经金川县、丹巴县，于丹巴县城东接纳小金川后始称大渡河，再经泸定县、石棉县转向东流，经汉源县、峨边县，于乐山市城南注入岷江，全长1062 km，流域面积7.74万 km^2。大渡河支流较多，流域面积在1000 km^2以上的28条，10000 km^2的2条，河网密度0.39。其主要支流有管料河、楠垭河、流沙河、磨西河、瓦斯沟、东谷河、革什扎河、小金河、大金河。大渡河径流主要由降雨补给形成，部分为融雪和冰川补给，流域内水量丰沛，径流年际变化较小。

大渡河流域位于青藏高原东南边缘向四川盆地西部的过渡地带，地理位置介于99°42′～103°48′E，28°15′～33°33′N。流域四面环山，北以巴颜喀拉山与黄河分界；南以小相岭、大凉山与金沙江相邻；东以鷓鸪山、夹金山、大相岭与岷江、青衣江分水；西以罗科马山、党岭山、折多山与雅砻江接壤（图1-1）。流域周界海拔高程一般在3000 m以上，有不少海拔4000～5000 m的山峰。

大渡河流域面积为77400 km^2，年径流量488亿m^3，其中四川省境内70821 km^2，占全流域面积的91.5%。大渡河流域内高山耸峙，河流深切，沟谷深邃，地表起伏巨大，相对高差悬殊。区内最高的海拔高度为7556 m（贡嘎山主峰），最低为海拔461 m（大渡河出口），最大相对高差7095 m。整个地势由西北向东南逐渐降低。大渡河干流由北向南流至石棉折向东，构成“L”形。根据河床纵坡降比和河谷两侧构造地貌发育特征，将大渡河分为上、中、下3段。上段是典型“V”字形侵蚀河谷，沿河谷很少有堆积地貌发育，河床海拔高度1.5～2 km；中、下段分别对应于南北走向和东西走向的河谷段，河谷呈“U”字形，海拔高度0.5～1.5 km。谷深为0.7～1.4 km，谷地中发育6级河流阶地。大渡河干流中段沿大渡河断裂带发育，这是一个地形地貌陡变带，它构成了青藏高原的东部边界。以西地区为高山区，平均海拔高度大于5 km；东部地区为大相岭中高山区，平均海拔高度3.5 km；河谷与山顶面之间的相对高差达3 km。

大渡河以泸定和铜街子为界划分为上、中、下游三段：上游段可尔因以北蜿蜒于海拔3600 m的丘状高原上，河谷宽浅，支流众多；可尔因以南穿行于大雪山和邛崃山之间，河谷深切，谷坡陡峻，水流湍急；中游段穿行于大雪山、小相岭、夹金山、二郎山、大相岭之间，山高谷深，岭谷高差达1000～2000 m，支流较多，中游分水岭有一些较低的垭口，高程在2000 m左右，成为水汽的主要通道；下游段过大凉山、峨眉山入四川盆地，河谷开阔，水流滞缓，分汊较多，多阶地、河漫滩、沙洲。

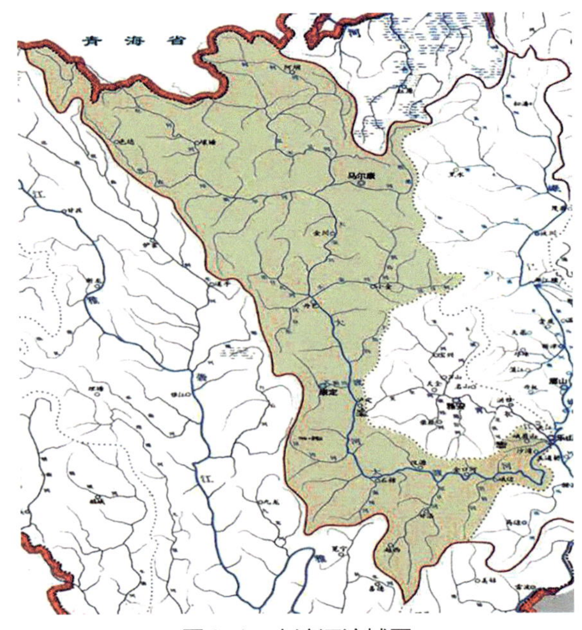

图1-1 大渡河流域图

1.2 自然地理概况

大渡河流域辽阔，气候多样，物产丰富。金川以下，北有连绵起伏的高原，挡住了北方寒冷气流的入侵，同时峡谷地形闭塞，热量不易散失，因此河谷底部终年温暖，年平均气温在12～18℃，无霜期达180～320 d，农作物可以一年两熟到三熟，在土壤肥沃、灌溉便利的金川、汉源等河谷阶地，农业相当发达。由于热量条件优越，这里中稻种植区可以达到海拔2200 m，是四川省中稻分布最高的地区之一。中下游河谷平原还宜双季稻生长。高寒地区气温虽低，但太阳辐射强烈，日照丰富，可以种植春小麦、青稞和马铃薯作物，分布海拔高程高达3500 m左右。上游气候凉爽，牧草丰茂，饲养着数以万计的绵羊、牦牛、马等牲畜，是四川省主要畜牧基地之一。

大渡河西岸的崇山峻岭中，生长着茂密的原始森林，它的面积要占全省森林面积的15.3%，木材蓄积量占全省总量的26.1%，在各大江流域中仅次于雅砻江。这里参天蔽日的云杉、冷杉、铁杉、桦木材质优良，每年都有大量的木材顺江而下，流放到乐山、宜宾，支援省内外建设。在浓阴覆盖下的深山老林里，还生活着许多大熊猫、金丝猴、扭角羚羊和白唇鹿等珍稀动物。

大渡河流域的植物资源也十分引人注目。海拔3000 m以下的河谷地区，盛产亚热带及温带的各种水果，金川、汉源的雪梨，以皮薄、核小、水多、味甜而享誉中外；汉源的核桃、柑橘，泸定的香桃，金川的柿子，名山的蒙顶茶等土特产也闻名全国；越西等地已成为四川省苹果生产基地，还有那畅销国内外的贝母、虫草、大黄、羌活、麝香、鹿茸等名贵药材，以及油桐、白蜡、蚕桑、茶叶、花椒等林副产品，也是大渡河的骄傲，其中汉源的花椒具有香浓、麻味足、油质重、色泽好等优点，在国际市场上享有盛誉。

1.3 旅游资源概况

大渡河主要流经青海省玉树藏族自治州的久治县、班玛县，四川省阿坝藏族羌族自治州的金川县、壤塘县、阿坝县、马尔康县，甘孜藏族自治州的丹巴县、康定县、泸定县、雅安市的石棉县、汉源县，乐山市的峨边县、沐川县、乐山市城区。

上游是著名的农牧区，下游的乐山市是四川重要的工业城市，工业门类齐全、发展基础较好，也是中国优秀旅游城市、中国历史文化名城，旅游经济总量居全省第2位。全市有国家A级以上景区20处，其中峨眉山、乐山大佛2处为国家5A级景区，峨眉山大佛禅院、夹江天福观光茶园、东方佛都、乌木文化博览苑、峨边黑竹沟、郭沫若故居、仙芝竹尖生态园、嘉阳桫椤湖等国家4A级景区8处。大渡河流域还有众多的风景和名胜古迹。

1.4 水资源开发利用概况

大渡河是岷江的最大支流，干流河道全长1062 km，天然落差4177 m，河口处多年平均年径流量488亿m^3，其独特的自然地理条件决定了其水电资源数量大、质量优，开发条件优越，可开发容量约2340万kW。作为国家规划的十三大水电基地之一，其干流水电梯级开发规划共22个梯级电站，自上而下分别为：下尔呷、巴拉、达维、卜寺沟、双江口、金川、巴底、丹巴、猴子岩、长河坝、黄金坪、泸定、硬梁包、大岗山、龙头石、老鹰岩、瀑布沟、深溪沟、枕头坝、沙坪、龚嘴、铜街子，如表1-1和图1-2所示。

大渡河水电基地——在国家规划的十三大水能基地中排名第五位，主要由中国国电集团公司控股的国电大渡河流域水电开发有限公司对大渡河干流水电资源实施“流域、梯级、有序、综合”开发，为四川经济发展和西电东送提供保障。根据2003年7月完成的《大渡河干流水电规划调整报告》，大渡河干流规划河段（下尔呷-铜街子）总装机容量为2340万kW，年发电量1123.6亿kW·h。明确河段开发任务是以发电为主，兼顾防洪、航运。推荐以下尔呷、双江口、猴子岩、长河坝、大岗山、瀑布沟等水电站形成主要梯级格局的3库22级开发方案。

表1-1 大渡河流域水电站简介

名称	位置	具体情况
大岗山水电站（干流第14级电站）	四川省雅安市石棉县	坝型为混凝土双曲拱坝，最大坝高约210 m，设计正常蓄水位1130.00 m，每台装机容量为650 MW，总装机容量2600 MW
瀑布沟水电站（干流第17级电站）	四川省雅安市汉源县和凉山州甘洛县境内	坝址以上控制流域面积68512 km^2，其多年平均流量1230 m^3/s，年径流量388亿m^3，总库容53.9亿m^3，其中调洪库容10.56亿m^3，调节库容38.82亿m^3，为不完全年调节水库。电站总装机容量3300 MW，多年平均发电量145.8亿kW·h
深溪沟水电站（干流第18级电站）	四川省雅安市汉源县	大渡河深溪沟水电站为坝式开发，设计最大坝高49.5 m，水库正常蓄水位660.00 m，总库容3200万m^3，是瀑布沟水电站的反调节电站。安装4台16.5万kW轴流转桨式水能发电机组。电站装机容量66万kW，年发电量32亿kW·h
龚嘴水电站（干流第21个梯级电站）	四川省乐山市	大坝为混凝土重力坝，最大坝高85.6 m，电站设计水头48 m，最大水头53.08 m，最小水头34.7 m。总库容3.1亿m^3，水电站装机容量77万kW，保证出力17.9万kW，多年平均发电量34.2亿kW·h

续表

名称	位置	具体情况
铜街子水电站	四川省乐山市境内	水电站总库容2.0亿m^3。水电站装机容量60万kW，保证出力13万kW，多年平均发电量32.1亿kW·h
沙湾水电站	四川省乐山市沙湾区葫芦镇	水库正常蓄水位432.0 m，相应库容4554万m^3，水库总库容4867万m^3。电站安装4台单机容量120 MW的轴流转桨式水轮发电机组，装机总容量480 MW

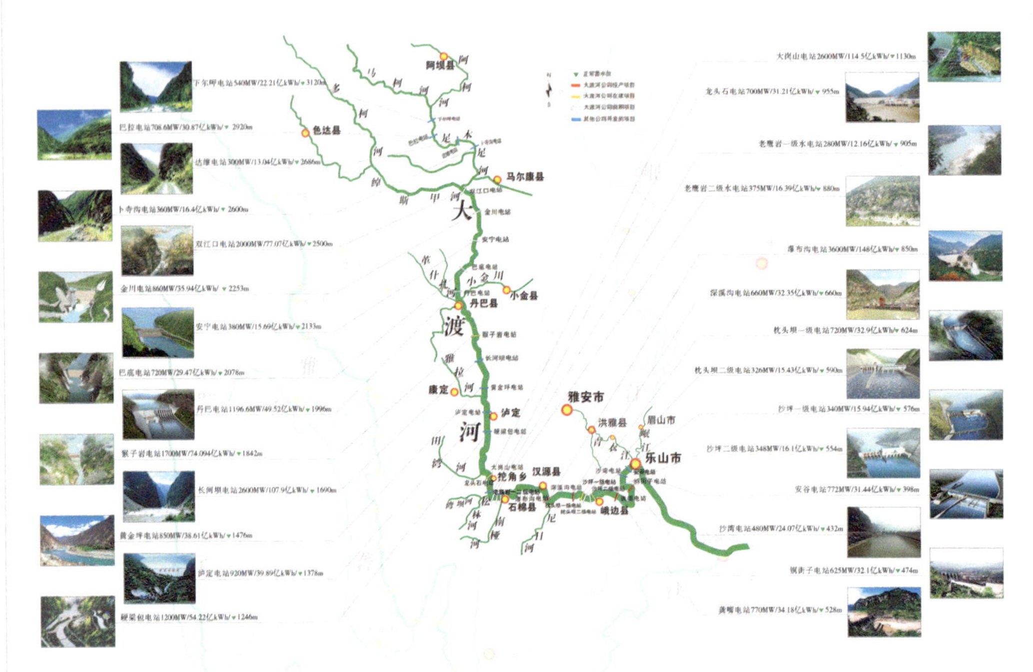

图1-2　大渡河流域水电梯级开发平面图

第2章　大渡河流域降水气候变化特征分析

大渡河流域南北方向狭长，地形复杂，高差悬殊，气候差异很大。大渡河流域降雨主要集中在5—9月，总体上降雨量从上游到下游依次递增，受地形影响，小流域气候特征明显。本章分析了大渡河流域降水气候特征及其变化，并计算大渡河区域降水和径流的集中度与集中期，分析其时空分布、变化趋势，进而定量研究径流和降水关系。

2.1　降水的基本特征

2.1.1　年平均降水特征

利用中国1960—2012年的中国日降水格点资料（1°× 1°）绘制了大渡河流域年平均降水曲线，并且以泸定为界，分别计算了全流域、泸定以上、泸定以下的年平均降水量（图2-1 ~ 图2-3）。可见，大渡河全流域的年降水总量在1000 mm以上，并且降水曲线呈现准10 a周期的振荡，20世纪60年代中期、70年代中期、80年代中期、90年代中期和21世纪00年代中期分别出现降水下行趋势。泸定以上和泸定以下的降水规律与全流域类似，只不过降水总量有显著差异。

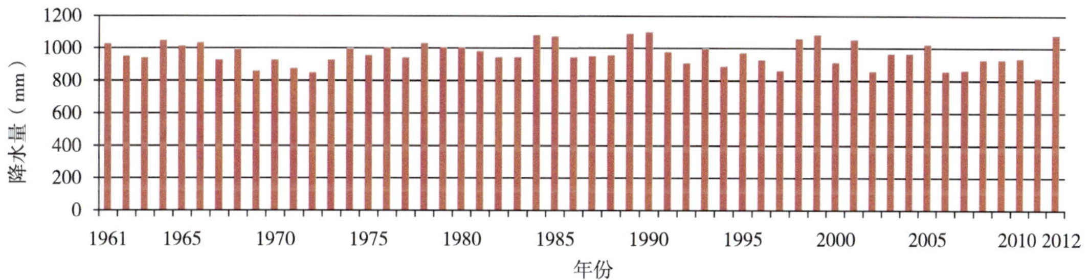

图2-1　大渡河全流域1961—2012年平均降水量随时间的变化

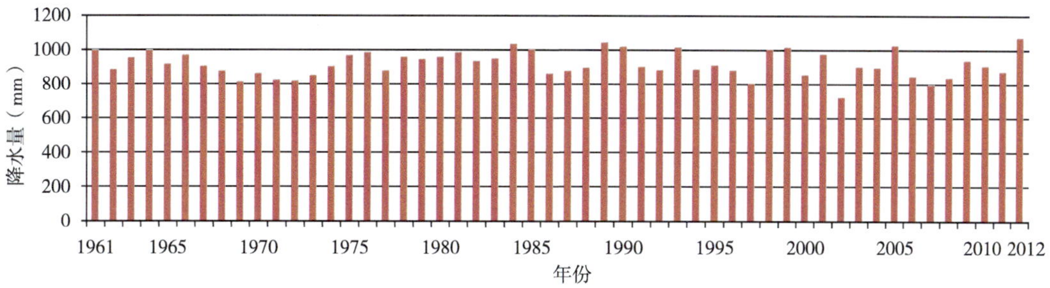

图2-2　大渡河泸定以上1961—2012年平均降水量随时间的变化

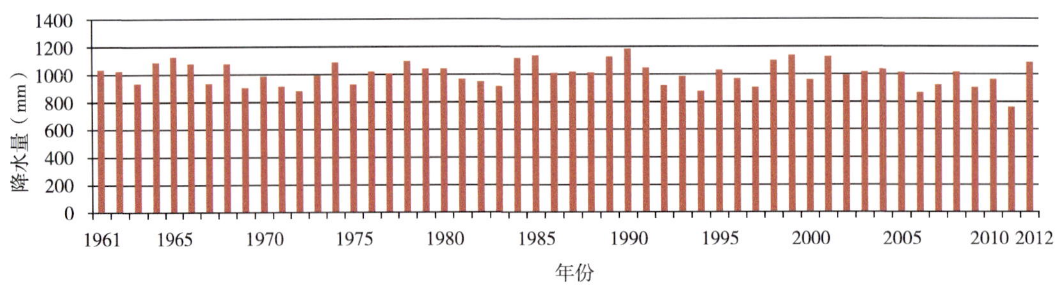

图2-3 大渡河泸定以下1961—2012年平均降水量随时间的变化

2.1.2 月平均降水特征

图2-4~图2-6分别显示了大渡河全流域、泸定以上、泸定以下流域月平均降水的特征，可以看到，大渡河流域7月降水量最多，汛期出现在5—10月，汛期降水量占全年降水量的50%以上。冬季12月、1月的降水量最少。泸定以上和泸定以下也是在7月降水最多，但是区别在于泸定以上6月降水量次多，而泸定以下8月降水量次多。

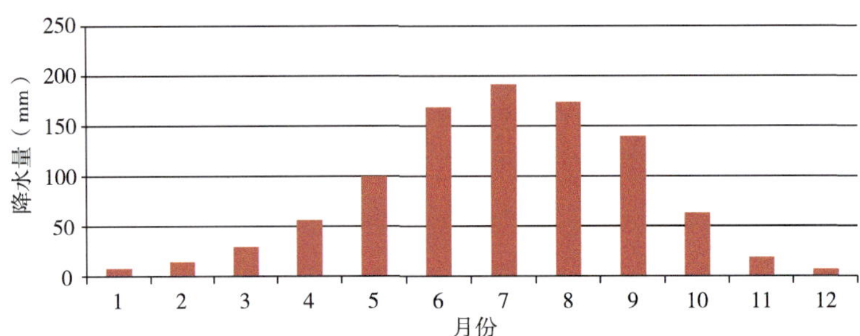

图2-4 大渡河全流域年内各月平均降水量分布

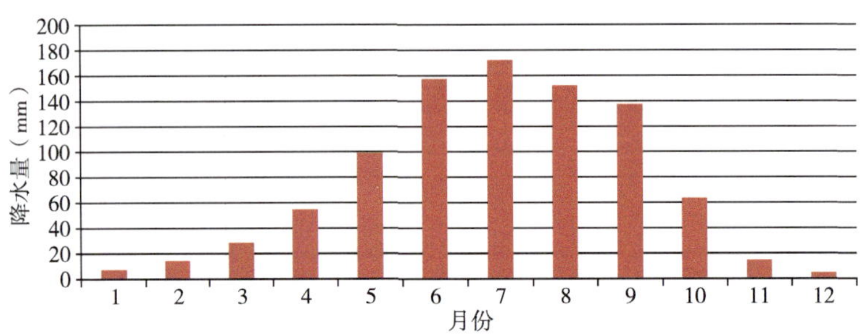

图2-5 大渡河泸定以上流域年内各月平均降水量分布

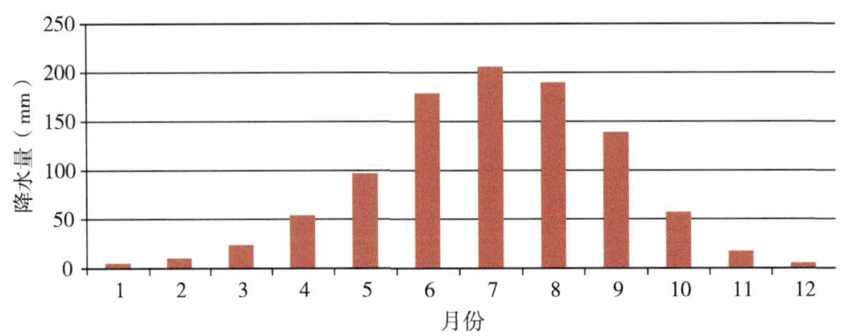

图2-6 大渡河泸定以下流域年内各月平均降水量分布

2.2 降水的气候变化特征

2.2.1 研究方法

利用1961—2015年的大渡河流域气象站的逐日降水资料（说明：壤塘站1961年、1962年的逐日降水数据缺测），站点信息如表2-1所示。从表中可以看出，大渡河流域内海拔高度变化非常大，最高海拔位于泸定，而最低海拔在下游的峨眉地区。海拔落差巨大的地区主要集中在河流的中游地区，为著名的大渡河峡谷，也是水电开发最为集中的地区。

表2-1 大渡河流域内的气象站点

流域	站名	站号	经度（°E）	纬度（°N）	最高海拔（m）	最低海拔（m）
上游	阿坝	56171	101.72	31.93	5154	2936
	色达	56152	100.35	32.3	3500	4000
	壤塘	56164	100.97	32.3	5178	2650
	马尔康	56172	102.22	31.92	5301	2180
	金川	56168	102.03	31.48	5068	2165
	小金	56178	102.34	30.97	6250	2367
	丹巴	56263	101.87	30.85	5820	1700
	康定	56374	101.95	30.04	7556	1390
中游	泸定	56371	102.25	29.92	7556	980
	汉源	56376	102.66	29.4	4021	550
	石棉	56378	102.38	29.21	5793	780
	越西	56475	102.49	28.66	4791	1170
	甘洛	56473	102.74	28.96	4288	575
下游	峨边	56387	103.25	29.23	4288	469
	峨眉	56374	103.5	29.62	3099	386

（1）气候倾向率

气候倾向率即是指线性倾向估计。设X为气象变量，变量的样本个数为n，即这个样本为：x_1，x_2，x_3，…，x_n。其中，x_i对应的时间用t_i表示，建立x_i与t_i的一元线性回归方程：

$$x_i = a + bt_i,\ i=1,\ 2,\ 3,\ \cdots,\ n \tag{2-1}$$

式中：b为回归系数，a为回归常数，根据最小二乘法有：

$$b = \frac{\sum_{i=1}^{n} X_i t_i - \frac{1}{n}\left(\sum_{i=1}^{n} X_i\right)\left(\sum_{i=1}^{n} t_i\right)}{\sum_{i=1}^{n} t_i^{\ 2} - \frac{1}{n}\left(\sum_{i=1}^{n} t_i\right)^2} \tag{2-2}$$

$$a = \overline{X} - b\bar{t} \tag{2-3}$$

$$\overline{X} = \frac{1}{n}X_i, \bar{t} = \frac{1}{n}\sum_{i=1}^{n} t_i \tag{2-4}$$

利用相关系数和回归系数b的相关关系，求出x_i与t_i的相关系数：

$$r = \sqrt{\frac{\sum_{i=1}^{n} {t_i}^2 - \frac{1}{n}\left(\sum_{i=1}^{n} t_i\right)^2}{\sum_{i=1}^{n} {X_i}^2 - \frac{1}{n}\left(\sum_{i=1}^{n} X_i\right)^2}}\, b \tag{2-5}$$

利用相关系数表示回归方程的显著性检验公式：

$$F = \frac{r^2}{1 - r^2 / n - 2} \tag{2-6}$$

其中，$b \times 10$为气候倾向率。当$b < 0$时，气象变量随时间呈减小趋势；当$b > 0$时，气象变量随时间呈增加趋势。b值的绝对值的大小反映气象变量增加或减少的速率，即一元函数图像的倾斜度。我们可以用回归方程的显著性检验公式来判断趋势的变化程度是否显著。设显著性水平a，如果$F>Fa$，则气候变量随时间变化的趋势显著；如果$F<Fa$，则气候变量随时间变化的趋势不显著。

（2）Mann-Kendall突变分析

Mann-Kendall（M-K）突变检验方法的优点是能明确突变的时间。设有时间序列x，样本个数为n，M-K突变检验的主要公式为：

$$S_k = \sum_{i=1}^{k} r_i, \qquad k = 2,3,\cdots,n \tag{2-7}$$

$$r_i = \begin{cases} +1, & x_i > x_j \\ 0, & x_i \leqslant x_j \end{cases} \quad j = 1,2,\cdots,i \tag{2-8}$$

若时间序列是随机独立的情况下，则有：

$$UF_k = \frac{\left[S_k - \mathrm{E}\left(S_k\right)\right]}{\sqrt{\mathrm{Var}\left(S_k\right)}} \tag{2-9}$$

其中，

$$\begin{cases} \mathrm{E}\left(S_k\right) = \dfrac{n(n-1)}{4} \\ \mathrm{Var}\left(S_k\right) = \dfrac{n(n-1)(2n+5)}{72} \end{cases} \tag{2-10}$$

式中：$\mathrm{E}\left(S_k\right)$和$\mathrm{Var}\left(S_k\right)$是$S_k$的平均值和标准差。$UF_i$符合标准正态分布，按照其时间序列$x$的顺序算出来的数据统计量的一个序列，显著性水平为$a$，若$|UF_i|>U_a$，则证明序列变化趋势明显。同时，把时间序列逆序排列，按上面表述的过程计算UB_k，使$UB_k=-UF_k$（$k=n$，$n-1$，$n-2,\cdots,1$）。其中，$UF_1=0$，同时突变点为UF_k和UB_k两曲线在临界值之间的交点，突变时间即是此交点。若UF_k或UB_k大于0，则序列是上升趋势；若UF_k或UB_k小于0，则序列是减小趋势；若超过临界值，则说明上升或下降趋势明显。

（3）Morlet小波周期分析法

在使用小波分析时有很多函数，如Mexican hat小波、Morlet小波、Dmey小波等，经过阅读大量关于极端降水的文献，发现研究极端降水指数时间序列的时间尺度特征方法一般为Morlet小波法：

$$\phi_{a,b}(t)=|a|^{-\frac{1}{2}}\phi\left(\frac{t-b}{a}\right) \tag{2-11}$$

式中：a为尺度因子，$a>0$，表示小波的周期长度；b为时间参数。

$$W_f(a,b)=|a|^{-\frac{1}{2}}\int_{-\infty}^{+\infty}f(t)\overline{\phi}\left(\frac{t-b}{a}\right)\mathrm{d}t=<f(t),\phi_{a,b}(t)> \tag{2-12}$$

$$\mathrm{Var}(a)=\int_{-\infty}^{+\infty}|W_f(a,b)|^2\mathrm{d}b \tag{2-13}$$

式中：$W_f(a,b)$为小波系数，小波系数为正，表示高值中心；小波系数为负，表示低值中心。其模值大小表示周期强弱：越大的模值对应越显著的周期，越小的模值对应越不显著的周期。

2.2.2　年降水量变化

从图2-7可看出，整个大渡河流域年降水量的趋势变化范围为-43.79 ~ 27.269 mm/10 a，其中最大降幅为-43.79 mm/10 a，出现在峨眉；最大增幅为27.27 mm/10 a，出现在金川。年降水量在上游各站普遍为增加趋势，只有阿坝是下降趋势，降幅为-7.994 mm/10 a；上游最大增幅地区即是全流域的最大增幅地区，即金川。中游年降水量最大降幅出现在石棉，变化率为-25.846 mm/10 a；最大增幅出现在甘洛，变化率为20.685 mm/10 a。下游最大增幅14.027 mm/10 a，出现在峨边，最大降幅地区在峨眉，同时也是全流域的最大降幅地区。

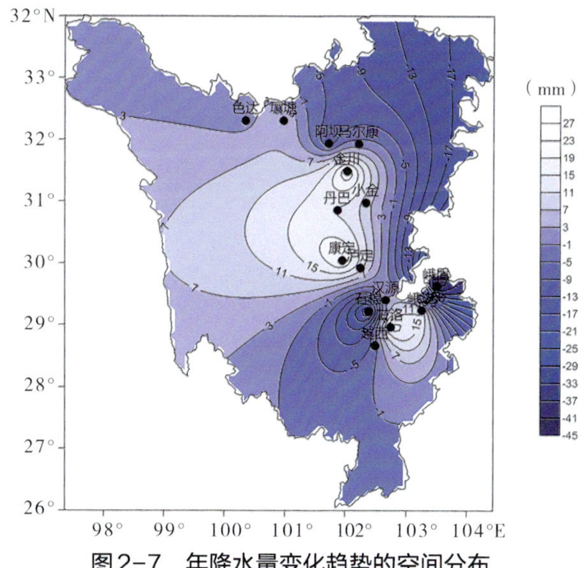

图2-7　年降水量变化趋势的空间分布

整个大渡河流域年降水量变化趋势如图2-8所示，1961—2015年呈现上升趋势，气候倾向率为1.409 mm/10 a。其10 a滑动平均曲线表现为：20世纪60年代为下降趋势，70年代初开始为波动上升趋势，到90年代初期变为波动下降趋势，2012年后开始有上升趋势。年降水量在整个流域的55 a平均值为807 mm，其中有26 a大于或等于年降水量的55 a平均值，有29 a小于年降水量的55 a平均值。年降水量的最大值出现在1990年，为965.9 mm；年降水量的最小值出现在1972年（652.9 mm）。

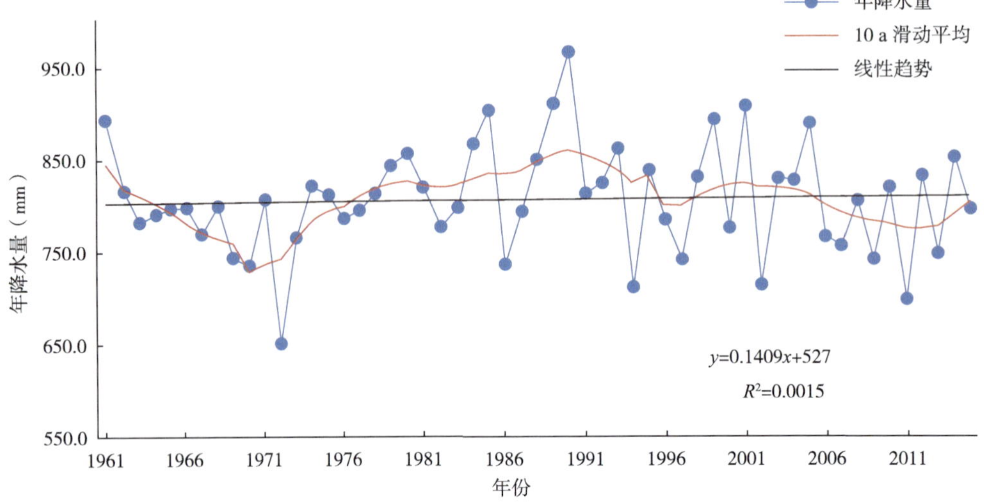

图2-8　大渡河流域年降水量变化趋势

如图2-9所示，大渡河上游年降水量在55 a间呈上升趋势，气候倾向率为9.945 mm/10 a。从10 a滑动平均曲线看出，大渡河上游的年降水量是波动上升的，但在1996—2011年波动幅度不大。年降水量在大渡河上游的55 a平均值为703 mm，有28 a大于或大于此平均值。年降水量在大渡河上游的最大值为858.4 mm，出现在1993年；年降水量在大渡河上游的最小值为577.2 mm，出现在2002年。

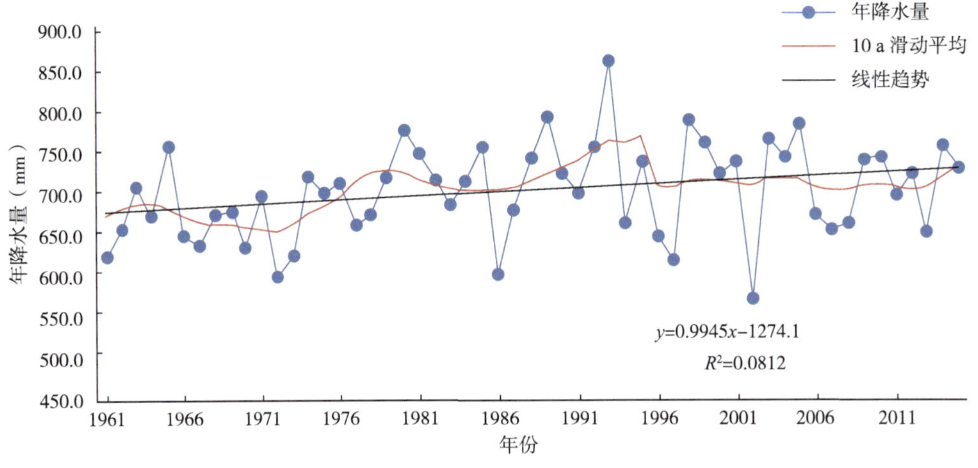

图2-9　大渡河上游年降水量变化趋势

大渡河中游年降水量（图2-10）在过去55 a间呈现上升趋势，气候倾向率为1.509 mm/10 a。由10 a滑动平均图可知，20世纪60年代呈现出下降趋势，70年代初开始转为上升趋势，80年代末期达到波峰，然后迅速下降，90年代中期转为上升趋势，进入21世纪开始呈下降趋势，2011年后至今又呈逐年上升趋势。年降水量在大渡河中游的55 a平均值为847.3 mm，其中小于此平均值的有31 a。年降水量在大渡河中游的最大值出现在1990年，数值为1086.9 mm；年降水量在大渡河中游的最小值出现在1972年，数值为644.1 mm。

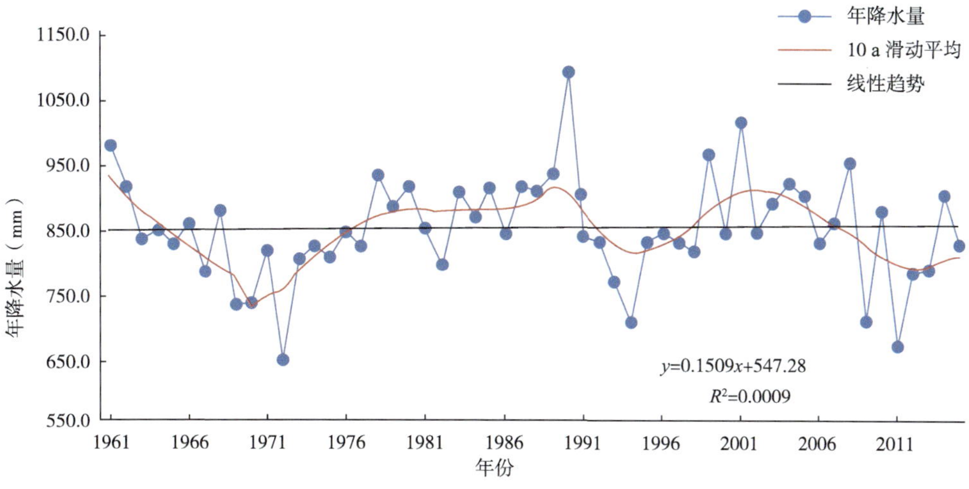

图2-10 大渡河中游年降水量变化趋势

大渡河下游年降水量（图2-11）表现为过去55 a间呈现下降趋势，气候倾向率为-28.908 mm/10 a。从10 a滑动平均图可看出，20世纪80年代初期以前年降水量在大渡河下游的波动幅度不大，80年代初后迅速增加，90年代初达到波峰，尔后开始缓慢下降，2011年左右到达波谷，2011年后有上升趋势。年降水量在大渡河下游的55 a均值为1118.7 mm，小于此平均值的有29 a。年降水量的在大渡河下游的最大值出现在1961年，为1625.3 mm；年降水量在大渡河下游的最小值出现在2011年，为785.1 mm。

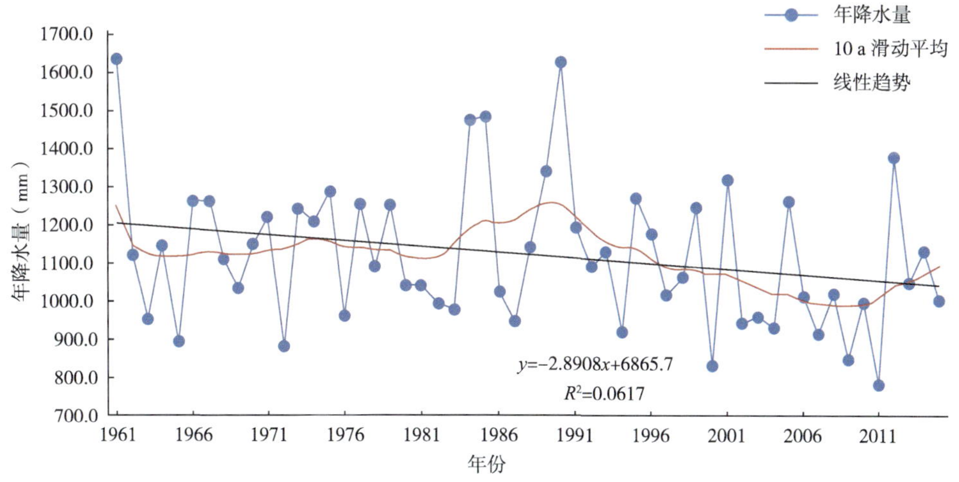

图2-11 大渡河下游年降水量变化趋势

如图2-12所示，在大渡河整个流域中，UF曲线从1961—1979年处于零线以下，1979年后至今UF曲线都是处于零线以上，这表明年降水量在整个大渡河流域表现为减少→增加的变化趋势。UF曲线和UB曲线在±1.96的临界线内相交于1975年，1975年即为突变开始的时间；并且，UF曲线在1994—1996年期间超出了信度线，证明存在明显的增加趋势。

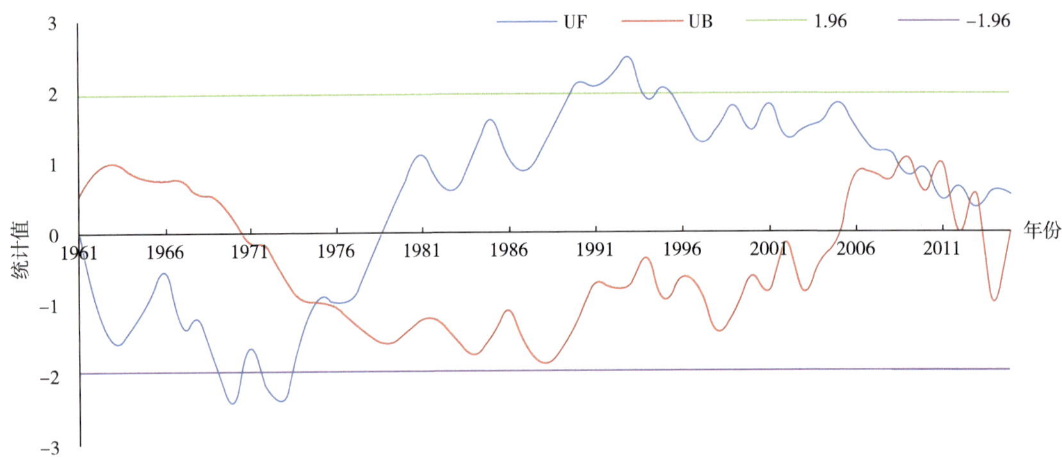

图2-12　大渡河流域年降水量Mann-Kendall统计量曲线

由图2-13可知，年降水量在大渡河上游的突变特征，UF曲线在大渡河上游除了1972—1974年在零线以下以外，其余年份均在零线以上，表明年降水量在大渡河上游呈现出增加→减少→增加的趋势。0.05的显著性水平下，UF曲线和UB曲线相交于1975年，即突变开始为1975年；并且1981年后，UF曲线一直处于信度线之上，甚至在有些年份超过了0.001的显著性水平，证明年降水量在1975后的增加趋势非常明显。

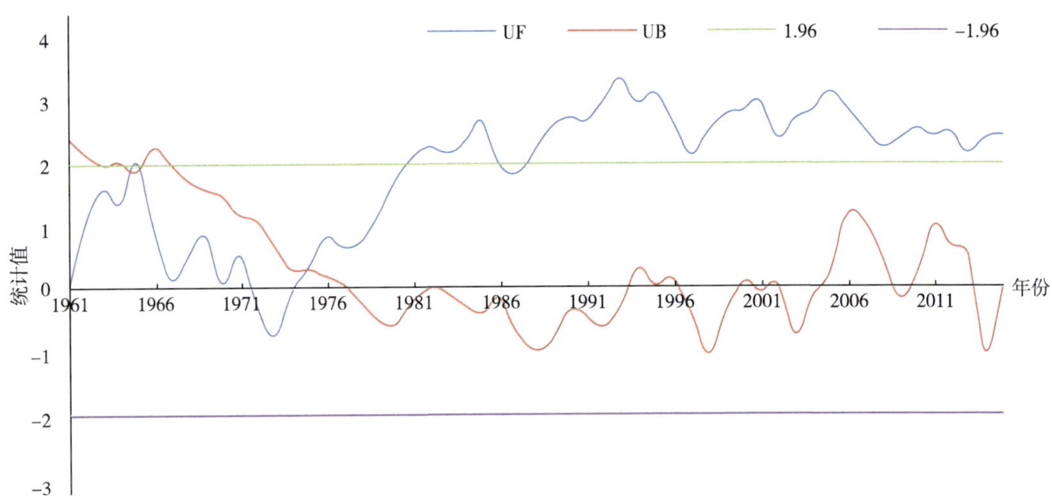

图2-13　大渡河上游年降水量Mann-Kendall统计量曲线

如图2-14所示，UF曲线在1981年之前在零线以下，在1981年之后基本在零线以上，所以年降水量在大渡河中游呈现出了减少→增加的变化趋势。在0.05的显著性水平下，UF、UB曲线交于1977年，此交点即为年降水量的突变点；同时可以看出，UF曲线在1969—1976年超出了-1.96的信度线，在1990年超出了1.96的信度线，这说明大渡河中游的年降水量减少和增加趋势都特别明显。

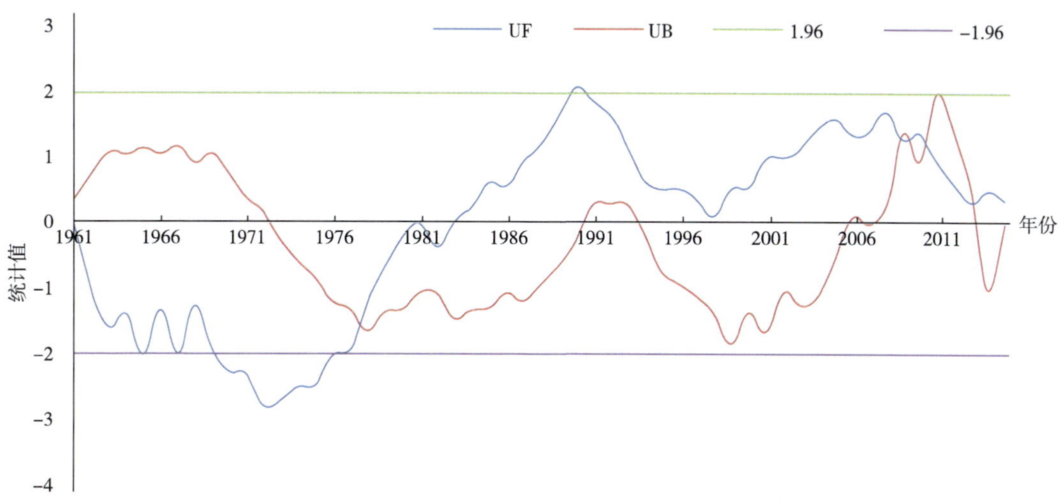

图2-14 大渡河中游年降水量Mann-Kendall统计量曲线

由图2-15可知年降水量在大渡河下游的突变特征，UF曲线在1974年之前在零线以下，1974—1999年，在零线附近波动，2000年后又处于零线之下。由此可见，年降水量在大渡河下游的变化趋势为：减少→增加→减少。在0.05的显著性水平下，UF、UB曲线交于1997年，此年份即为突变年份；UF曲线在2011年超出了-1.96的信度线，说明减少趋势显著。

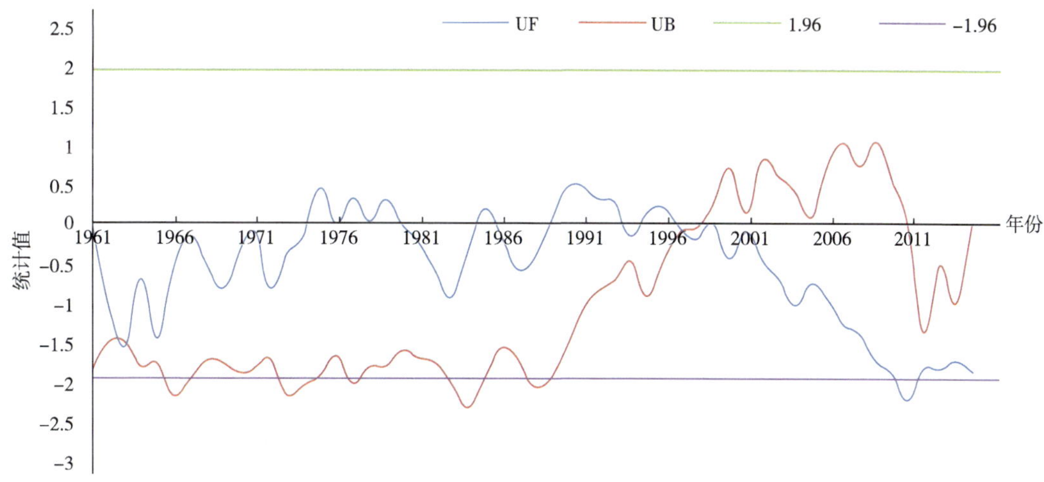

图2-15 大渡河下游年降水量Mann-Kendall统计量曲线

大渡河流域年降水量时间序列的小波图和小波方差图见图2-16。年降水量在整个大渡河流域准周期为5 a、8 a、13 a。其中，准周期最显著为13 a，5 a次之，准周期最不显著为8 a。13 a准周期出现在1965—2010年，经历了偏多→偏少4次准振荡。5 a准周期在整个时间序列出现，但是从1975—2005年强度最大。准8 a周期出现在整个时间序列但强度小。

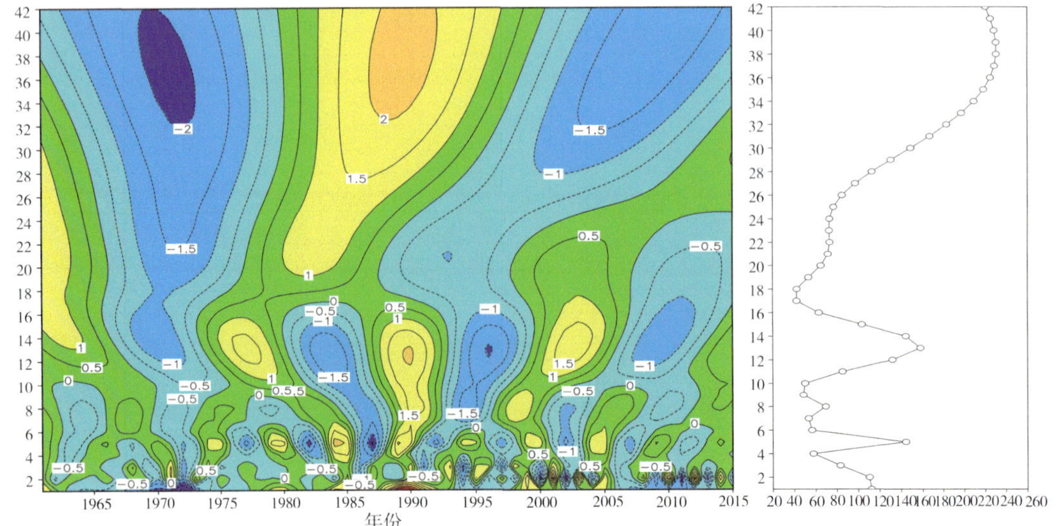

图2-16　整个大渡河流域年降水量小波特征

图2-17为大渡河上游年降水量时间序列的小波图和小波方差图。小波方差图可看出，年降水量在大渡河上游有准5 a、准12 a的周期，最显著为5 a准周期。小波图可看出，5 a准周期出现在整个时间序列中出现且强度大，偏多→偏少周期变化在整个时间序列交替出现。12 a准周期在1970—2005年出现且强度大，经历偏少→偏多3次准振荡。

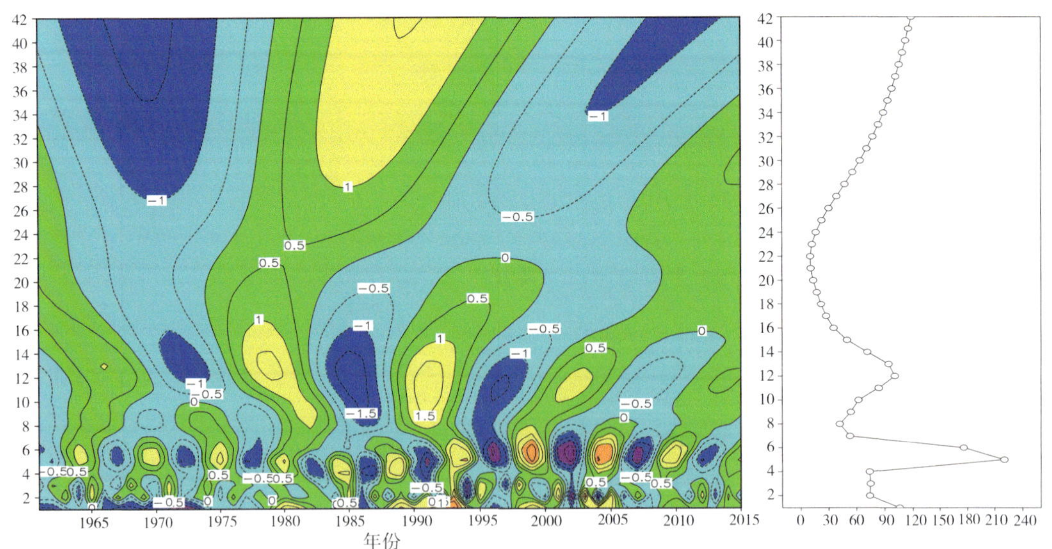

图2-17　大渡河上游年降水量小波特征

大渡河中游年降水量时间序列的小波图和小波方差图如图2-18所示。年降水量有准6 a、13 a、21 a周期，21 a准周期最显著，13 a准周期次之，6 a准周期最不显著。21 a准周期出现在整个时间序列中且强度大，并包含偏多→偏少完整的3次准振荡。13 a准周期出现在1961—2000年。准6 a周期出现在整个时间序列中但强度小。

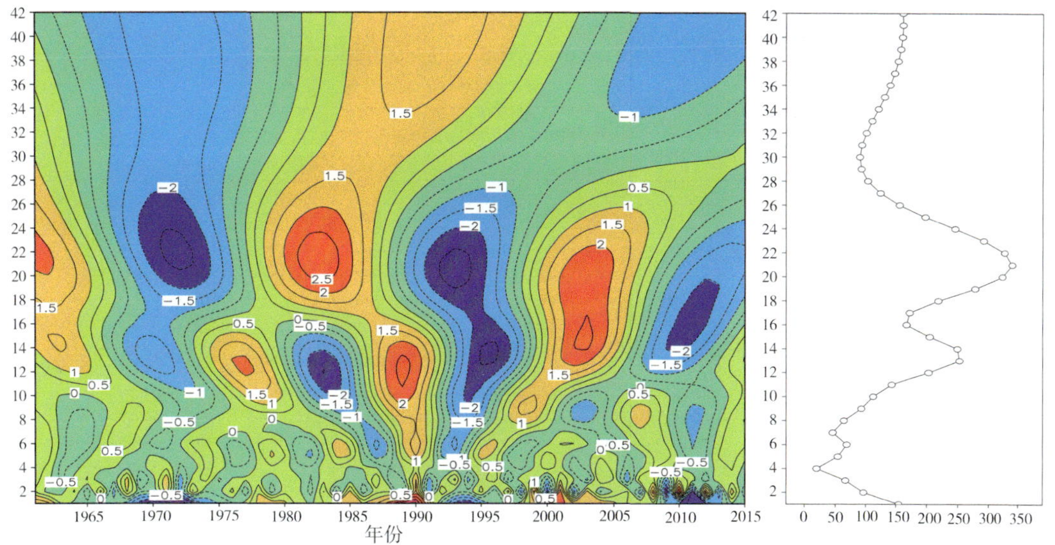

图2-18　大渡河中游年降水量小波特征

大渡河下游年降水量时间序列的小波图和小波方差图如图2-19所示。年降水量在大渡河下游有准2 a、6 a、14 a、32 a周期，6 a准周期最显著，32 a、14 a准周期次之，2 a准周期最不显著。6 a准周期出现在1977—1997年左右，有偏多→偏少完整的4次准振荡。32 a准周期出现在整个时间序列，经历偏多→偏少2次准振荡。14 a准周期出现在整个时间序列，但强度不大。2 a准周期出现在整个时间序列中，偏多→偏少在整个时间序列中交替出现。

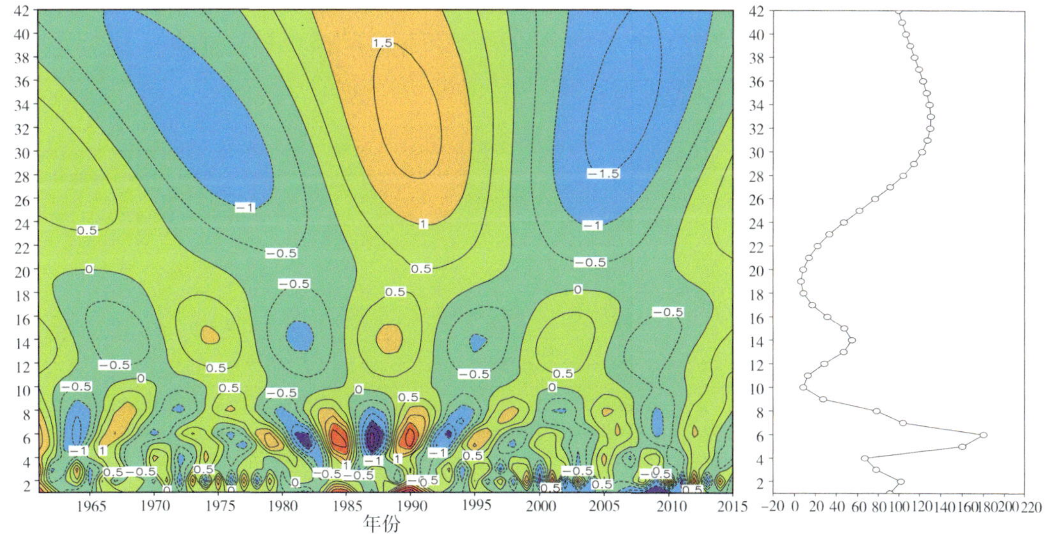

图2-19　大渡河下游年降水量小波特征

2.2.3　年降水日数变化

从图2-20可看出，年降水日数在整个流域都呈下降趋势，最大降幅出现在越西，变化率为-6.727 d/10 a。年降水日数在上游的最大降幅出现在色达，变化率为-6.432 d/10 a。年降水日数在中游的最大降幅地区即是全流域的最大降幅地区越西。下游的最大降幅地区是峨边，变化率为-4.597 d/10 a。

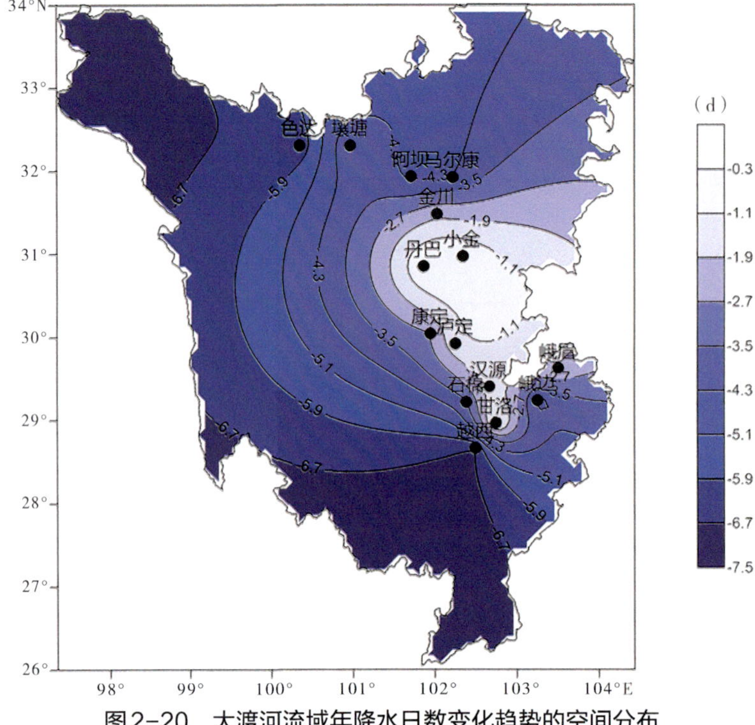

图2-20　大渡河流域年降水日数变化趋势的空间分布

年降水日数在整个大渡河流域过去55 a间呈下降趋势（图2-21），气候倾向率为-2.955 d/10 a。年降水日数的10 a滑动平均曲线是波动下降的，有3个波峰、4个波谷。年降水日数在整个大渡河流域55 a平均值为153.2 d，其中有30 a大于或等于此平均值；有25 a小于此平均值。年降水日数在整个流域的最大值出现在1977年，数值为171.3 d；年降水日数在整个流域的最小值出现在2013年，数值为127.9 d。

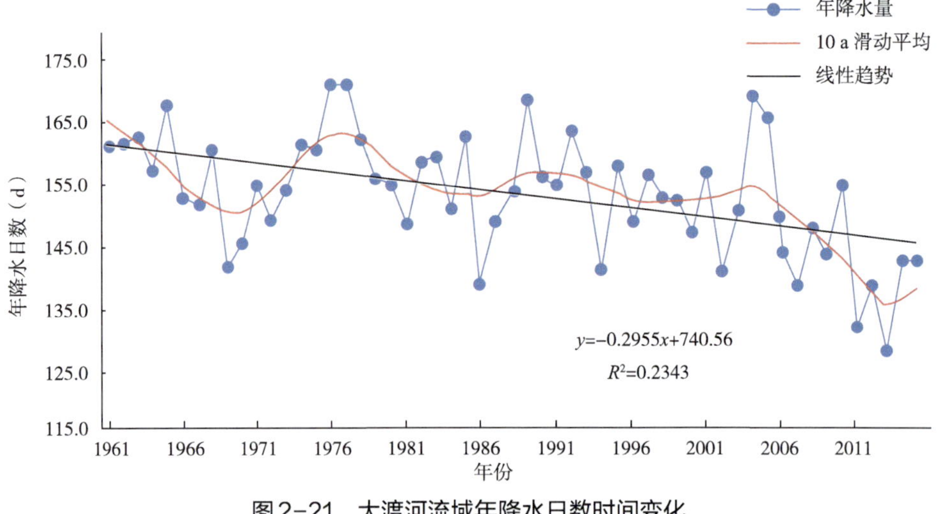

图2-21　大渡河流域年降水日数时间变化

大渡河上游的年降水日数（图2-22）过去55 a间呈下降趋势，气候倾向率为-3.006 d/10 a。年降水日数在大渡河上游的10 a滑动平均曲线中有3个明显的波谷，分别在20世纪60年代末、80年代初、2013年左右。年降水日数在大渡河上游的55 a平均值为153.4 d，其中大于或等于此平均值的年份有28个。年降水日数在大渡河上游的最大值为173.8 d，出现在1989年；年降水日在大渡河上游的最小值为120.4 d，出现在2013年。

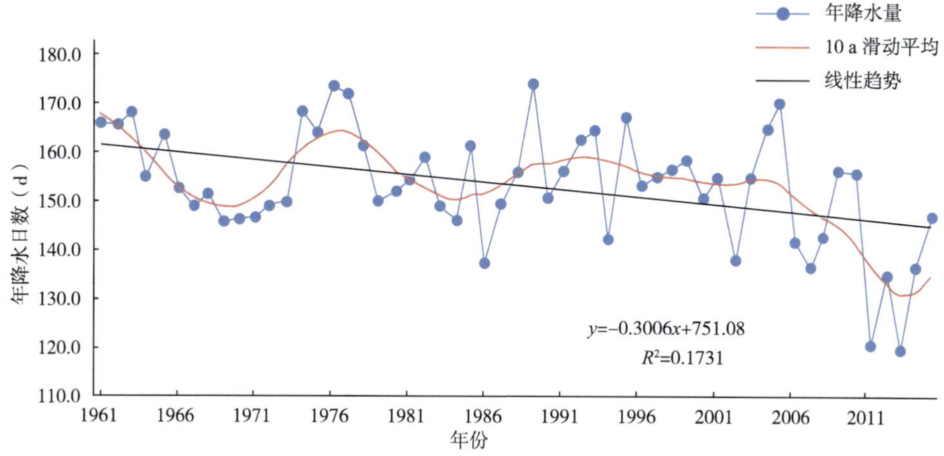

图2-22　大渡河上游年降水日数时间变化

由图2-23可看出，年降水日数在大渡河中游的过去55 a间呈下降趋势，气候倾向率为-2.77 d/10 a。年降水日数的10 a滑动平均曲线在大渡河下游是呈波动下降的，在20世纪70年代后期和21世纪初有波峰，2005年后至今一直呈下降趋势。大渡河中游的年降水日数55 a平均值为146.1 d，其中大于或等于此平均值的有29 a。年降水日数在大渡河中游的最大值出现在2004年，数值为169.2 d；年降水日数在大渡河中游的最小值出现在2009年，数值为120.6 d。

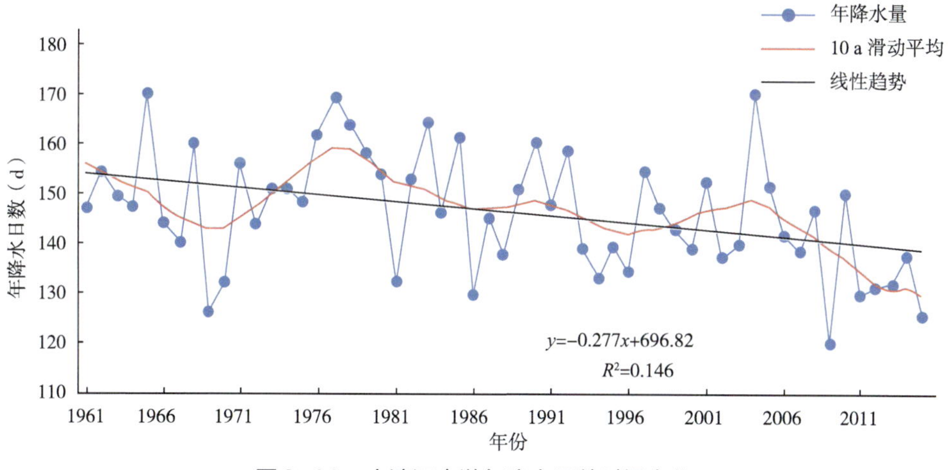

图2-23　大渡河中游年降水日数时间变化

图2-24显示年降水日数在大渡河下游过去55 a期间呈下降趋势，气候倾向率为-3.289 d/10 a。由年降水日数的10 a滑动平均图可看出，20世纪60年代初到80年代末变化幅度不大，90年代初有一个明显的下降趋势，90年代后期达到波谷，其后年降水日数的变化幅度不大。年降水日数在大渡河下游55 a平均值为170.2 d，其中有30 a小于此平均

值。年降水日数在整个流域的最大值出现在1968年，数值为195 d；年降水日数在整个流域的最小值出现在2007年，数值为142.5 d。

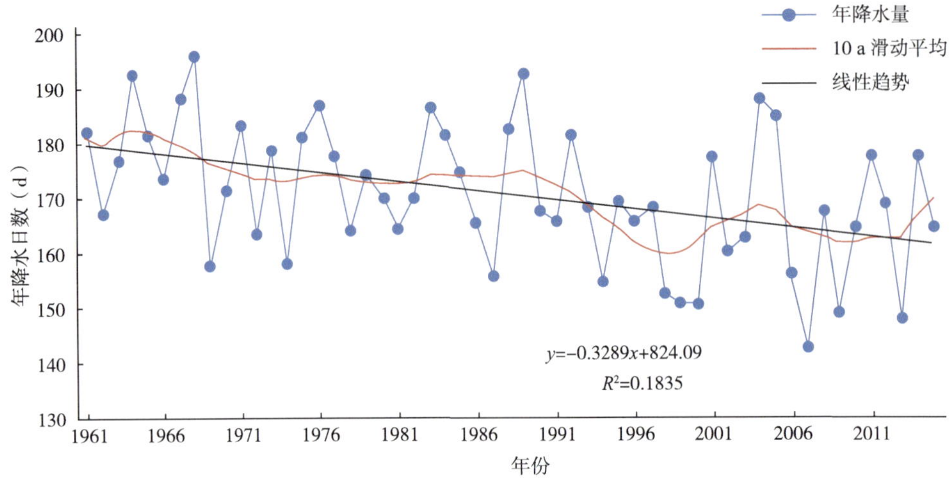

图2-24　大渡河下游年降水日数时间变化

年降水日数突变UF曲线（图2-25）在1966年之前在零线之上，1968—1976年在零线之下，1976—1980年在零线之上，1980年以后UF曲线全都位于零线之下，所以在大渡河流域年降水日数的变化为：增加→减少→增加→减少。在0.05的信度水平下，UF、UB两曲线交于2005年，即突变年份为2005年；UF曲线在1971—1973年、2008年超出了−1.96的信度线，甚至从2012年开始统计值超出了−2.56（$U_{0.001}$=±2.56），这表明减少趋势显著。

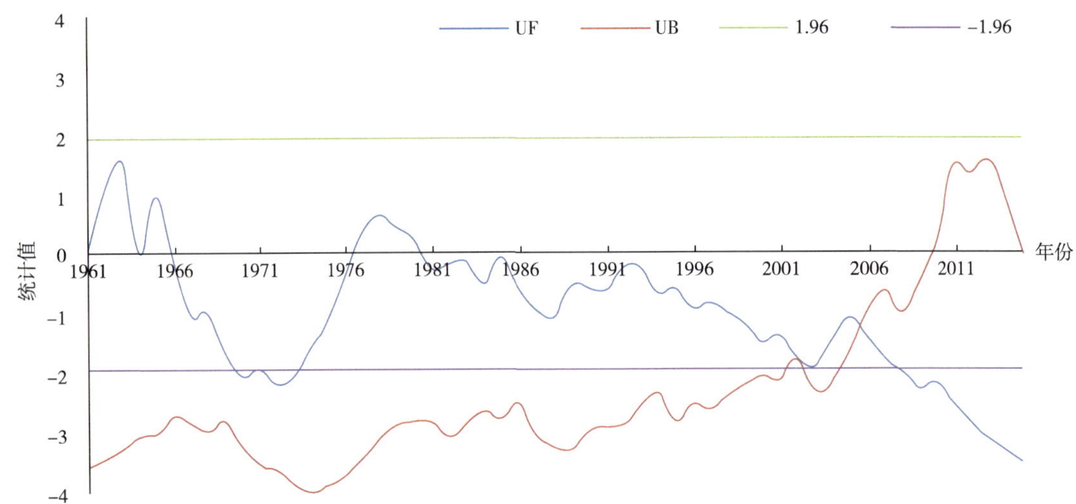

图2-25　大渡河流域年降水日数Mann-Kendall统计量曲线

年降水日数在大渡河上游突变如图2-26所示，UF曲线大都处于零线以下，所以年降水日数在大渡河上游一直呈减小趋势。在0.05的显著性水平下，UF、UB曲线交于1965年和2007年，此两年即为突变年份；并且，UF曲线在1966—1974年、2013年后超出−1.96的信度线，即减小趋势显著。

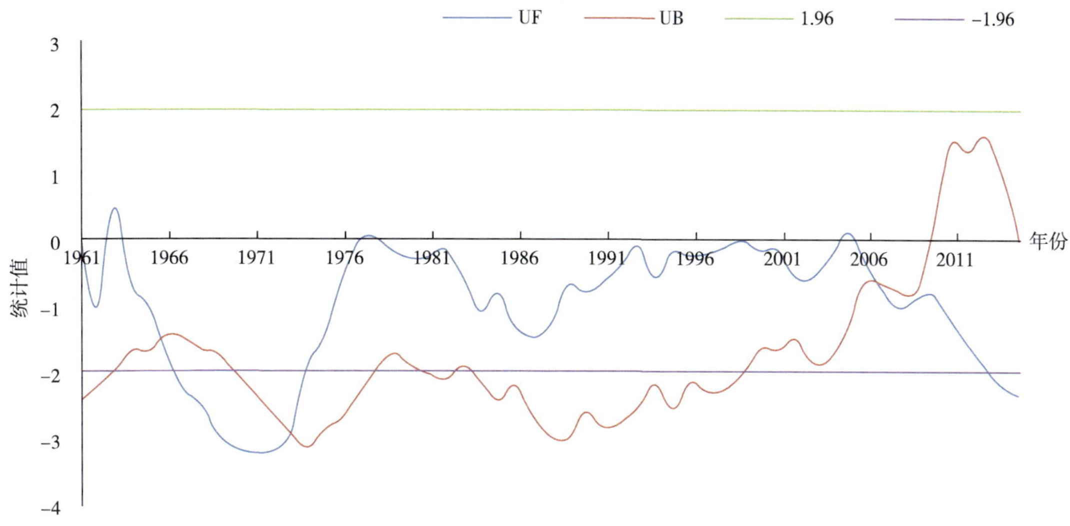

图2-26　大渡河上游年降水日数Mann-Kendall统计量曲线

年降水日数在大渡河中游突变如图2-27所示，UF曲线在1961—1966年、1976—1993年处于零线以上，1966—1975年、1993年后至今处于零线以下。由此，年降水日数在大渡河中游的变化趋势为：增加→减少→增加→减少。UF、UB曲线在0.05的显著性水平下交于2008年，即突变年份为2008年；并且，UF曲线在2011年后超出-1.96的信度线，即证明减少突变明显。

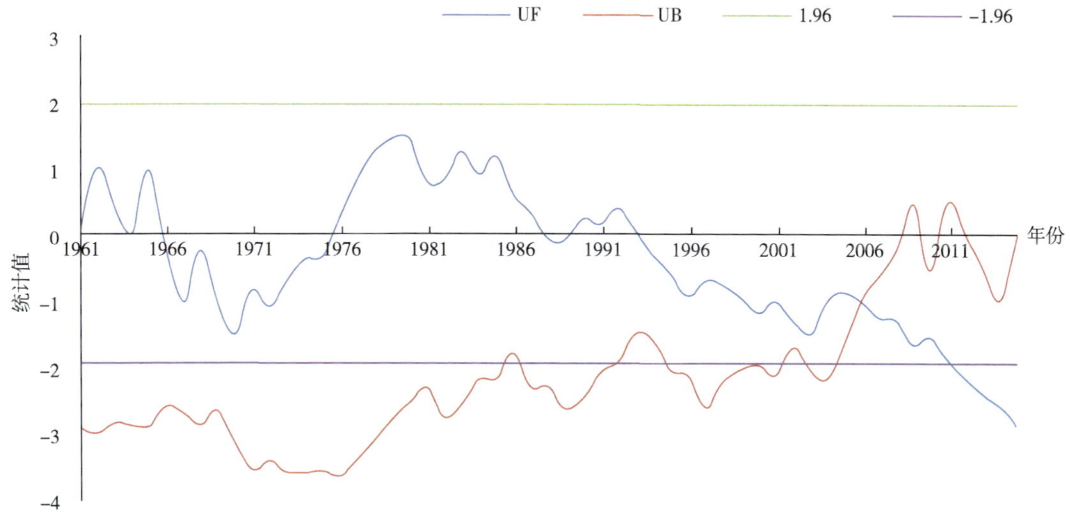

图2-27　大渡河中游年降水日数Mann-Kendall统计量曲线

年降水日数在大渡河下游突变如图2-28所示，UF曲线在1963—1971年基本都为处在零线之上，而1961—1963年、1971年后至今都处于零线以下，即年降水量在大渡河下游的发展趋势为：减少→增加→减少；并且，突变发生在1986—1990年。在1998年之后，UF曲线超出了-1.96的信度线，说明减少趋势显著。

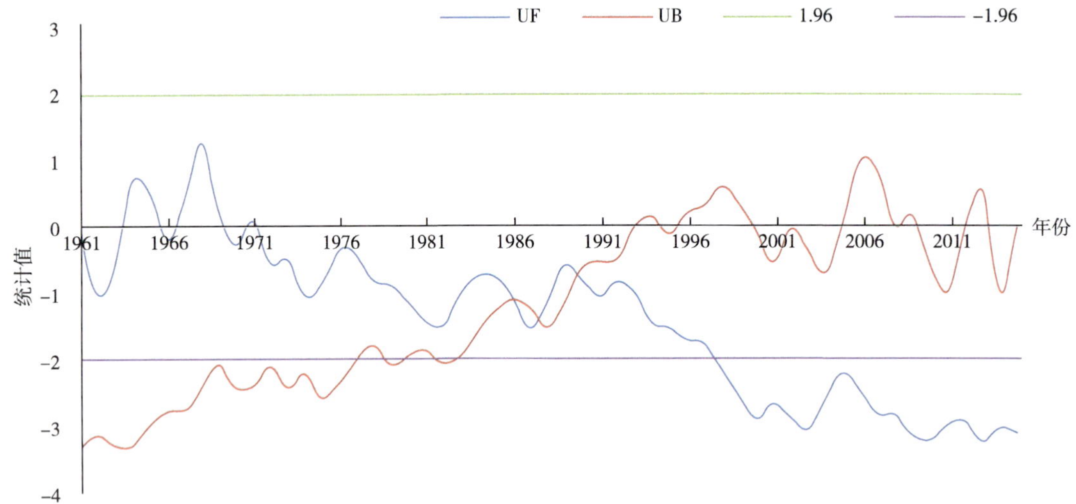

图2-28 大渡河下游年降水日数Mann-Kendall统计量曲线

图2-29为整个大渡河流域年降水日数时间序列的小波图和小波方差图。年降水日数在大渡河上游存在着7 a、14 a、22 a的准周期。准周期最明显的是14 a准周期，7 a、22 a准周期次之。14 a准周期存在于整个时间序列中且强度大，经历偏多→偏少完整的4次准振荡。7 a准周期出现于1980—2010年，强度不大，包含偏多→偏少6次准振荡。22 a准周期出现于1985—2005年，强度较弱，偏多→偏少周期交替出现。

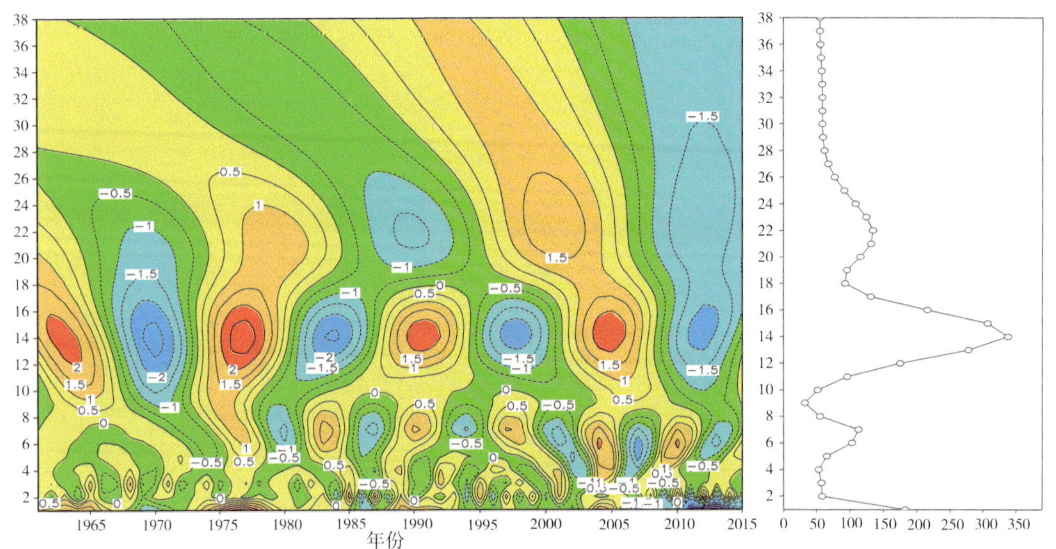

图2-29 整个大渡河流域年降水日数小波特征

大渡河上游年降水日数时间序列的小波图和小波方差图如图2-30所示。由小波方差图可看出，年降水日数在大渡河上游有6 a、14 a、22 a准周期。周期最显著为14 a准周期，6 a、22 a准周期次之。由小波图可看出，14 a准周期出现在整个时间序列且强度大，整个时间序列有偏多→偏少4次准振荡。6 a准周期在整个时间序列中强度为由小到大。22 a准周期存在于1975—2015年，强度大，且包含偏多→偏少2次准振荡。

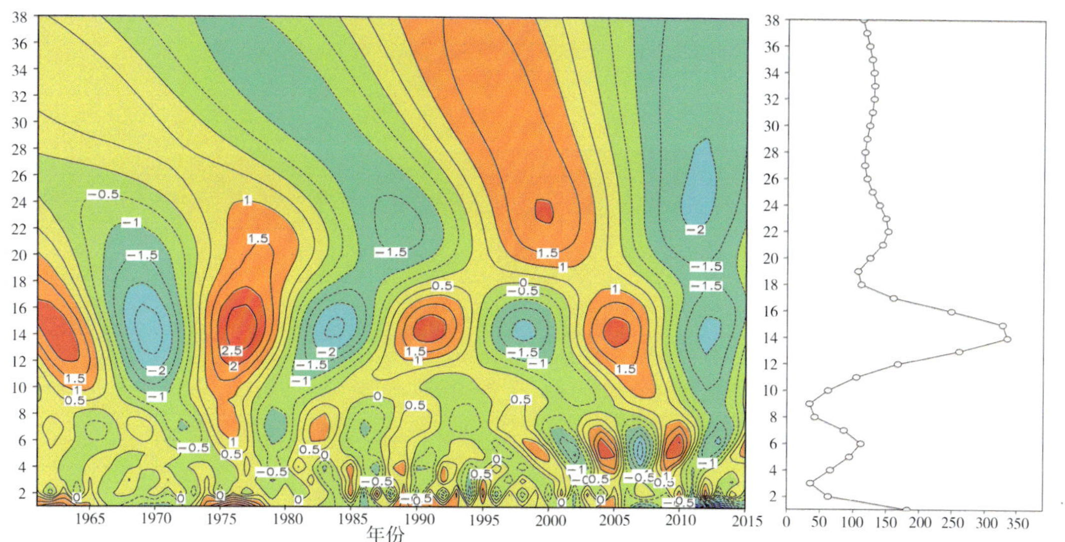

图2-30 大渡河上游年降水日数小波特征

图2-31为大渡河中游年降水日数时间序列的小波图和小波方差图。年降水日数在大渡河中游有3 a、7 a、14 a、22 a四个准周期。其中最显著的为14 a准周期，较为显著的为7 a、22 a准周期，最不显著为3 a准周期。14 a准周期在整个时间序列中出现且强度大，并包含偏多→偏少4次准振荡。7 a准周期出现在1970—2010年，强度大，有偏多→偏少6个完整的准振荡。22 a准周期出现在1980—2015年，强度大，包含偏多→偏少2次准振荡。3 a准周期出现在整个时间序列中但强度弱，偏多→偏少位相周期交替出现。

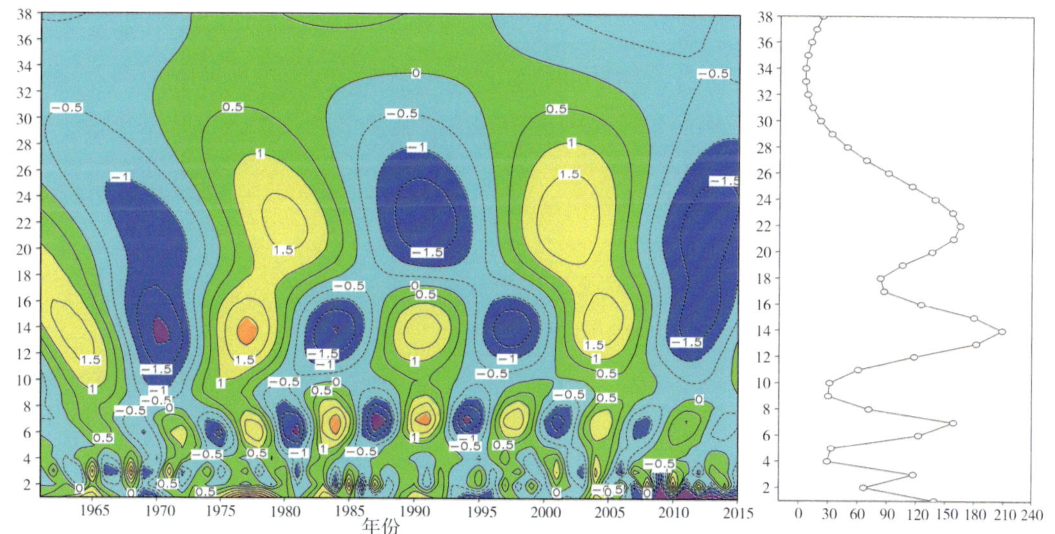

图2-31 大渡河中游年降水日数小波特征

图2-32为大渡河下游年降水日数的小波周期特征。年降水日数在大渡河下游有4 a、7 a、13 a、20 a四个准周期。其中4 a准周期最显著，7 a、13 a准周期次之，20 a最不显著。在55 a的时间序列中一直存在4 a准周期。7 a准周期出现在1975—2015年，强度大。13 a准周期在1990—2010年中出现。

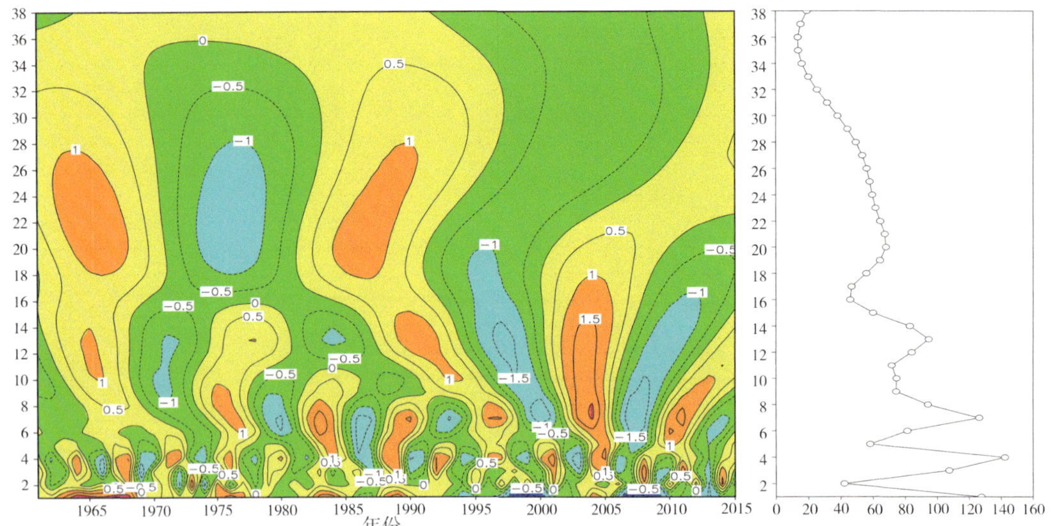

图2-32　大渡河下游年降水日数小波特征

由此归纳出以下几点结论：

（1）年降水量方面，在整个大渡河流域随时间增加，在1975年发生突变，38 a准周期最为显著且强度大；在上游，其随时间变化趋势和突变年份与整个大渡河流域的情况相同，5 a准周期最显著，在整个时间序列中出现，强度大。年降水量在中游也随时间增加，突变年份为1977年，最显著周期为21 a准周期，出现在整个时间序列中，并包含偏多→偏少完整的3次准振荡；在下游，其随时间减少，1997年为突变年份，6 a准周期表现最显著，出现在1977—1997年，有偏多→偏少完整的4次准振荡。

（2）年降水日数方面，在整个流域、上游、中游、下游都随时间减少。就整个流域而言，突变发生在2005年，14 a准周期最明显且经历偏多→偏少4次准振荡；在流域上游，1965年和2007年为突变年份，最显著周期的情况同整个流域相同；2008年为中游的突变年份，而中游最显著周期情况亦与整个流域相同；下游的突变发生在1986—1990年，最显著的周期为4 a准周期，且出现在整个时间序列中。

（3）降水在大渡河流域空间变化较为显著，年降水量除在阿坝、石棉、峨眉有下降趋势外，其余地区都为上升趋势；年降水日数在大渡河流域各地区都呈下降趋势。

2.3　降水集中度与集中期分析

调研显示，以往对于降水的长期变化趋势的讨论多采用年或月平均降水量来分析时空分布特征。但是各年降雨量时空分布并不是均匀的，因此常用方法虽然可表示降水的气候基本状态和变化，但无法突出某时期内最大或最小降水量的变化特征，然而月平均降水量在研究区域干旱或者暴雨洪涝等气候灾害中是非常重要的。集中度和集中期是用逐月径流量（降水量）反映年内径流量（降水量）集中程度和最大径流（降水）出现时段的重要指标，二者可以定量地表征降水聚集程度和聚集时期，该指数已在中国全国及华北等区域研究中发挥了重要的作用，但是在西南地区研究区域降水中很少采用，因此，通过计算四川大渡河流域降水和径流的集中度与集中期，分析其时空分布、变化趋势，进而定量研究径流和降水关系，为大渡河流域暴雨洪涝预测提供科学依据。

2.3.1　研究方法

定义表征单站降水量时间分配特征的新参数：降水集中度（PCD）和集中期（PCP）。

$$CN_i=\sqrt{R_{xi}^2+R_{yi}^2}/R_i \tag{2-14}$$

$$D_i=\arctan(R_{xi}+R_{yi}) \tag{2-15}$$

式中：CN_i和D_i分别为研究时段内的降水集中度和集中期；$R_{xi}=\sum_{j=1}^{N}r_{ij}\cdot\sin\theta_j$，$R_{yi}=\sum_{j=1}^{N}r_{ij}\cdot\cos\theta_j$；$R_i$为某测站研究时段内总降水量；$r_{ij}$为研究时段内某候降水量；$\theta_j$为研究时段内各候对应的方位角(整个研究时段的方位角设为360°)；i为年份(i=1961，1962，…，2012)，j为研究时段内的候序(j=1，2，…，N)。

由式（2-14）、（2-15）可知，PCD能够反映降水总量在研究时段内的集中程度，如果在研究时段中降水量集中在某一候内，则它们合成向量的模与降水总量之比为1，即PCD为极大值；如果每个候的降水量都相等，则它们各个分量累加后为0，即PCD为极小值。所谓PCP就是合成向量的方位角，它指示出每个候降水量合成后的总体效应。也就是向量合成后重心所指示的角度，反映了一年中最大候降水量出现在哪一个时段内。图2-33给出了各月降水向量的方位角。具体计算方法及原理详见文献（Grinsted et al.，2004）。

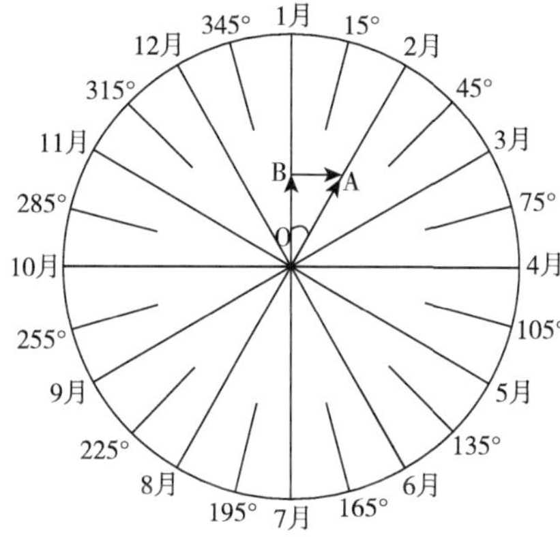

图2-33　一年中各月方位角θ_i分布

交叉小波变换是将小波变换与交叉谱分析相结合的一种新的信号分析技术，可以从多时间尺度来研究两个时间序列在时频域中的相互关系，具体计算方法及原理详见文献（Grinsted et al.，2004）。

此外，同样采用最小二乘法、EOF等统计方法，分析降水和径流量的时空变化特征，空间插值采用克里金插值法 。

2.3.2　降水集中度和集中期的时空分布特征

2.3.2.1　年均PCD和PCP空间分布

图2-34显示了大渡河流域1961—2013年年均PCD和PCP空间分布，由图2-34 a可见，PCD空间分布总体呈现出流域上游向下游递增的变化趋势，全流域PCD变化范围为0.5~0.7，大多数区域PCD值为0.6~0.65。其中高值区集中在大渡河流域上游上半段和下游地区，低值区主要位于大渡河流域上游下半段区域。PCD值最高的前三个区域分别为泸定、石棉和色达，除色达在大渡河上游流域，其他两个地区均在下游流域。图2-34b显示，近50年

PCP值的空间分布与PCD较类似。从整个流域来看，PCP时间主要集中在6月中下旬到7月上旬（方位角值和月份的相关关系见图2-33）。图中PCP低值区首次出现在康定为174.48°（6月中下旬），此外还包括小金、马尔康等地，即流域上游区域。同时，该区域PCP值变化梯度较为明显，其中PCP高值区主要分布在下游的石棉、汉源，反映出该区域一年中最大降水量集中在7上旬。大渡河流域PCD值和PCP值的分布与该地区雨季长短及地形有关，由于大渡河流域降水量的空间分布形势随着季节的变化存在差异，下游流域降水基本为单峰型，峰值主要出现于西南季风极盛的7月或8月，因此该流域为PCD高值区。此外，由于受地形影响，上游区域主要位于川西高原地区，干湿季节特征显著。从季节降水的贡献来看，20世纪60年代降水偏少主要是春季和秋季降水偏少造成的，70年代降水偏少主要由夏季降水偏少造成。

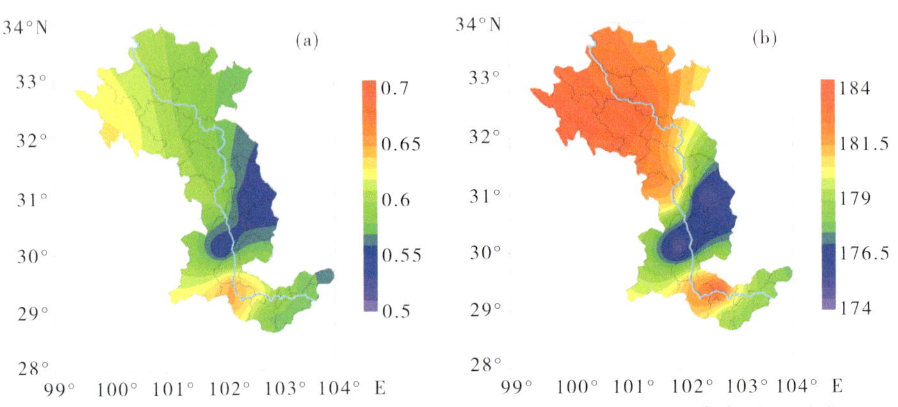

图2-34 1961—2013年大渡河流域年均PCD（a）和PCP（b）空间分布

2.3.2.2 年均PCD和PCP时空分布

图2-35给出了大渡河流域1961—2013年PCD和PCP标准差空间分布。由图2-35a可见，大渡河区域年际变化较明显的区域为流域下游区域，该区域内PCD标准差数值较高，排名前三分别为峨边（0.075）、班玛（0.066）、甘洛（0.063），表明该区域干旱洪涝发生概率较高。PCD标准差低值区主要位于流域上游区域，排名前三分别为泸定（0.049）、阿坝（0.051）、康定（0.054）。从图2-35b可以看出类似的空间分布格局，PCP年际变化较明显的区域集中在大渡河上游的丹巴（12.29）和康定（11.01）。而低值区主要位于上游的色达（7.13）、阿坝（7.17）地区。

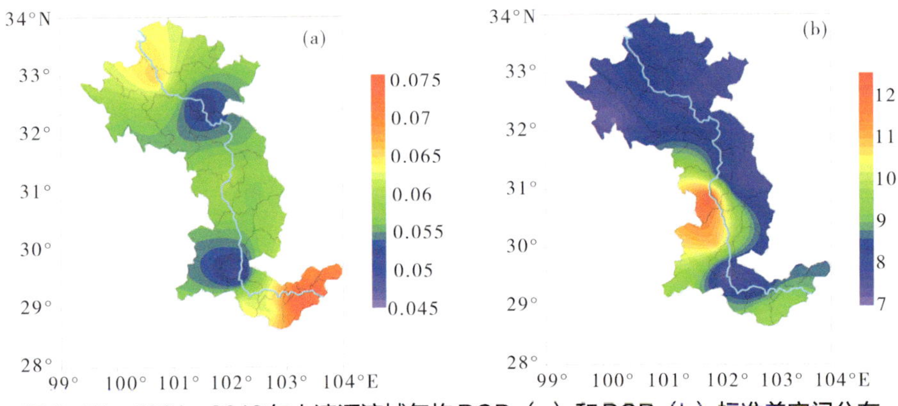

图2-35 1961—2013年大渡河流域年均PCD（a）和PCP（b）标准差空间分布

为了更详细地阐述PCD和PCP的时空分布特征，进一步利用EOF法分析PCD和PCP的距平值。图2-36揭示了PCD前3个模态的空间分布，其中前3个模态累积解释方差为72.1%。说明前三个模态及其相对应的特征向量已经可以较好地反映出大渡河流域降水集中度变化的主要特征。从PCD第一模态空间分布可以看出（图2-36a），绝大部分大渡河流域均为同符号的正值区，且方差贡献率达33.0%，表现出良好的一致性空间特征，其中高荷载区主要位于流域下游，最大值位于峨边和石棉，超过0.4；低值区位于流域上游阶段，中心位于班玛和色达，最小值达0.05。分析发现大渡河流域降水集中度的空间分布大体一致。

第二模态（图2-36b）零线基本上把该流域划分为南、北两部分，南部和北部表现为反向变化特征。其中南部正值区最高值位于流域下游区域，中心位于石棉，值为0.19；北部负值区中心位于流域上游的金川，值为-0.45，其零线与高原南部边缘的地形轮廓较吻合，再次表明大渡河流域降水集中度变化的南北差异可能和北高南低的地形因素有密切联系。

PCD距平EOF分解后的第三模态方差贡献率为10.5%，由南向北呈现出“+ − +”的空间分布型。两个正值的区域中心分别位于上游的班玛和下游的峨边，负值区域中心位于丹巴。

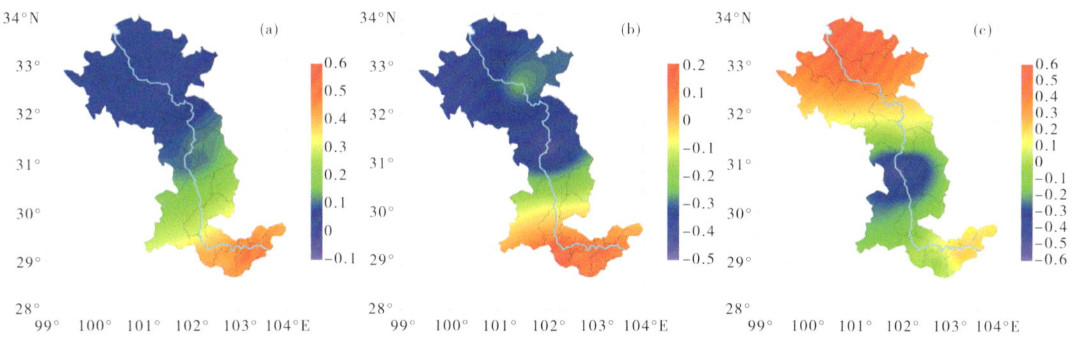

图2-36 1961—2013年大渡河流域PCD距平EOF前三个模态

图2-37给出了PCD前三个模态的时间相关系数，如前文所述，大渡河流域降水集中度第一模态的特征向量基本可以反映一致性的主要空间特征，因此该模态可以作为研究大渡河流域降水集中度整体变化趋势的代表，进一步分析该模态对应的时间序列（图2-37），可以看出：第一模态时间系数序列在1961—1975年数值波动较为平稳，1975—1990年呈现由冷变暖的过程，其中1987—1990年时间系数多为正值，但有减少趋势；在1990年后有较明显的减少趋势，且以负值为多。对应第一模态空间分布发现1975—1990年大渡河流域降水集中度有明显增多趋势；1990年后时间系数序列仍为正值，但趋势减缓，对应空间分布，可知1990年以来大渡河流域降水集中度仍是增多趋势，但增多的幅度不大。

从图2-37可以看出，第二模态降水集中度时间序列在1961—1975年呈增加趋势，1975—1980年呈减少趋势，1981—1990年呈增加趋势，其后波动较平缓，且时间系数序列表现为正值，结合第二模态空间分布可以表明，20世纪80年代中期以前大渡河流域除上游段降水呈增多趋势外，其余大部并不明显。1980年后，时间系数序列数值多在零值线以上变化，对应第二模态空间分布可知，该流域在近20多年中，北部降水趋势减缓，南部降水趋势增强。

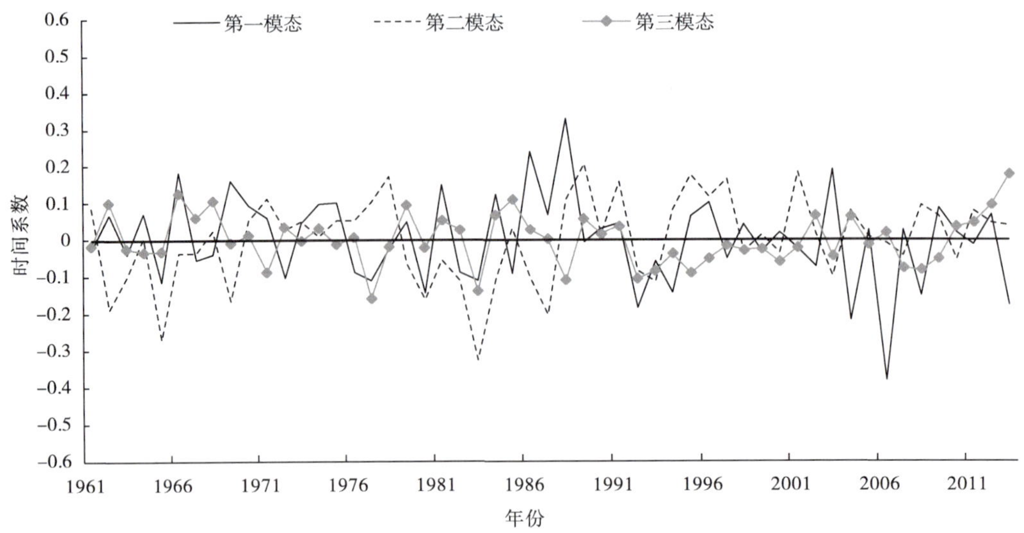

图2-37 1961—2013年大渡河流域PCD距平EOF前三个模态的时间系数

从小波变换图（图2-38）看出，在大渡河流域降水集中度在近50 a的变化中存在准10～12 a周期的年际变化，该周期主要在1985—2005年较为突出。

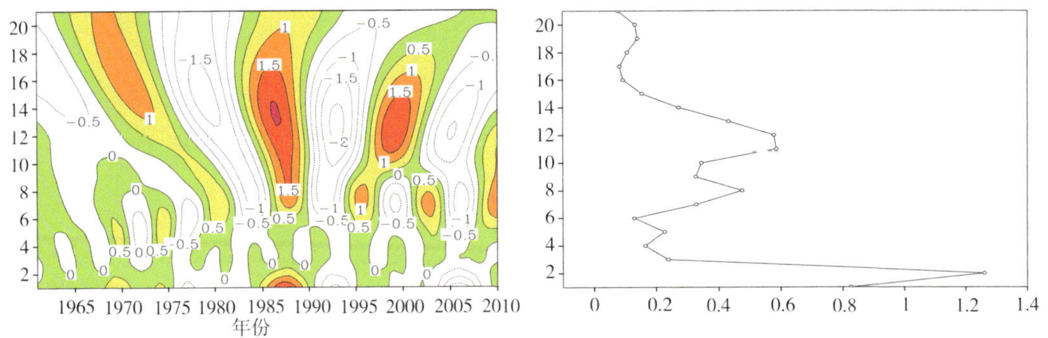

图2-38 大渡河流域PCD第一模态的时间系数EOF小波变换图

图2-39为PCP距平EOF分解后的前3个模态的空间分布图，其中前3个模态累积解释方差为67.0%。说明前三个模态及其相对应的特征向量也可以较好地反映出大渡河流域降水集中期变化的主要特征。从PCP第一模态空间分布可以看出（图2-39a），除大渡河上游班玛为负值区外，区域流域均为同符号的正值区，方差贡献率达59.3%，空间一致性特征较明显，其中高荷载区同样位于流域下游，最大值位于石棉（0.4）。与大渡河流域降水集中度的空间分布类似。

第二模态（图2-39b）零线基本上把该流域划分为东、西两部分，西部和东部表现为反向变化特征。其中东部正值区最高值位于流域下游区域，中心位于石棉，值均为0.29；西部负值区中心位于丹巴，值为-0.61。PCD距平EOF分解后的第三模态方差贡献率为15.8%，呈现南北反向的空间分布型。下游为正值区，中心位于康定（0.27）；负值区域中心位于上游的马尔康（-0.49）。

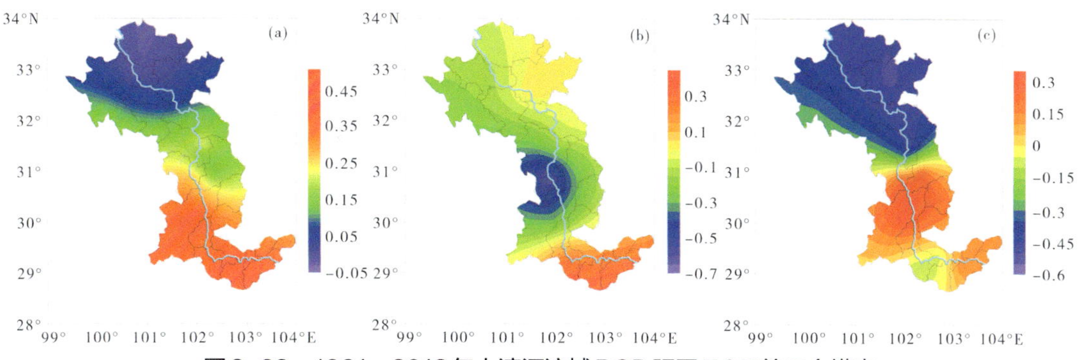

图2-39　1961—2013年大渡河流域PCP距平EOF前三个模态

结合图2-40给出的PCP前三个模态的时间相关系数可以看出：第一模态时间系数序列在20世纪90年代以前波动明显，且以正值居多，90年代以后数值波动较为平稳，且时间系数多为负值。对应第一模态空间分布发现，90年代以前大渡河流域降水集中期有增多趋势；1990年后呈现减少趋势，对应空间分布，可知90年代以前大渡河流域降水集中期呈现的上游早、下游晚的时间差异更为显著，但90年代以后上下游降水集中期的时间差异逐渐缩小。第二模态降水集中期与第一模态较类似，时间序列在1985年以前时间系数的波动明显，且以负值为主，1985年以后则以正值为主，且较平缓，结合第二模态空间分布可以表明，80年代中期以前大渡河流域除中游西岸降水集中期有推后趋势外，其余大部区域呈提前趋势。1980年后，时间系数序列数值多在零值线以上变化，对应第二模态空间分布可知，该流域在近20多年中，降水集中期在西部呈现提前趋势，东部呈现推后趋势。

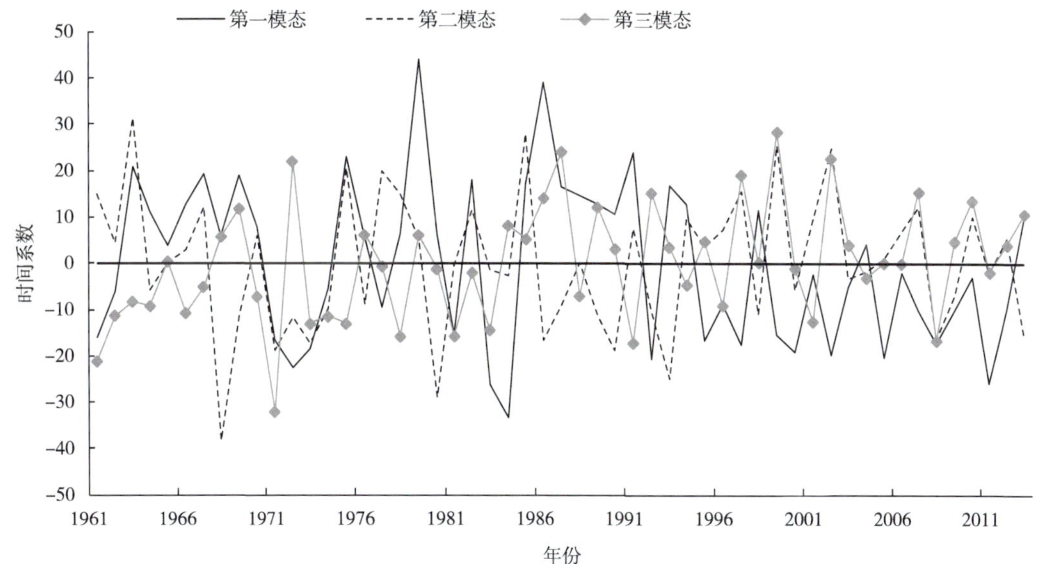

图2-40　1961—2013年大渡河流域PCP距平EOF前三个模态的时间系数

从小波变换图（图2-41）看出，在大渡河流域降水集中期在近50 a的变化中，存在准10~12 a周期的年际变化，该周期主要在1960—1985年较为突出。

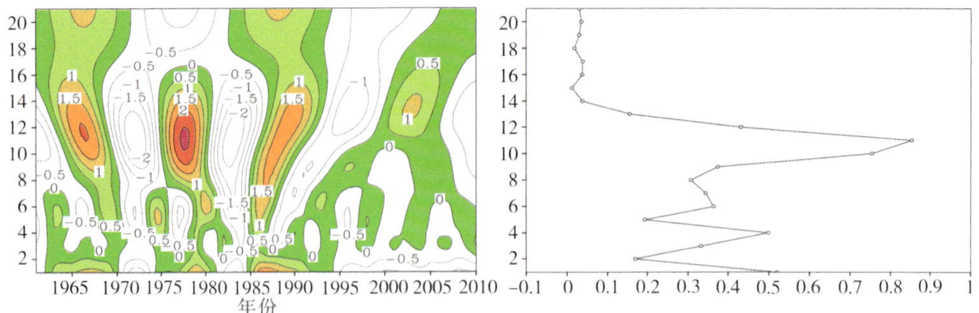

图2-41　大渡河流域PCP第一模态的时间系数EOF小波变换图

2.3.3　集中度和集中期在流域旱涝事件中的判别作用

以泸定为界将大渡河分为上游和下游流域，统计1961—2013年大渡河全流域、上游、下游地区全年PCD与PCP的年际变化曲线。由图2-42a可见，大渡河上游流域和全流域的PCD年际变化曲线十分相似，并且多年平均值一样，均为0.6；大渡河下游流域多年平均值为0.59，年际波动更为明显。图2-42b中，大渡河流域上、下游地区和全流域的PCP年际变化曲线较类似，多年平均值为7月初，但下游流域的PCP波动更大，特别是20世纪90年代以前，多年平均的最大降水日期最早出现在6月中旬，最晚出现在7月中旬。本节从图2-42中分别选出1961—2013年大渡河全流域、上游和下游PCD与PCP极大值年和极小值前5名，发现1954、1956、1969、1995、1998年和1999年在大渡河流域各个地段PCD异常偏大；1953、1961、1972、1997年和2001年在大渡河流域各个地段PCD异常偏小，结合降水量可见，大渡河流域各个地段的PCD与降水量具有比较好的同步性变化规律，即大渡河流域降水偏多的年份，PCD也偏大，此时大渡河流域较容易形成洪涝灾害。另一方面，从大渡河流域各个地段的PCP的年际变化来看(图2-42b)，大渡河上、下游地区PCP都具有显著的年际和年代际变化规律，大渡河上游地区集中期的变幅相对中下游地区要小。在大渡河全流域降水量比较大的年份里，如果在大渡河上游地区最大降水日期提前，而在下游地区推迟，则在流域就会产生洪峰叠加，从而加重了洪涝灾害的强度；反之，如果在大渡河上游地区最大降水日期推迟，而在下游地区提前，将会削弱洪涝灾害的影响程度。由于降水量、降水集中度和集中期对大渡河流域不同地段的影响程度不同，导致大渡河暴雨洪涝可分为全流域性和区域性两种，从而引起洪涝灾害的程度也不同。

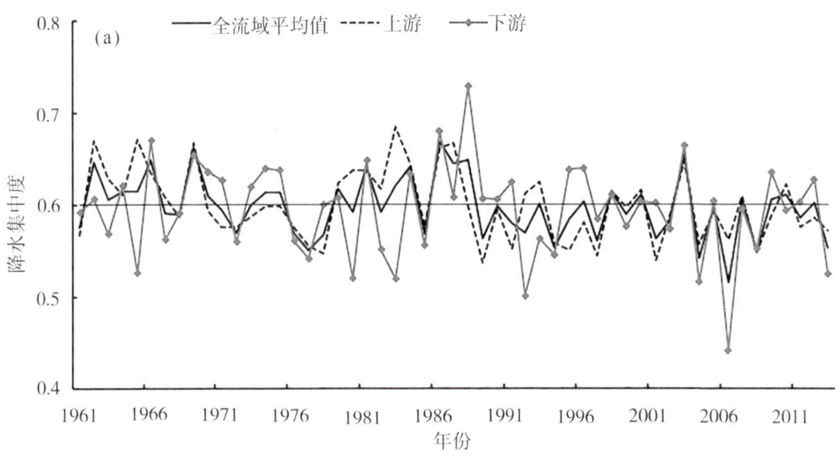

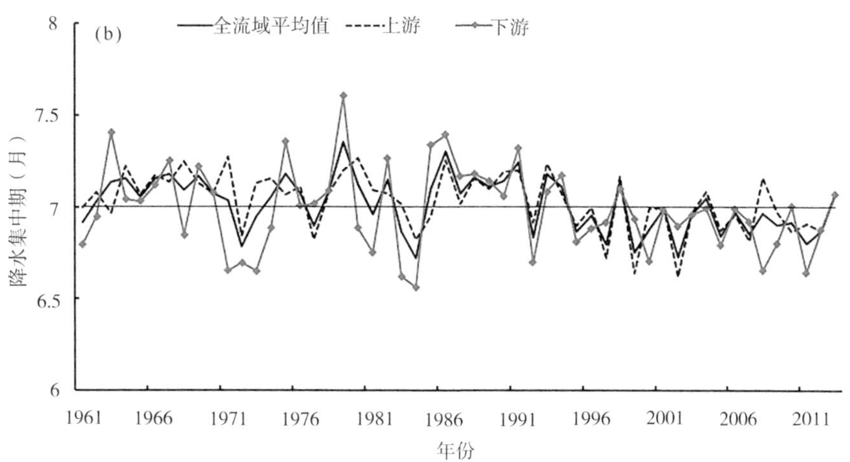

图2-42 1961—2013年大渡河全流域、上游、下游地区全年PCD与PCP的年际变化曲线

(a) PCD；(b) PCP

2.3.4 PCP、PCD与径流的关系

径流系数可说明降水量跟径流之间的关系，图2-43是大渡河出口铜街子河段径流系数的年际变化。由图可见，年径流系数整体上呈弱递增趋势，且$r=0.0414>0.354=\alpha_{0.01}(50)$ ($P<0.01$)，表明递增趋势显著，说明降水量转化为径流的部分在逐年增加，被植物截留、填洼、入渗和蒸发的部分减少。

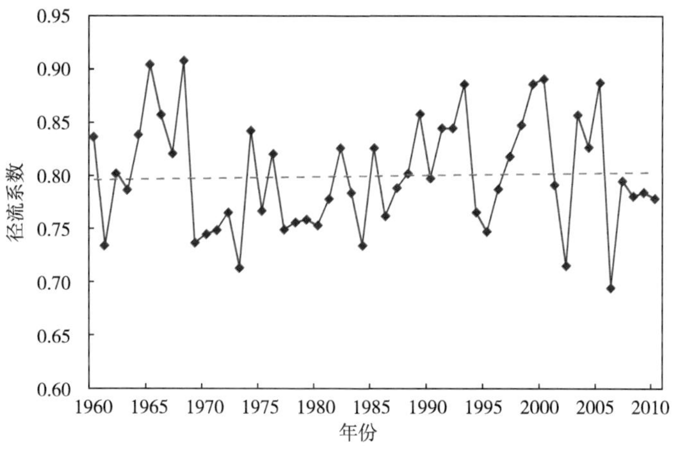

图2-43 1960—2010年径流系数变化

利用交叉小波功率谱和小波相干谱分析PCP和径流在时序及不同时间尺度周期上的变化特征与过程。由图2-44可见，PCP与径流量在近50 a中有较好的相关关系，且二者在1980—1990年间16 a左右的共振周期上存在较显著同相位正相关；在1970—1980年间4～5 a的共振周期上亦存在正相关，但不显著；这意味着在16 a和4～5 a的时间尺度范围内，二者是同步或者PCP变化先于径流量一个周期；图中还显示，在1965—1975年间2～3 a的共振周期上存在显著负相关，表明在1965—1975年间2~3 a的时间尺度范围内，两者位相差为270°±10°，意味着PCP变化超前3/4周期。

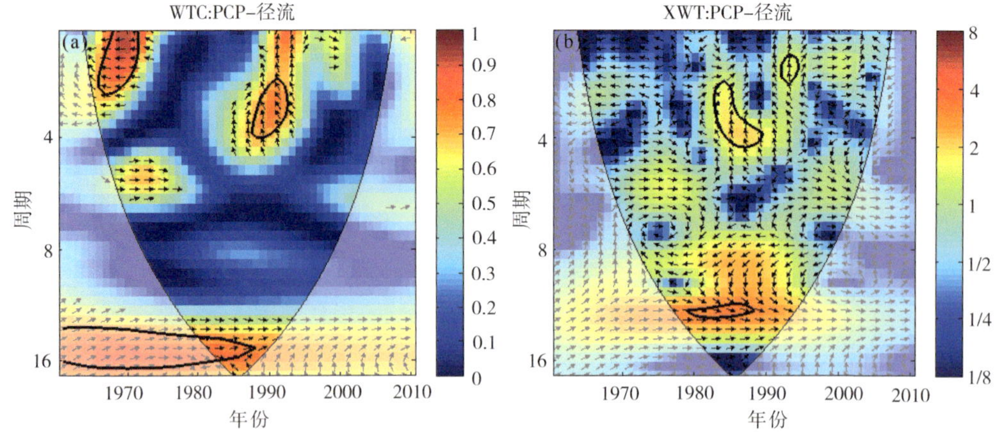

图2-44　PCP与径流量的交叉小波功率谱（a）和小波相干谱（b）

同理，对PCD与径流量在近50 a中的相关关系进行分析，发现二者交叉小波功率谱和小波相干谱在图2-45中的箭头几乎都是垂直指向下，特别是在1980—1990年10 ~ 16 a的共振周期上较显著，表明径流量先于PCD近1/4个周期；在1990—2000年间8 a左右的共振周期上亦存在反相关，这意味着在8 a的时间尺度范围内，径流量变化先于PCP发生1/2周期。

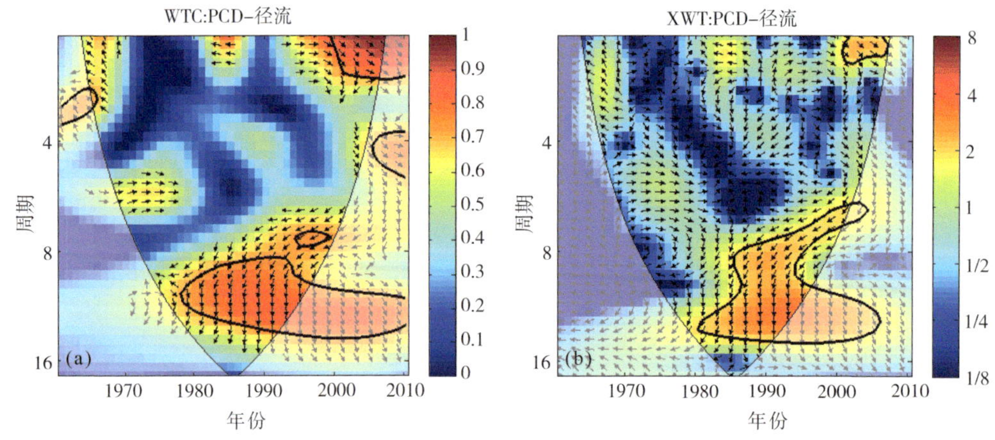

图2-45　PCD与径流量的交叉小波功率谱（a）和小波相干谱（b）

由此归纳出以下几点结论：

（1）大渡河流域1961—2013年年均PCD空间分布总体呈现出流域上游向下游递增的变化趋势，全流域PCD变化范围为0.5 ~ 0.7，高值区集中在大渡河流域上游上半段和下游地区，低值区主要位于大渡河上游下半段区域。PCP值的空间分布与PCD较类似，主要集中在6月中下旬到7月上旬，PCP低值区首次出现在康定为174.48°（6月中下旬），高值区主要分布在下游的石棉、汉源，反映出该区域一年中最大降水量集中在7上旬。从以上分析可以看出，大渡河流域PCD值和PCP值的分布与该地区雨季长短及地形有关，由于大渡河流域降水量的空间分布形势随着季节的变化存在差异，下游流域降水基本为单峰型，峰值主要出现于西南季风极盛的7月或8月，因此该流域为PCD高值区。此外，由于受地形影响，上游区域主要位于川西高原地区，干湿季节特征显著。从季节降水的贡献来看，

20世纪60年代降水偏少主要是春季和秋季降水偏少造成的；70年代降水偏少主要由夏季降水偏少造成。

（2） 1975—1990年大渡河流域降水集中度有明显增多趋势，1990年后趋势减缓。此外，20世纪80年代中期以前大渡河区域除上游流域降水呈增多趋势外，其余大部并不明显。1980年后，北部降水减缓，南部降水趋势增强。大渡河流域年际变化较明显的区域为流域下游区域，该区域内PCD标准差数值较高，表明该区域干旱洪涝发生概率较高。PCD标准差低值区主要位于流域上游区域。降水集中期近50 a变化趋势显示，90年代以前波动明显，以正值居多，90年代后多为负值。对应空间分布可知，90年代以前大渡河流域降水集中期呈现的上游早、下游晚的时间差异更为显著，但90年代以后上下游降水集中期的时间差异逐渐缩小。80年代中期以前大渡河流域除中游西岸降水集中期有推后趋势外，其余大部区域呈提前趋势。1980年后降水集中期在西部呈现提前趋势，东部呈现推后趋势。

（3） 年径流系数整体上呈弱递增趋势，且r=0.0414>0.354=$\alpha_{0.01}(50)(P<0.01)$，表明递增趋势显著，说明降水量转化为径流的部分在逐年增加。利用交叉小波功率谱和小波相干谱分析PCP、PCD和径流在时序及不同时间尺度周期上的变化特征发现：PCP、PCD与径流量均有较好的相关关系，在1980—1990年16 a和4 ~ 5 a的时间尺度范围内，PCP变化先于径流量一个周期或者二者同步；在1965—1975年间2 ~ 3 a的时间尺度范围内，PCP变化超前3/4周期。在1990—2000年间8 a左右的共振周期上径流量变化先于PCP发生1/2周期。

第3章　大渡河流域强降水分析

3.1　大渡河流域强降水统计分析及其大尺度环流背景

3.1.1　强降水统计分析

本节采用的资料包括：① 2009—2019年大渡河上游8个县的气象站08时—08时逐日降水资料和逐时降水资料；② 2009—2019年NCAR/NCEP（1°×1°）再分析资料。

根据《四川省天气预报技术手册》，川西高原的暴雨等级划分与全国暴雨量级不同，其24 h降水量达25 mm以上即为暴雨。考虑到大渡河上游的降水特点，当大渡河上游8站逐日08时—08时降水量有2个站及以上出现暴雨（≥25 mm），则记为一次暴雨过程。以此为标准，2009—2019年大渡河上游共挑选出28次暴雨过程。本节将统计分析这28次暴雨过程的降水特征，并根据影响系统进行分型，选取典型个例研究其大尺度环流背景，探讨其天气成因。

3.1.1.1　暴雨的年变化特征

从大渡河上游暴雨过程的年变化特征可以看出（图3-1），2009—2019年大渡河上游共发生了28次暴雨过程，年平均2.6次，其中2014年出现暴雨过程次数最多，达5次，其次为2010年，为4次，最少的年份为2011年、2016年和2017年，分别仅为1次。

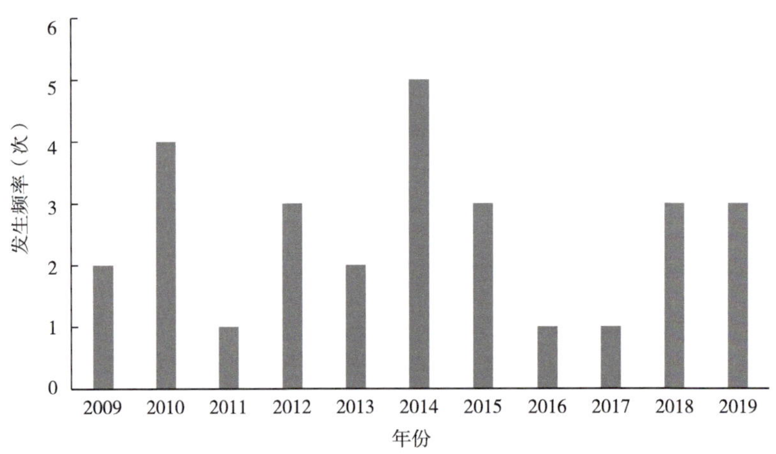

图3-1　2009—2019年大渡河上游暴雨过程逐年发生频率

3.1.1.2　暴雨的月变化特征

图3-2是大渡河上游暴雨过程的月变化特征，从图中可以看出，大渡河上游暴雨过程出现在5—10月，主要集中在6月、7月和9月，其中6月最多，为8次，占28.6%，其次是7月和9月，分别为7次和6次，占25%和21.4%，最少的是10月，为1次，仅占3.6%。

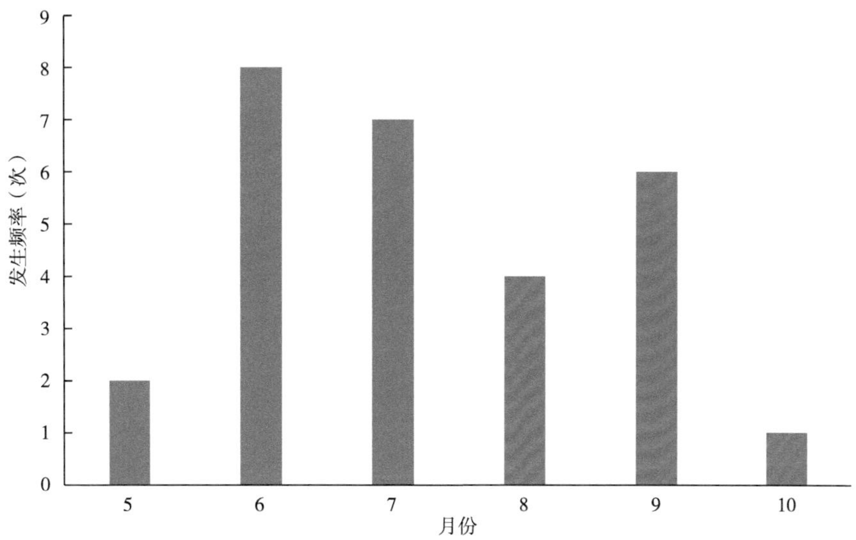

图3-2　2009—2019年大渡河上游暴雨过程逐月发生频率

3.1.1.3　暴雨的日变化特征

统计暴雨过程的逐小时累积雨量发现（图3-3），暴雨过程的主要降水一般从下午16时开始，持续到清晨07时，强降水时段集中在晚上20时至凌晨02时，具有明显的日变化特征。

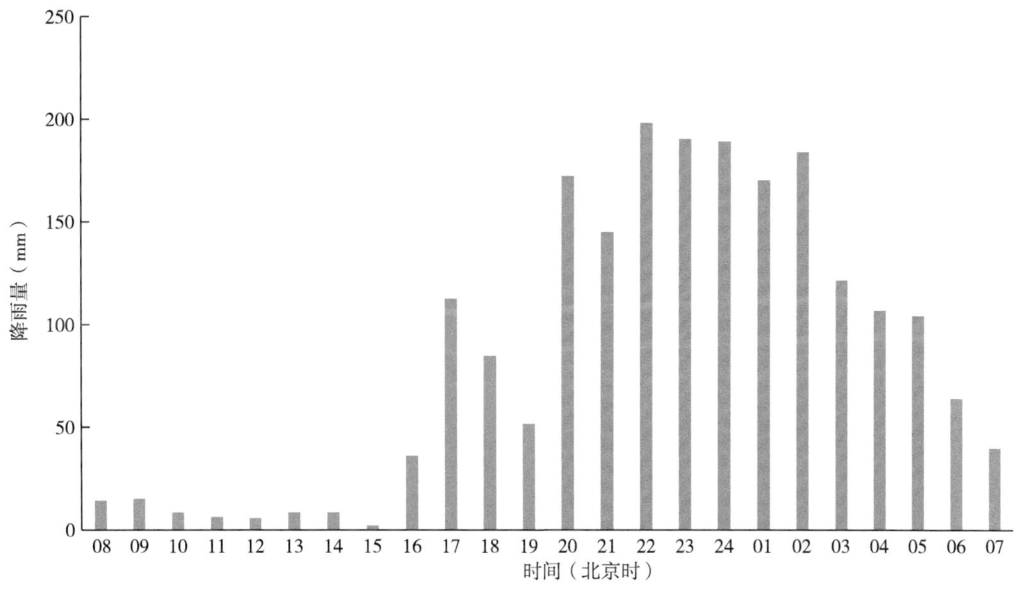

图3-3　2009—2019年大渡河上游暴雨过程逐小时累积降雨量

3.1.1.4　暴雨的空间分布特征

图3-4是大渡河上游暴雨的空间分布，从图中可以看出，大渡河上游暴雨的空间分布呈现中间多、南北少的特征，中心位于马尔康，暴雨次数达15次，占总次数的53.6%，从马尔康往北和往南暴雨逐渐减少，到北面的阿坝减少到5次，往南面的康定仅为3次。

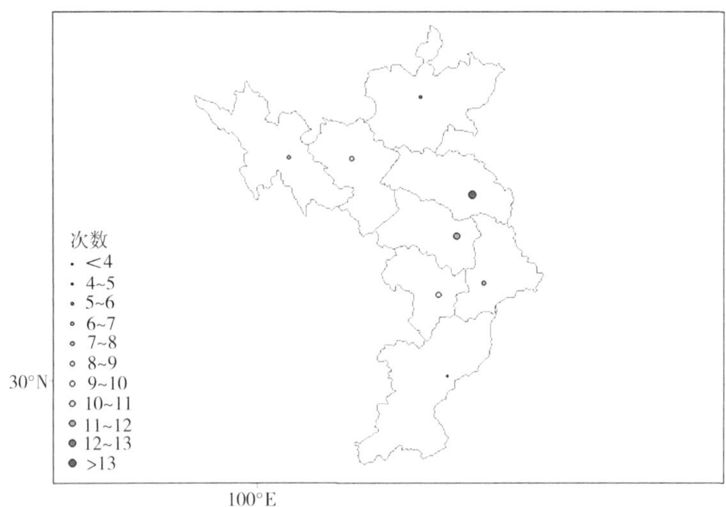

图3-4　2009—2019年大渡河上游暴雨的空间分布图

3.1.2　强降水大尺度环流背景

2009—2019年大渡河上游共有28次暴雨过程，分析这些暴雨过程的500 hPa环流形势发现，可将大渡河上游的暴雨过程依据500 hPa上的主要影响系统分为3类：高空槽型、高原切变线型和高原低涡型。下面通过选取典型个例分别对这3类暴雨过程的环流特征进行讨论。

3.1.2.1　高空槽型

高空槽是指大渡河上游以北的西风槽，随着高空槽的东移南压而造成暴雨天气。此类型暴雨过程共有13次，占总次数的46.4%。此类型暴雨5—9月均有出现，但在9月最多，共有6次。

下面以2010年8月20日的暴雨过程为例，分析此类暴雨。此次降雨过程小金、金川和丹巴达到暴雨标准，且均超过了30 mm，丹巴24 h累积降雨量达43.2 mm。8月20日08时，500 hPa上（图3-5a），副高非常强盛，其与伊朗高压连通，控制整个青藏高原，在贝加尔湖以西有一低涡，在低涡后部有明显的下滑槽，一个位于新疆与甘肃的交界处，一个位于内蒙古西部—青海中部；700 hPa上云南至四川到陕西为一西南低空急流，在内蒙古至甘肃有一切变线。20日20时，500 hPa上（图3-5b），下滑槽东移南压发展加强，位于新疆和甘肃交界处的高空槽与低涡合并加强，位于内蒙古西部—青海中部的高空槽东移发展影响大渡河上游；700 hPa上的切变线也东移至川西高原，造成此次大渡河上游强降水天气过程。从水汽条件来看，在20日08时的整层水汽通量散度图上，大渡河上游的大部为水汽辐合，但水汽通量散度仅为0～−0.1 g/(m^2·s)，随着时间的推移，大渡河上游的水汽逐渐增强，在20时（图3-5c），水汽辐合中心位于大渡河上游，中心强度为−1 g/(m^2·s)，到21日08时，大渡河上游的水汽辐合中心一直维持，中心值为−0.5～−0.6 g/(m^2·s)，充沛的水汽条件有利于大渡河上游强降雨的发生。从沿102°E的垂直速度剖面图可以看出（图3-5d），在强降雨时段有明显的上升运动，最大上升速度为−1.4 Pa/s。

由以上分析可知，500 hPa高空槽东移加强，并低层有切变线配合，共同提供了良好的动力条件，并在过程期间一直维持充沛的水汽，造成此次大渡河上游的暴雨过程。

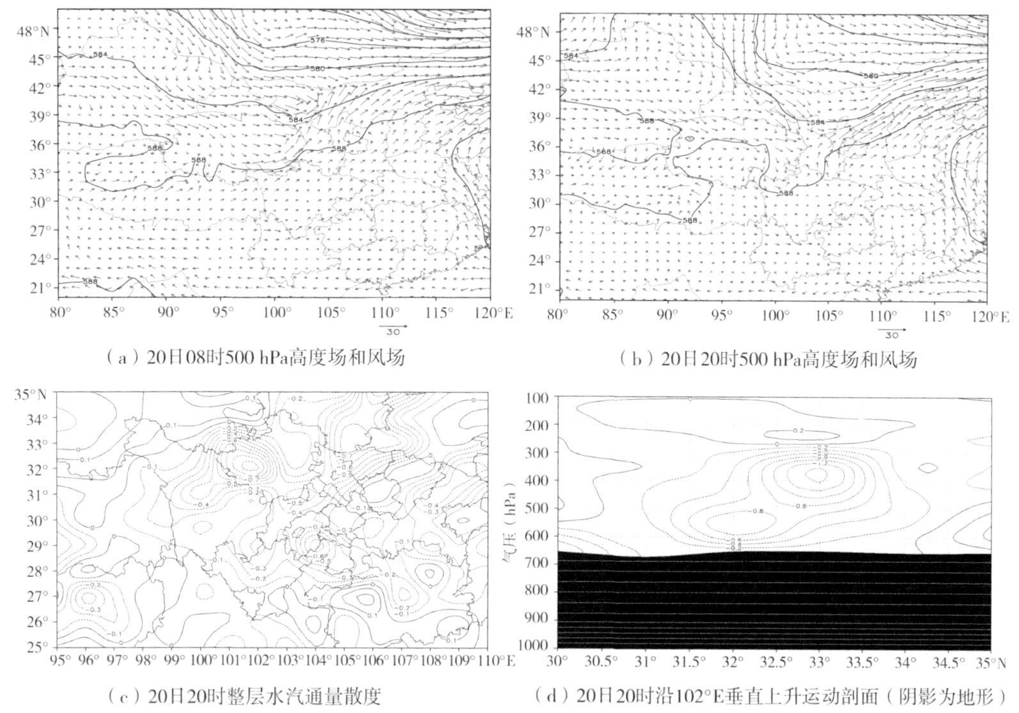

（a）20日08时500 hPa高度场和风场

（b）20日20时500 hPa高度场和风场

（c）20日20时整层水汽通量散度

（d）20日20时沿102°E垂直上升运动剖面（阴影为地形）

图3-5 2010年8月20日大渡河上游暴雨过程的各物理量特征

3.1.2.2 高原切变线型

高原切变线是造成高原降水的重要系统，在有利的环流形势配合下，其经常造成大渡河上游的强降雨天气。在近10 a间，高原切变线共造成了大渡河上游10次暴雨过程，占总次数的35.7%。高原切变线又可分为槽尾切变线、横切变线和竖切变线，其中横切变线造成的暴雨过程最多，为6次，占60%，其次是槽尾切变线，造成的暴雨过程有3次，占30%，竖切变线造成的暴雨过程最少，仅为1次，占10%。

从高原切变线型暴雨过程出现的季节来看，其季节性较强，主要发生在夏季，共有9次，占总次数的90%，其中7月最多达5次，占50%，其次6月有3次，占30%，8月有1次，另外1次发生在秋季10月。

以2018年7月3日的暴雨过程为例，对此类暴雨进行分析。此次降雨过程中金川、丹巴出现了暴雨。3日08时（图3-6a），500 hPa上中高纬度为两槽一脊形势，巴尔喀什湖有一高空槽，贝加尔湖有一低涡，青海有一横切变线活动。切变线逐渐东移南压，到20时移至川西高原北部（图3-6b），在600 hPa上（图3-6c），与高层相对应的川西高原也有一切变线，切变线的影响造成此次强降雨天气。分析散度场发现，在整个过程期间，维持低层辐合高层辐散，并低层辐合中心呈逐渐增强的趋势，在20时切变线移至大渡河上游时，低层辐合中心达到最强（图3-6d），中心值为$-8\times10^{-5}\ s^{-1}$，低层辐合高层辐散对应着明显的上升运动，随着低层辐合的增强，垂直速度也在20时达到最强（图3-6e），中心值达−1.6 Pa/s。从水汽条件来看，在3日08时大渡河上游的整层水汽通量散度出现水汽的辐合，并水汽辐合逐渐加强，到20时水汽辐合中心位于大渡河上游（图3-6f），中心值为−0.7 g/(m²·s)，直到4日08时，大渡河上游维持水汽辐合，充沛的水汽利于此次强降雨。

以上分析可知，此次暴雨天气过程是由切变线造成，其特点是500 hPa上的高原切变

线东移，同时600hPa也存在一切变线与之配合，进而造成了大渡河上游的强降雨天气。

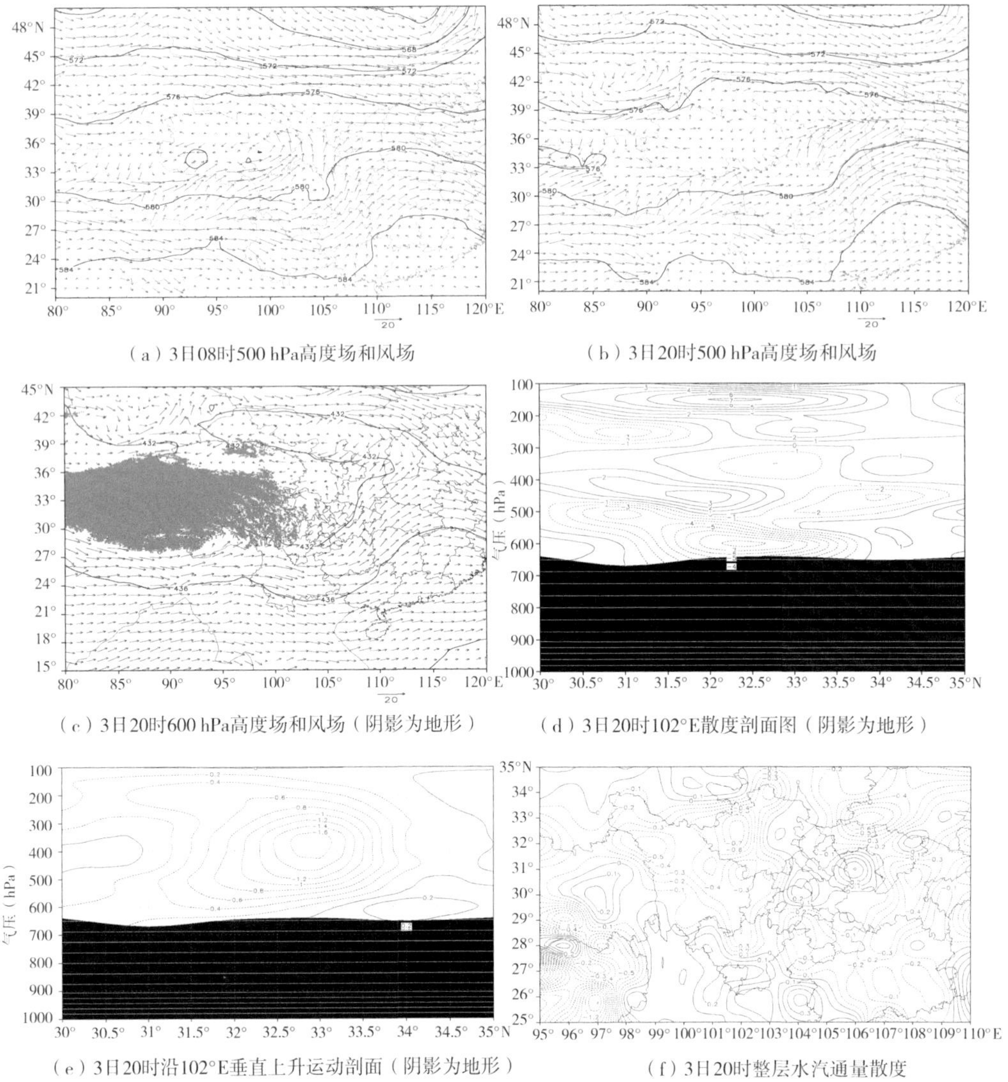

（a）3日08时500 hPa高度场和风场

（b）3日20时500 hPa高度场和风场

（c）3日20时600 hPa高度场和风场（阴影为地形）

（d）3日20时102°E散度剖面图（阴影为地形）

（e）3日20时沿102°E垂直上升运动剖面（阴影为地形）

（f）3日20时整层水汽通量散度

图3-6　2018年7月3日大渡河上游暴雨过程的各物理量特征

3.1.2.3　高原低涡型

高原低涡是指500 hPa上出现在青藏高原的气旋性涡旋，其时常造成大渡河上游的暴雨天气。在2009—2019年期间，高原低涡共造成大渡河上游暴雨过程5次，占总次数的17.9%，在5—8月均有出现，6月略多，有2次，其余月份各有1次。

以2014年6月8日的暴雨过程为例，分析此类型暴雨。此次降雨过程造成马尔康、丹巴降了暴雨。8日08时（图3-7a），500 hPa上巴尔喀什湖以北有一低涡，东北也有一低涡，我国北方大部受低涡底部的偏北气流控制，在青海和西藏交界处有一高原涡活动，高原涡逐渐东移，到8日20时高原涡移至川西高原（图3-7b），造成大渡河上游的强降雨。在高原涡的东移过程中，大渡河上游的涡度逐渐增强，在8日20时，600 hPa出现了中心值达$6\times10^{-5}\ s^{-1}$的正涡度中心（图3-7c），并且随着强降雨的出现涡度还继续增强，在9日02时涡度中心值增强为$8\times10^{-5}\ s^{-1}$（图3-7d）。从垂直速度的剖面图可以看出，在8日20时

（图3-7e），大渡河上游有强烈的上升运动，垂直速度的最大值达-2 Pa/s，并且强的上升运动一直维持。在整个强降雨过程中有充沛的水汽条件，8日20时（图3-7f），大渡河上游出现一个明显的水汽辐合中心，中心值为-0.6 g/(m^2·s)，一直到9日08时，大渡河上游都有明显的水汽辐合。

由以上分析可知，此次暴雨是由高原低涡引起，高原低涡东移提供了良好的动力条件，大渡河上游有充沛的水汽，造成了暴雨天气。

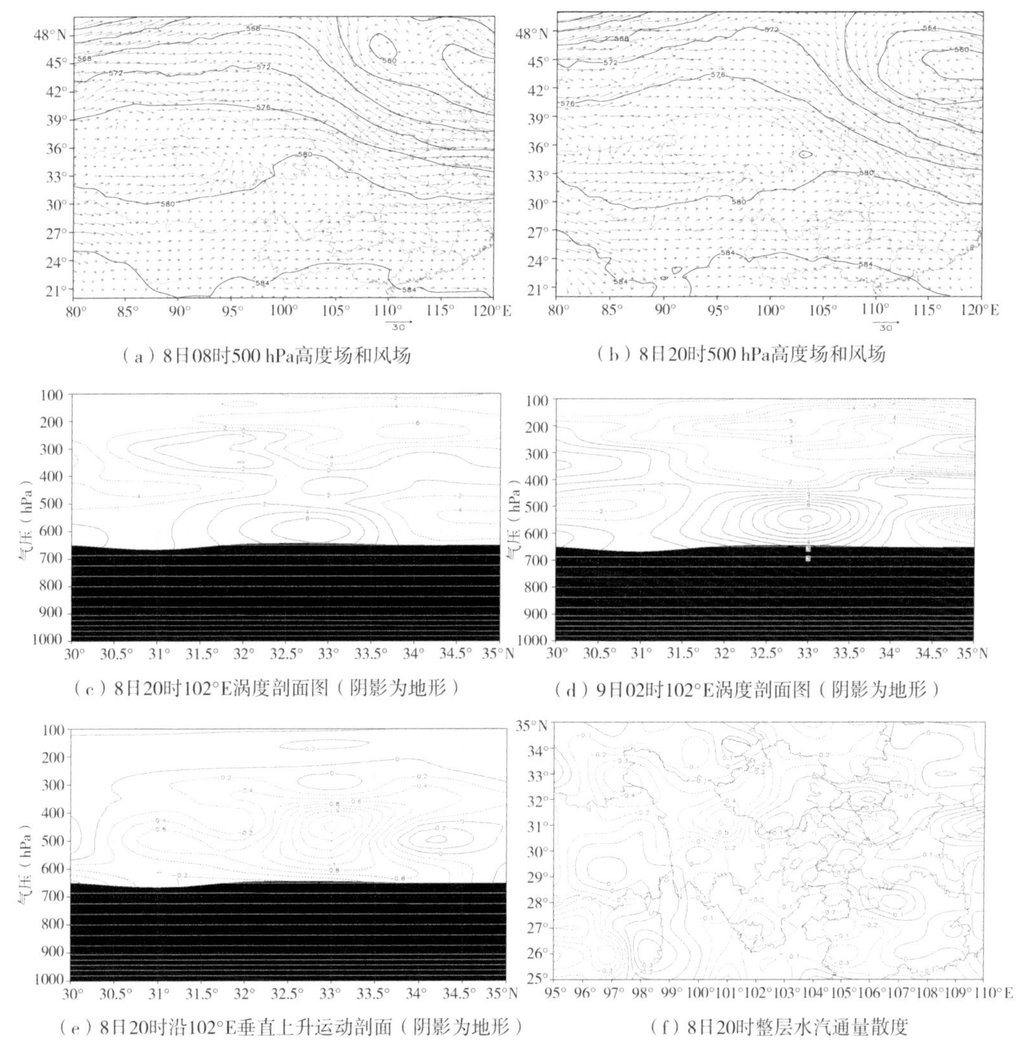

（a）8日08时500 hPa高度场和风场　（b）8日20时500 hPa高度场和风场

（c）8日20时102°E涡度剖面图（阴影为地形）　（d）9日02时102°E涡度剖面图（阴影为地形）

（e）8日20时沿102°E垂直上升运动剖面（阴影为地形）　（f）8日20时整层水汽通量散度

图3-7　2014年6月8日大渡河上游暴雨过程的各物理量特征

本节对2009—2019年大渡河上游的暴雨过程进行统计和环流背景分析，得到以下结论：

（1）2009—2019年大渡河上游共发生了28次暴雨过程，2014年最多，有5次，发生季节主要集中在6月、7月和9月，其中6月最多，为8次，占总次数的28.6%，强降水时段集中在晚上20时至凌晨02时，具有明显的日变化特征。大渡河上游暴雨的空间分布呈现中间多、南北少的特征，中心位于马尔康。

（2）根据500 hPa的主要影响系统，大渡河上游的暴雨过程可分为3类：高空槽型、高原切变线型和高原低涡型，3种类型中高空槽型最多，占46.4%，其次是高原切变线型，占35.7%，高原低涡型占17.9%；高原切变线型又可分为槽尾切变线型、横切变线型和竖切变线型，其中以横切变线型最多。

（3）大渡河上游的3类暴雨过程存在一定的季节差异：高空槽型在5—9月均有出现，9月最多；高原切变线型主要发生在夏季，7月最多；高原低涡出现在5—8月，6月最多。同时选取3个历史个例进行研究，发现这3种类型暴雨的环流背景有所不同。

3.2 大渡河流域强降水时空分布及环流分型

3.2.1 研究方法

降水资料取自于1980—2019年0.5°×0.5°中国地面降水格点数据集（V2.0）。该套数据集是基于全国2400多个国家级气象站点的实测资料，应用薄盘样条法和数字高程模型进行插值，具有精度高、时间长、代表性强等优点，弥补了高原基准站点稀疏和区域站观测时限短的不足，保证了研究结果的可靠性。再分析资料取自于1980—2019年NCEP/NCAR的2.5°×2.5°日数据和月数据集，包括位势高度、风、海平面气压、比湿等气象要素。

考虑到大渡河上游区域降水较内陆地区偏少，若采用普遍的暴雨划分标准定义强降水则有不妥，本节采用百分位阈值法来定义强降水事件。具体做法是将大渡河上游研究区域1980－2019年日降水量区域平均，剔除无降水和微量降水（<0.1 mm)的日数，将有降水记录的时间序列从小到大排序，取其第99个百分位的日降水量为强降水阈值。经计算，大渡河上游强降水阈值为17.2 mm，按阈值筛选出40 a强降水111例，发现其中110例均在6－9月，仅1例发生在3月，下文仅取6－9月的110例强降水作为研究对象。

K-means聚类法基本原理是给定一个数据点集合D和需要的聚类数目k，随机选取k个对象作为初始聚类中心$\overline{m}_i$（i=1,⋯,k）。根据距离函数计算每个样本与给定聚类中心的距离，以距离远近作为分类依据，将最近的样本划分为一簇，使簇内样本相似度高，而簇间样本相似度低。完成一次完整计算后，再重新计算聚类中心重复聚类过程，直到满足给定终止条件。具体步骤是：

（1）计算D中n个样本p_j（j=1,⋯,n）到各簇中心$\overline{m}_i$的距离：

$$d(i,j) = \sqrt{|p_j - \overline{m}_i|^2} \tag{3-1}$$

（2）得出p_j到$\overline{m}_i$的最小距离mind(i,j)，将p_j纳入与$\overline{m}_i$距离最小的簇中；

（3）所有样本归类结束后，重新计算各簇聚类中心：

$$\overline{m}_i = \frac{1}{n_i}\sum_{J_i=1}^{n_i} p_{J_i} \tag{3-2}$$

（4）计算D中所有样本的离差平方和$E(t)$（t表示循环时次）：

$$E(t) = \sum_{i=1}^{k}\sum_{p_{J_i}} |p_{J_i} - \overline{m}_i|^2 \tag{3-3}$$

并与前一次离差平方和$E(t-1)$比较，若$E(t)-E(t-1)<0$，则再转到步骤（1），否则结束运算。

文中最佳分类数k的选取是采用了离差平方和拐点法。计算不同k值下所有样本离差平方和以及可视化k值与离差平方和的关系，关注斜率由大变小的拐点，折线拐点处的k值即为最佳聚类数。拐点说明随着k值增加，离差平方和变化趋于平稳，聚类效果提升不大，所以取拐点处的k值聚类效果最为理想。

3.2.2 环流分型

利用K-means聚类分析法对大渡河上游110个强降水事件同期500 hPa高度场进行分类，依次计算了类别数从2~10的簇内离差平方和。根据离差平方和与类别的折线关系图（图略），发现k=3是折线拐点，也就说明将环流分为3类是最优分类数。

分类结果显示，1980—2019年的6—9月期间，第一类环流形势下的强降水一共有9次，占比8.2%，第二类环流形势下的强降水有56次，占比50.9%，第三类有45次，占比40.9%。下面将对这三种类别强降水的200 hPa、500 hPa和700 hPa环流场以及水汽条件进行合成分析。在合成计算过程中，发现若将所有个例都进行合成，则会在较大程度上将环流特征平均化，所以取每个类别中降水量最大的5次强降水作为每类代表，将其同期环流形势进行合成，并进行显著性检验，结果如下。

3.2.2.1 两脊一槽型

图3-8所对应的是第一类合成环流形势。在该类强降水天气类型中，200 hPa上45°N以北为两脊一槽，乌拉尔山以东和鄂霍次克海地区为高压脊，贝加尔湖附近为低压槽。30°N~45°N为西风急流区，急流南侧南亚高压脊线位于25°N附近，东伸脊点在110°E附近，位置偏南，范围较窄，强度较弱（以1252 dagpm等值线范围作为南亚高压覆盖区域）。高压中心存在一个弱的反气旋。大渡河流域上游位于西风急流与南亚高压交界处、反气旋东北部。高空急流入口区右侧和南亚高压控制区都有助于高空气流辐散，对低层气流有双重抽吸作用，加强低层气流抬升，为强降水提供动力条件。从散度场看，大渡河上游对应高空辐散区。500 hPa上等位势高度线分布与高层基本一致，中高纬度为两脊一槽的分布形势。鄂霍次克海附近高压脊和乌拉尔山以东高压脊稳定维持，有助于贝加尔湖附近低槽加深。槽后冷空气沿贝加尔湖附近南下，容易在川西高原触发切变线、低槽等低值扰动系统。贝加尔湖大槽与川西高原生成的浅槽（高原浅槽在合成之后平均化，所以在图3-8b中表现不明显，仅表现为气旋式曲率）相互配合共同形成大渡河上游降水天气系统，并且高原浅槽区和中高纬大槽区均通过置信度为0.05的显著性检验。这类环流中，副热带高压偏南、偏东，主体位于海上，强度较弱。

700 hPa上，贝加尔湖到高原地区为西南-东北走向的低压区，与中高层低槽相对应，低压区覆盖整个高原，地面低压有助于低层气流辐合上升，与高层辐散场对应。风场上，中高纬地区西风气流在贝加尔湖转为西北气流南下，经过我国东部再回流向西进入川西高原。低纬度孟加拉湾西北部存在南支槽，槽前形成较强的西南气流带，为降水带来暖湿空气，与北方回流冷空气在降水区辐合。

从地面到高空整层大气水汽通量和水汽通量散度图中更容易看清水汽来源和水汽输送大小。水汽辐合的大值中心在高原东部，中心数值达到-11×10^{-5} kg/(m^2·s)，大渡河上游降水区位于水汽辐合大值中心偏东位置。高原四周和孟加拉湾为水汽辐散区，最大辐散区位于青藏高原南侧。水汽通量方向可见此类降水水汽来源主要是孟加拉湾，南海也有较弱暖湿气流输送，输送路径分两条，分别是直接进入川西高原的孟加拉湾西南气流和经贵州、重庆等地向西回流的南海东南气流，其中西南气流输送带最强，而东南水汽输送强度较弱，贡献较小。

由上述分析可知，此类降水是在贝加尔湖大槽与高原东部浅槽配合下，孟加拉湾强暖湿气流与东部弱回流冷气流在川西高原交汇，从而造成大渡河上游强降水的产生。

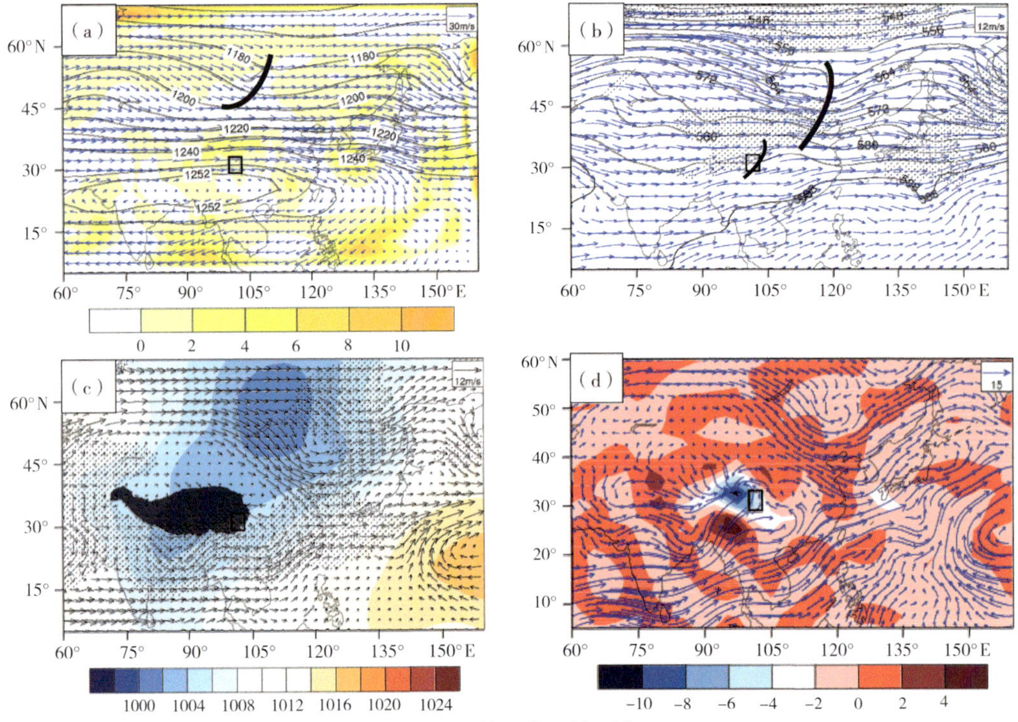

图3-8 第一类环流形势

(a) 200 hPa高度场（实线，单位：dagpm）、风场（箭头，单位：m/s）和散度（阴影，单位：$10^{-6}s^{-1}$）；(b) 500 hPa高度场（实线）和风场（箭头）；(c) 700 hPa风场和海平面气压场（阴影，单位：hPa）；(d) 整层水汽通量（箭头，单位：kg/(m·s)）和水汽通量散度（阴影，单位：10^{-5} kg/(m^2·s)）（散点为通过95%显著性检验的区域，方框为大渡河上游降水区域）

3.2.2.2 多波动型

第二类降水的各层环流形势如图3-9所示，高层200 hPa上西风急流位于30°N以北，急流相对于第一类更强，位置更偏北。在巴尔喀什湖和贝加尔湖之间存在一深槽，贝加尔湖以东是平直西风带。南亚高压脊线北移至30°N附近，东伸脊点达到120°E，强度和宽度相较于第一类都增加。高压中心对应反气旋强度更强，大渡河上游区域位于反气旋中心，更有利于高空辐散。

500 hPa上50°N以北的中高纬地区为多波动经向环流形势，自西向东分布有乌拉尔山高压脊，巴尔喀什湖与贝加尔湖之间的低压槽，此槽区与200 hPa上低槽对应，贝加尔湖附近为高压脊，我国东北地区为一低压槽。50°N以南至高原北部等位势高度线较平直，西风带以纬向气流为主。这种形势下，贝加尔湖与巴尔喀什湖之间的槽区向西南倾斜，引导脊前槽后冷空气南下，在中纬度西风气流中引起小扰动，有助于高原短波槽脊形成，高原浅槽向东移动导致降水产生。这类环流场中，西太平洋副热带高压强度较强，588 dagpm线西伸进入我国东南地区，高压脊线位于30°N以北。

700 hPa上地面低压中心位于高原东部，与200 hPa反气旋辐散中心相对应，更有利于低层气流辐合上升。风场上巴尔喀什湖西北气流沿槽后南下，汇入中纬度西风气流带，高原北侧存在一小反气旋，反气旋东侧将高纬度西风冷气流带下汇入高原。低纬度地区西风气流也较平直，南支槽较弱且位于孟加拉湾以北，西风在孟加拉湾北部转为西南风北上进入川西高原。南海地区的西风也转为南风向川西高原输送暖湿气流。此外副热带高压外围的反气旋环流较明显，其西侧的偏南气流位于到我国东南地区，有助于阻挡低纬度的西风前进，促使西风转为南风向北进入川西高原，因此副热带高压对川西高原暖湿气流的输送起间接作用。

水汽通量图中高原水汽辐合带呈纬向型分布，大渡河上游降水区位于辐合中心东部，与第一类相似。水汽辐散区依然位于高原四周，在高原以南辐散最强，与第一类不同的是来自南海的水汽比第一类强，孟加拉湾和南海水汽分别从西南方和东南方汇入降水区。

由此可见，第二类强降水的产生是因为巴尔喀什湖和贝加尔湖地区的低槽引导冷空气南下，在中纬度纬向西风气流上激发短波槽，短波槽东移造成川西高原降水。此类降水来自高纬度的冷空气输送较弱，暖湿气流的输送与副热带高压有间接关系。

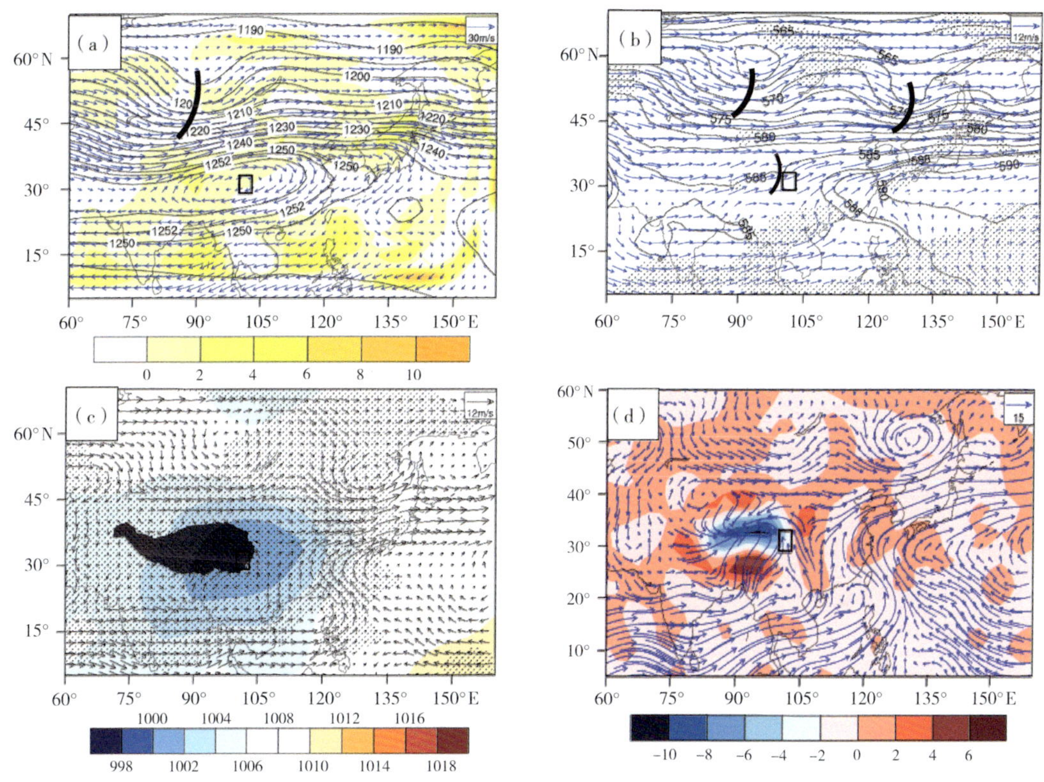

图3-9 同图3-8，但为第二类环流形势

3.2.2.3 横槽型

第三类降水环流如图3-10所示，高层200 hPa上西风急流强盛，急流轴位于40°N附近，高纬度中西伯利亚地区存在一个深厚的低压中心，低压向乌拉尔山以东倾斜发展成为一个低槽。此类降水南亚高压最强，1252 dagpm等高线脊点东伸至140°E附近，高压脊线位于30°N。南亚高压反气旋分裂为两个中心，西部反气旋正好在青藏高原上空，东部反气旋位于我国东海与黄海之间。降水区对应西部反气旋，处于高空急流和南亚高压辐散区。

500 hPa上高纬度地区环流形势与高层一致，中西伯利亚闭合低压中心代表强大的冷空气团，冷低压分裂低槽南下，在乌拉尔山以东到巴尔喀什湖以西之间发展成一个东北—西南走向的横槽。贝加尔湖东侧为宽广的高压脊，此高压脊在东亚的稳定存在使西部低压中心东移受阻，从而横槽也稳定少动，随时间推移，横槽会逐渐向东南发展移动，冷空气随横槽南下，影响高原，利于在横槽底部生成高原槽，高原槽在地面热力作用下逐渐东移，形成影响大渡河上游降水的主要天气系统。从图中可见降水区正好位于一个高原低槽前，槽深度强于前两类高原浅槽。此类降水中，副热带高压也较强，位置西伸达到我国华南，与第二类类似。

700 hPa上地面气压整体分布为东高西低，中西伯利亚与高层低压中心对应的是东西向的气旋性环流，在横槽区也对应一个气旋，气旋西侧北风强盛，有助于将高纬度冷空气输送到高原。低纬度地区孟加拉湾存在南支槽，位置和强度与第一类相似。由于受副热带高压西侧反气旋环流影响，南海附近西风转为南风向北，最后转为东南风进入高原，与第二类风场类似。水汽通量图中可见第三类水汽通量散度与前两类相似，高原东部表现为东西向辐合中心，高原四周均为辐散中心。水汽源地和输送路径与第二类一致，主要是孟加拉湾的西南气流和南海的东南气流。

由上述分析可见，第三类环流主要是中西伯利亚冷低压中心向西发展的过程中形成横槽，横槽底部有高原槽生成，高原槽东移，导致强降水产生。

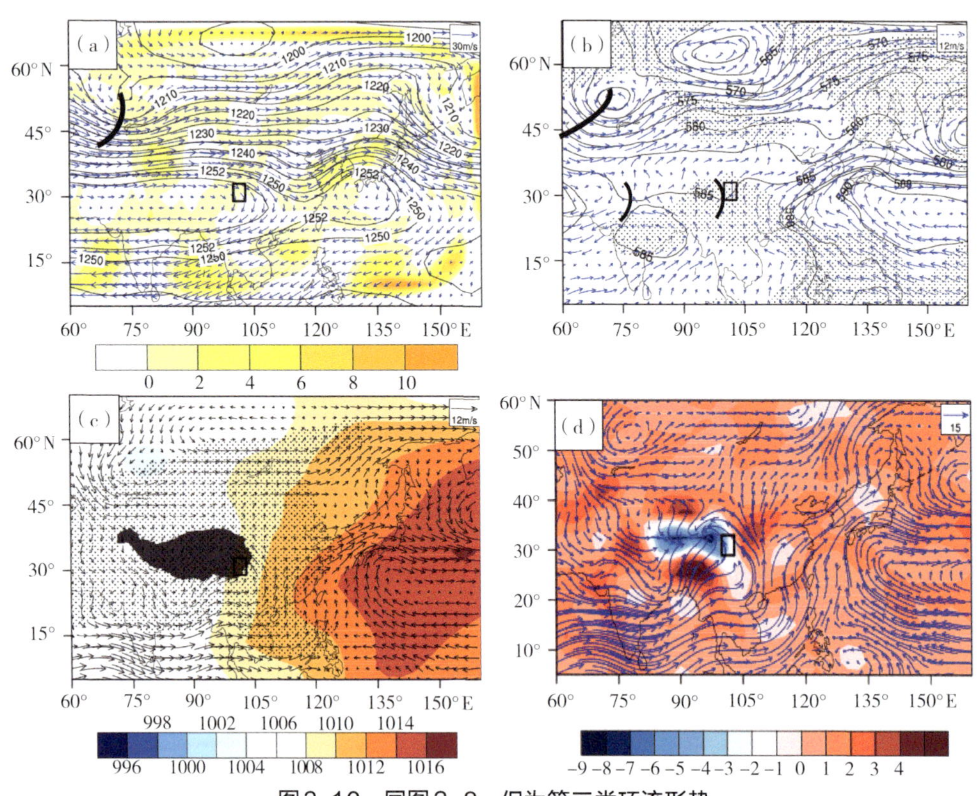

图3-10　同图3-8，但为第三类环流形势

3.2.2.4　三类环流型异同点分析

根据上述三种类型环流形势的分析，对比总结了它们的异同点，主要区别有以下三点。

① 中高纬度冷空气南下路径不同。第一类是西北冷空气从我国东部回流进入川西高原，是偏东路径，第二类是由高原北侧反气旋将冷空气带下，属于偏北路径，第三类是巴

尔喀什湖气旋将横槽冷空气带入高原，属于偏西路径。

② 西风急流、南亚高压和副热带高压强度和位置不同。第一类西风急流轴偏南，南亚高压强度弱，位置偏西、偏南，副热带高压偏弱，位置偏东。第二类和第三类西风急流、南亚高压、副热带高压都较强，其中第三类南亚高压强度最强，位置最偏东。

③ 南支槽强度和位置不同，水汽主要源地不同。第一类南支槽强度和位置与第三类相似，强度较强，位于孟加拉湾西北部，第二类强度最弱。第一类水汽源地主要是孟加拉湾，来自南海水汽较弱，第二类和第三类来自孟加拉湾和南海的水汽都较强。

主要相同点有以下两点：

① 大渡河上游三类降水均位于高空急流南侧，同时受南亚高压反气旋影响，降水都发生在高空辐散区内；

② 水汽通量散度场分布类似，辐合区位于高原东部，辐合中心呈东西走向，高原四周为辐散区，最大辐散中心在高原以南。暖湿气流均从西南和东南两个方向汇入降水区。

3.2.3 各类环流型下强降水时空分布特征

3.2.3.1 时间分布特征

根据上述环流分类结果，将降水个例进行分类统计，以了解各类环流型下降水的时空分布规律。

三类降水频率的年代际变化如表3-1所示，两脊一槽型降水发生频率最低，随时间没有明显变化，多波动型降水在1980—1989年发生较少，1990—1999年明显增加，横槽型降水在前30 a发生次数较少，2010年之后明显增加。强降水总频次1980—1989年发生15次，1990—1999年增长较快，总计29次，2000—2009年略有回落，总计24次，这30 a间多波动型降水贡献最大，说明在此期间大渡河上游强降水多由中高纬度多波动型环流形势引起。2010—2019年，强降水频率相比前30 a明显增多，总计发生42次，其中横槽型发生频次最多，共计25次，占比接近60%，而这25次横槽型降水中，6月和8月各占5次，而7月共计15次。表3-6中可以看出，2010—2019年期间的7月横槽型降水比1980—1989年、1990—1999年、2000—2009年横槽型降水总频次还多。说明近年来高纬冷空气南下在巴尔喀什湖附近堆积频繁，导致横槽产生，形成高原强降水的环流背景，而这类背景场在2010—2019年期间的7月表现尤为突出。对比了三类降水的平均降水强度，发现两脊一槽型强度最弱，平均为19.1 mm/d，横槽型最强，平均为21.1 mm/d，多波动型介于两者之间，为20.8 mm/d。

表3-1 各类强降水频次年代际变化和平均强度

年份	两脊一槽型	多波动型	横槽型	总频次
1980—1989年	3	8	4	15
1990—1999年	1	19	9	29
2000—2009年	2	15	7	24
2010—2019年	3	14	25	42
总频次	9	56	45	110
平均强度(mm/d)	19.1	20.8	21.1	20.8

强降水频次年际变化如图3-11所示，可见各年之中发生强降水次数以2~3次居多。一年之中发生强降水4次以上的年份共计9 a，其中5 a集中在2010—2019年。发生最频繁的是1990年，总共发生9次，其中由多波动型环流引起的有6次，其余3次由横槽型环流引起。频数次多的年份为2018年，共计8次，其中多波动型环流和横槽型环流各占4次。1980—2009年间大渡河上游平均每年发生强降水2.3次，2010—2019年，年均发生强降水次数4.2次，近年强降水频次有明显增长，增长原因主要来源于横槽型降水的贡献。

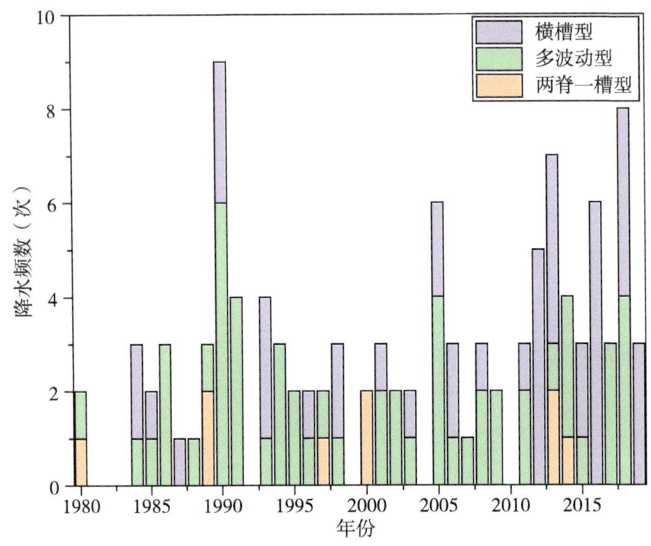

图3-11　各类强降水频次年际变化

进一步统计各类降水的月分布特征，如表3-2所示，两脊一槽型降水常发生在6月，共计7次，9月发生有2次，7月、8月未发生，这可能与副热带高压位置有关。在6月与9月期间副热带高压位置偏南、强度偏弱，与两脊一槽型环流中副热带高压偏东、偏南表现相对应。多波动型降水多集中在7—8月，分别出现20、21次，在6月与9月也有少量频次出现。横槽型降水主要集中在7月，总计发生29次，其中1980—1989年发生2次，1990—1999年发生8次，2000—2009年发生4次，2010—2019年发生15次，再次证明2010—2019年期间的7月横槽型强降水频次增加明显。横槽型降水在6月和8月出现次数较少，9月未发生此类型强降水。从各月强降水总频次看，7月发生强降水最多，次多的是8月，而9月发生频次最少。

表3-2　各类强降水频次月分布

月份	两脊一槽型	多波动型	横槽型	总计
6月	7	11	8	26
7月	0	20	29	49
8月	0	21	8	29
9月	2	4	0	6

3.2.3.2　空间分布特征

将各类降水个例进行合成，分析降水的空间分布特征，如图3-12所示，三类降水最大值中心均在小金县，以小金为中心向南北方向递减。合成最大降水强度两脊一槽型为52 mm/d，多波动型为67 mm/d，横槽型为64 mm/d。除小金以外，三类降水在金川与丹巴交界处、康定中部均存在次大值中心，但三类降水次大值中心范围大小不一致。两脊一槽型中，壤塘以南、马尔康、金川以北、康定以南范围内降水量相近，在19~27 mm/d；宝兴、天全、荥经、色达、班玛、阿坝、久治、壤塘以北降水在19 mm/d以下；降水最少的区域在久治和阿坝东北部，降水量在10 mm/d以下。多波动型和横槽型降水分布主要区别在于宝兴、天全、荥经三县降水量，横槽型在这三县降水要多于多波动型，其余各县两类降水量分布相似。

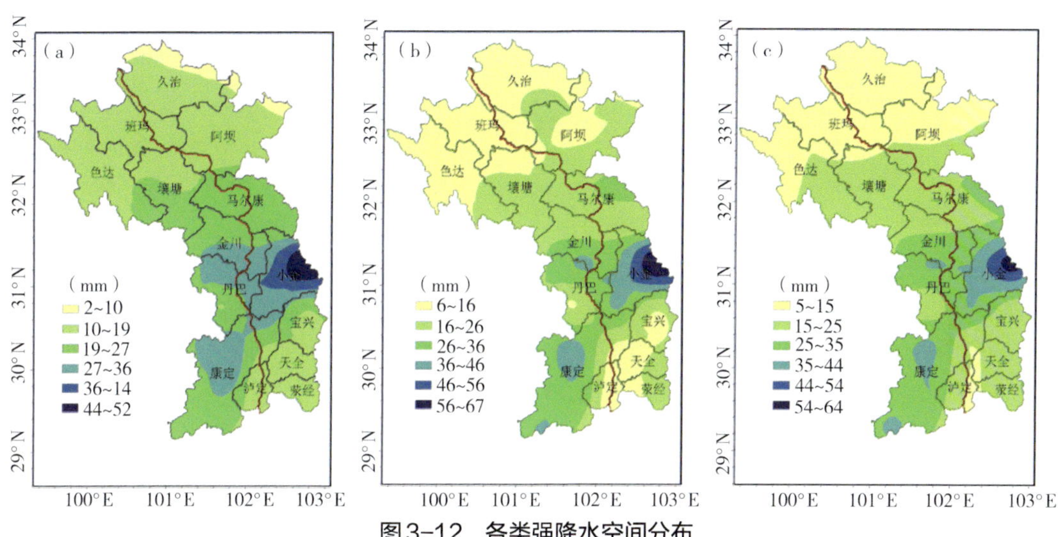

图3-12 各类强降水空间分布

（a）两脊一槽型；（b）多波动型；（c）横槽型

3.2.4 21世纪10年代大渡河上游强降水偏多的成因分析

由上述分析可知，21世纪10年代强降水频次增多主要是因为横槽型降水增加，而横槽型降水主要集中发生在7月，所以下面将从7月环流角度出发解释10年代降水增加的原因。分别将1980—2009年的7月和2010—2019年的7月大渡河上游强降水时间序列与同期500 hPa高度场做相关分析，结果如图3-13所示。对比两个时间段相关系数分布图发现，1980—2009年和2010—2019年降水与高度场高相关区分布相似，并且与横槽型500 hPa高度场高低压以及槽脊位置分布相对应，证明了在大渡河上游7月强降水主要由横槽型环流引起。在乌拉尔山以东至贝加尔湖之间、巴尔喀什湖附近分别存在一个显著负相关中心，并分别对应于横槽型500 hPa高度场中的中西伯利亚冷低压中心和向西伸展的横槽，说明冷低压和横槽强度越强，越有利于大渡河上游强降水的发生。另外，在高原主体位置和孟加拉湾也为负相关区，说明高原东部的低值系统和孟加拉湾低槽也对大渡河上游强降水有影响。在贝加尔湖东南方存在东北—西南走向的正相关区，对应500 hPa高压脊位置，说明该区域高压脊越强，越有利于西侧横槽冷空气堆积，分裂小槽南下，并且引导冷空气沿槽后向南输送到高原，利于高原低值系统产生，从而东移影响大渡河上游。此外，西太平洋也存在正相关中心，说明副热带高压加强也有利于大渡河上游强降水的产生。

值得注意的是，2010—2019年相关系数在降水关键区中绝对值有所增大，并且通过显著性检验的区域与横槽型500 hPa高度场对应得更好，说明2010—2019年的7月降水与横槽型环流联系更紧密，相关性更强。

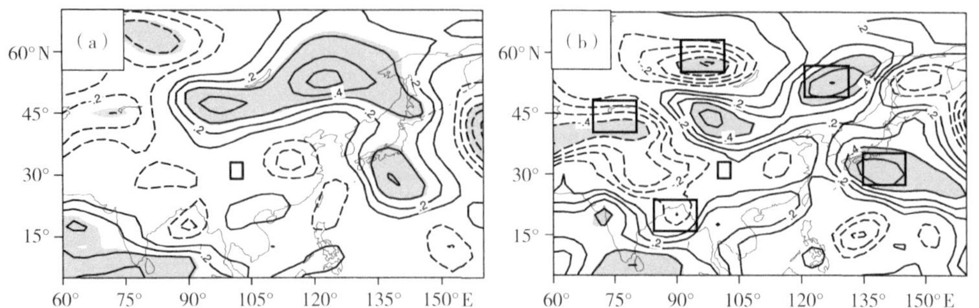

图3-13 1980—2009年（a）与2010—2019年（b）7月强降水与同期500 hPa高度场相关系数（阴影区为通过95%显著性检验的区域，方框为降水关键区）

从2010—2019年的7月500 hPa高度场气候距平图（图3-14a）中可以发现，在此期间7月平均位势高度在乌拉尔山—巴尔喀什湖—贝加尔湖一带为东北—西南走向的负距平区，在贝加尔湖以东到鄂霍次克海，我国东北到日本海附近均为正距平中心，21世纪10年代中高纬总体处于东高西低的环流形势。说明近10 a的7月，中西伯利亚冷低压中心整体偏强，致使其向西发展的巴尔喀什湖横槽强度偏强，同时位于贝加尔湖东南侧高压脊偏强，并且其东北—西南走向的形势更有利于横槽形成，横槽引导冷空气南下，同时分裂短波槽，短波槽在高原加强东移，最终导致大渡河上游强降水的产生。

在低层700 hPa高度场和风场距平（图3-14b）中有同样的表现，巴尔喀什湖异常低压区对应异常气旋，气旋西侧向高原输送高纬度冷空气。中低纬度孟加拉湾和南海—西太平洋表现为负距平中心，分别对应异常气旋，说明在此期间孟加拉湾低槽偏强，气旋东侧向高原东输送孟加拉湾水汽，南海气旋北侧也向高原输送南海水汽，两个异常气旋的存在为大渡河上游强降水提供了充足的水汽条件。

由上述分析可见，大渡河上游7月强降水的关键天气系统为中西伯利亚的低压中心、巴尔喀什湖附近低压槽、贝加尔湖以东的东北—西南走向的高压脊，此外，还有孟加拉湾低槽和副热带高压。2010—2019年的7月高度场距平中心与关键区天气系统一致，均与横槽型天气形势吻合，充分说明2010—2019年的大渡河上游强降水增加的主要原因是7月横槽型环流盛行，导致此类型强降水总频次增加。

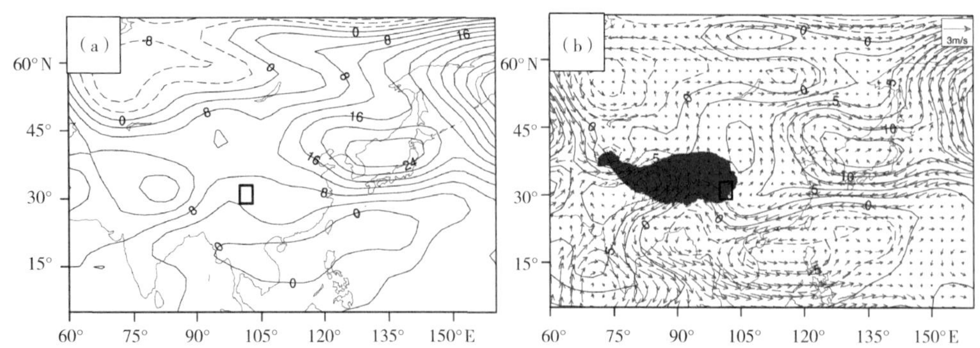

图3-14 2010—2019年（a）500 hPa高度场和（b）700 hPa高度场(等值线，单位：dagpm)与风场（箭头，单位：m/s）距平

本节分析了大渡河上游强降水环流形势聚类分型结果，进而分析了不同类型下强降水的时空分布特征以及21世纪10年代期间强降水频次增加的原因，主要得到以下结论：

（1）大渡河上游强降水环流形势主要分为两脊一槽型、多波动型和横槽型三种类型。第一类型是在贝加尔湖大槽与高原东部浅槽配合下导致大渡河上游降水产生；第二类型是西风带短波槽东移造成大渡河上游降水；第三类型是巴尔喀什湖附近横槽底部有高原槽生成，高原槽东移导致大渡河上游降水产生。第一类西风急流、南亚高压和副热带高压偏弱，水汽来源于孟加拉湾，第二类和第三类西风急流、南亚高压、副热带高压都较强，水汽来源于孟加拉湾和南海。

（2）1980—2009年大渡河汛期强降水以多波动型为主，平均每年发生强降水2.3次，2010—2019年汛期强降水以横槽型为主，降水频率增加到每年4.2次。两脊一槽型降水常发生在6月，平均降水强度最弱，多波动型降水多集中在7—8月，横槽型降水集中在7月，平均强度最强。三类降水强度的空间分布均以小金县为中心向南、北方向递减。

（3）大渡河上游7月强降水时间序列与同期500 hPa高度场显著相关区与横槽型环流吻合，关键系统为中西伯利亚的低压中心、巴尔喀什湖附近低压槽、贝加尔湖以东的东北—西南走向的高压脊、孟加拉湾低槽和副热带高压。2010—2019年相关性和关键系统强度相对于1980—2009年均增强，说明了21世纪10年代大渡河上游强降水增加的主要原因是7月横槽型环流盛行，导致此类型强降水增加。

3.3　大渡河流域极端降水事件变化特征

近年来，随着北半球中高纬度陆地极端强降水事件的增多，我国极端降水值、极端降水平均强度和极端降水频数也都在增多，但变化趋势存在明显的区域差异。长江流域及西南诸河极端降水事件增多趋势明显。

流域受西南季风和北方冷空气共同影响，5—10月雨量占全年降水的80%~90%，暴（大）雨一般发生在6—9月，且多夜雨。该流域又受地形、岩性、构造、斜坡结构等影响，滑坡、崩塌、泥石流等灾害频繁发生，据初步统计，2003—2004年大渡河流域发生地质灾害913处，其中滑坡385处、崩塌105处、泥石流358处、不稳定斜坡65处，造成813人死亡，直接经济损失145736万元，是地质灾害高发区。

目前对于大渡河流域降水的研究多集中于降水的年际变化，而对于极端降水事件的研究尚不深入。因此，本节选取大渡河流域及邻近气象站点1961—2010年逐日降水资料，分析流域极端降水事件变化的时空特征，旨在揭示近50 a来大渡河流域极端降水的时空演变规律，为该流域极端降水事件的预测及减灾防灾规划提供科学依据。

3.3.1　数据插值方法

本节主要采用了两类观测资料：① 大渡河流域有观测资料的12个区域自动站逐日降水资料；② 大渡河流域17个基本站、基准站（汉源、石棉、金川、马尔康、丹巴）逐日降水资料，时间长度为1961—2010年。

图3-15为大渡河流域气象站点及水电站的分布图。从图中看到，6个水电站都无直接观测的气候要素变量，离长序列气象资料的基准站也较远，但是距离区域站却非常近。因此，本节主要利用大渡河流域相关性较高的气候基本站、基准站及区域站，结合台站间距离（直线距离在10 km以内），先对离散点进行三角形化，然后采用格林样条插值法获得

气象要素值。三角形化是把分析区域内的离散站点按照最优剖分原则（如剖分出来的三角形要尽可能均匀等）进行三角形剖分，以构成互不交叉的三角形网。在此基础上，进一步利用格林样条插值法，用多个全局格林函数进行加权叠加而解析地计算出插值曲面(曲线)。

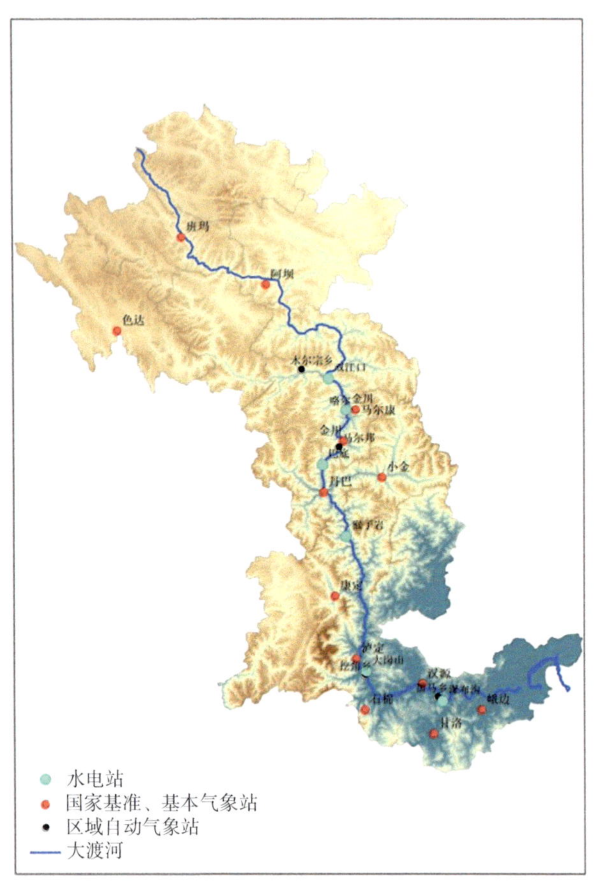

图3-15　大渡河流域站点（气候站、区域自动站、水电站）分布图

具体插值原理详见文献（David，1987）。该方法有计算精度高、能稳定显示局部异常变化、可以抑制缺少数据控制地区的虚假变化等优点，所以分析结果能较好地反映要素场的真实分布。为了检验该方法的插值精度，我们以汉源站和马尔康站7月月均降水量资料进行检验，得到的检验结果如表3-3所示。

表3-3　汉源站和马尔康站7月月均降水量内插值与实测值的误差比较

台站	汉源站	马尔康站
实测值（mm）	4.54	4.65
内插值（mm）	5.13	4.19
绝对误差（mm）	0.59	-0.46
相对误差（%）	12.4	-9.9

从表3-3可见，汉源站和马尔康站7月月均降水量插值结果与实测值比较接近，大部分日数的相对误差大多在15%以内。可见该方法的计算精度较高，内插结果可信，用该方法求取水电站所在地的气象要素值是可行的。

表3-4给出了所选气象站点的具体信息。从表中可以看到，瀑布沟由汉源和黑马乡插值所得，大岗山由石棉与挖角乡插值所得，巴底由丹巴和马尔邦乡插值所得，金川由金川和咯尔乡所得，双江口由马尔康和木尔宗乡插值所得。由于猴子岩周围无区域自动站资料，因此猴子岩站直接用丹巴站来代替。

表3-4 所选气象站点信息表

水电站	基准站	区域站
瀑布沟	汉源	黑马乡-甘洛
大岗山	石棉	挖角乡-石棉
猴子岩	丹巴	无区域站（丹巴本站代替）
巴底	丹巴	马尔邦乡-金川
金川	金川	咯尔乡-金川
双江口	马尔康	木尔宗乡-马尔康

3.3.2 极端降水指数的定义

目前国际上对极端气候事件的研究多采用阈值法，即将超过某个阈值的值称为极值，该事件称为极端事件。阈值有两种，即绝对阈值和相对阈值，绝对阈值取某个对人类生活或生态环境有不良影响的固定数值，中国气象局把日降水量≥50 mm的降水事件称为暴雨，把25 mm≤日降水量<50 mm的降水事件称为大雨。大渡河流域地形高差悬殊，水土流失严重，因此大雨、暴雨，甚至不足25 mm的中雨就会引起山洪、滑坡、泥石流暴发。因此考虑到本区域降水的特点及其影响，将暴雨、大雨统一作为强降水事件，即把日降水量≥25 mm作为强降水的阈值。相对阈值有参数和非参数两种确定方法，参数法常以Gamma分布函数的边缘值来确定，非参数法常根据资料序列的百分位值加以确定，本节采用百分位法确定极端降水事件的阈值，即将某站气候标准期（1971—2000年）内有雨日降水量按从小到大排序，取其第95百分位值作为该站极端日降水量的阈值。当某站某日降水量超过阈值，就认为该日出现了极端降水事件。在确定出所选站点极端降水事件阈值的基础上，统计1961—2010年逐年极端降水事件发生频次并建立时间序列，进而揭示大渡河极端降水事件的时空演变特征。

为尽可能全面分析大渡河流域极端降水事件的时空变化特征，本节选取世界气象组织（WMO）气象学委员会（CCL）及气候变率和可预报性研究计划（CLLVAR）推荐的极端降水指数中的5个指标对大渡河流域极端降水事件近50 a来的变化特征进行分析，表3-5给出了这5个极端降水指数的定义。

表3-5　极端降水指数及其定义

指数名称	符号	定义
1 d最大降水量（mm）	RX1day	年最大1 d降水量
5 d最大降水量（mm）	RX5day	年最大连续5 d降水量
强降水日数（d）	R25mm	年日降水量≥25 mm的日数
极端降水量（mm）	R95	年日降水量>第95百分位值（1981—2010年均值）的降水总量
极端降水日数（d）	R95day	年日降水量>第95百分位值（1981—2010年均值）的降水日数

气候统计方面，采用最小二乘法，用其线性倾向值来分析估计要素的年际变化率；采用Mann-Kendall非参数检验法检验大渡河流域极端降水指数时间序列的突变特性；利用Morlet小波分析法，分析极端降水指数时间序列周期变化。空间插值采用克里金插值法。

3.3.3　极端降水事件的空间变化特征

3.3.3.1　空间分布特征

图3-16为大渡河流域极端降水指数多年平均值的空间分布，可以看出1 d最大降水量、5 d最大降水量、强降水日数、极端降水量的空间分布格局较相似，均呈现出由西北向东南方向逐渐增多的分布特征（图3-16a~d）。其中1 d和5 d最大降水量流域均值分别为40.7 mm和76.9 mm，5 d最大降水量是1 d最大降水量的近2倍。1 d和5 d最大降水量高值中心出现在流域下游的峨边，分别为90.6 mm和114.2 mm；低值中心出现在上游的班玛，分别为27.2 mm和59.7 mm。大渡河上游流域强降水累积降雨日数在150 d内（图3-16c），丹巴-小金河谷以上区域的累计雨日小于100 d，最小值出现在上游区域班玛站，为44 d；下游流域累积降水日数超过200 d，超过300 d的区域主要集中甘洛-峨边一带。最大值出现在流域下游的甘洛，为376 d。流域极端降水量（图3-16d）最大值位于以峨边为中心的下游地区，为480.8 mm；流域上游的班玛为低值中心，为260.8 mm。极端降水日数多年平均值的空间分布较为均匀（图3-16e）。低值出现在班玛，为16.8 d；高值出现阿坝、丹巴、峨边，均为18.4 d。

3.3.3.2　空间变化趋势

图3-17为近50 a来大渡河流域极端降水指数变化趋势的空间分布格局。其中1 d最大降水量变化趋势在空间分布上存在一定的区域差异（图3-17a），流域下游多表现出增加趋势，最大增幅出现在峨边，大于3.5 mm/10 a；流域上游呈减小趋势，其中阿坝为-0.4 mm/10 a的负增长。5 d最大降水量变化趋势的空间格局与1 d最大降水量较一致（图3-17b），其中阿坝为中心的上游区域降幅最大，变化率大于-2.5 mm/10 a。位于下游的汉源出现了增幅最大值，大于3.1 mm/10 a，通过了90%的显著性检验。从强降水日数变化趋势的空间分布（图3-17c）看，除上游马尔康、阿坝以及下游石棉局部地区外，整个流域都表现出增加趋势，变化幅度在0.07~0.9 d/10 a。流域下游地区增幅更为显著，甘洛地区表现为显著的增加趋势（均通过了90%和95%的显著性检验），变化幅度大于0.9 d/10 a。极端降水量变化趋势的空间格局与极端降水日数较一致（图3-17d，e），以阿坝为中心的上游地区呈减少趋势，以丹巴、康定为中心的中下游地区呈增加趋势，其中甘洛增幅超过了18.98 mm/10 a，通过了95%的显著性检验。

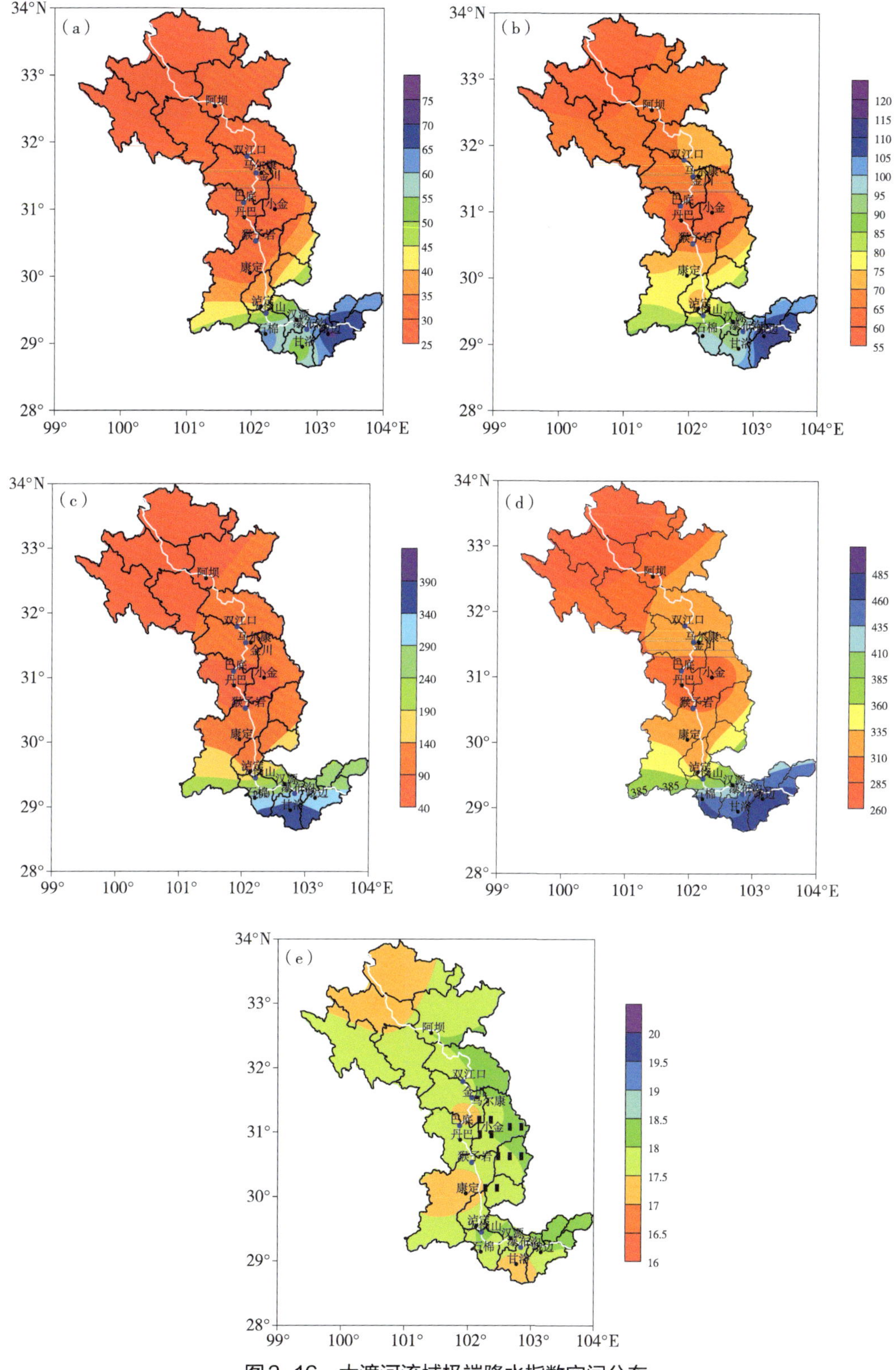

图3-16 大渡河流域极端降水指数空间分布

(a) 1 d最大降水量平均值 (mm); (b) 5 d最大降水量平均值 (mm); (c) 强降水日数累计值 (d); (d) 极端降水量平均值 (mm); (e) 极端降水日数平均值 (d)

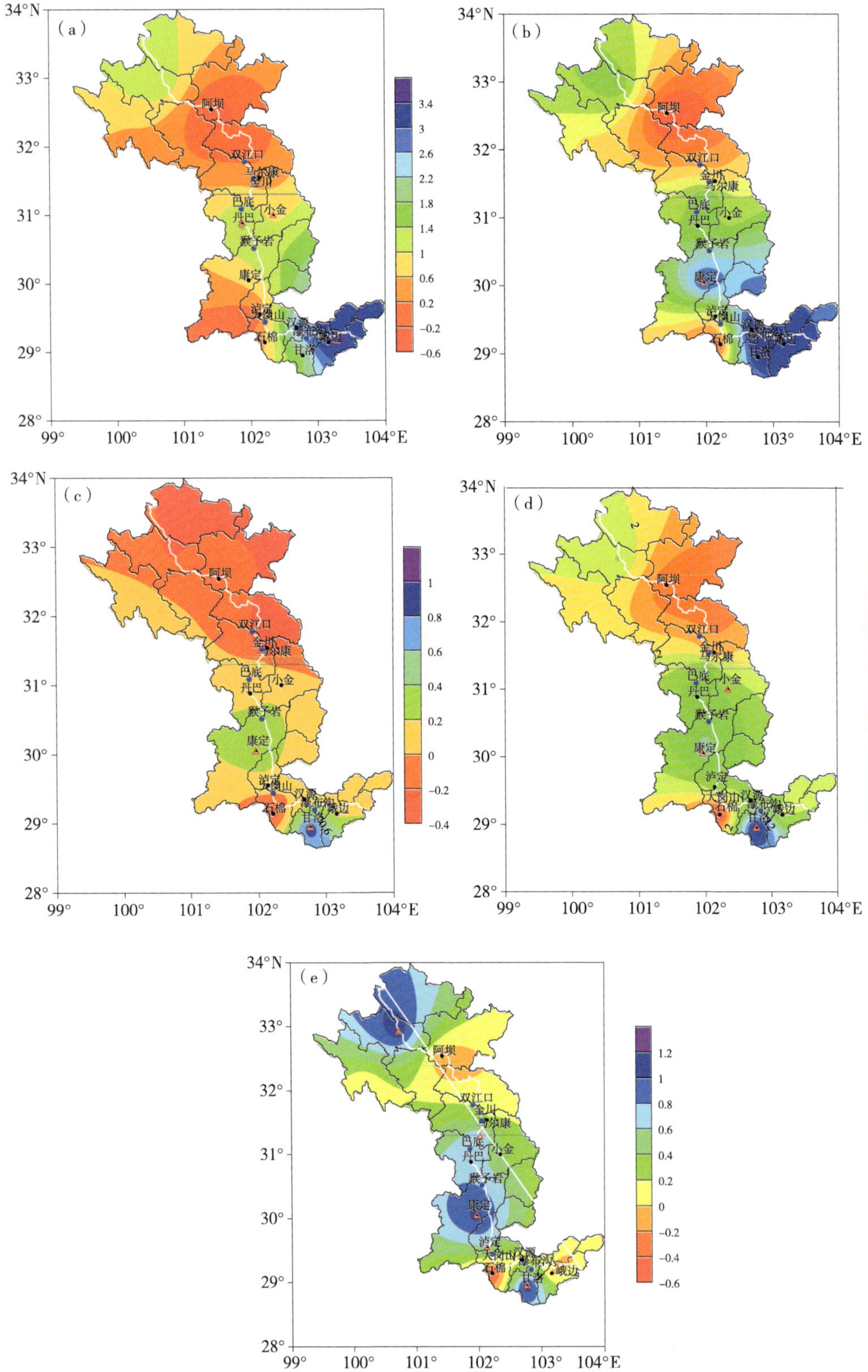

图3-17　大渡河流域极端降水指数变化趋势的空间分布

（a）1 d最大降水量（mm/10 a）；（b）5 d最大降水量（mm/10 a）；（c）强降水日数（d/10 a）；（d）极端降水量（mm/10 a）；（e）极端降水日数（d/10 a）

上述分析可以发现，大渡河流域极端降水指数在流域中、下游都表现出相对明显的增加趋势，其中以甘洛为中心的地区升幅尤为明显，而上游的极端降水指数变化幅度相对较小。大渡河流域极端降水指数变化趋势的这种空间分布差异可能与大渡河流域年降水量变化趋势密切相关，对近50 a来大渡河流域气候特征分析时发现，流域上游位于川西高原北部，干湿季分明；又因地势高、远离水汽源地，降水量较少，多年平均年降水量为600～700 mm，只有少数测点在700 mm以上（如阿坝、马尔康），丹巴一带河谷地区年降水量为597.7 mm。流域下游主要位于盆地边缘山地和平原区域，降水较多，多年平均降水量为700～900 mm，其中甘洛年降水量达934.8 mm。1960—2010年大渡河流域降水量表现出明显的上升趋势，增幅速率大于14.0 mm/10 a，而流域上、下游地区增加趋势都较明显，该特征与流域极端降水指数变化趋势的空间分布一致。

3.3.4 极端降水事件的时间变化特征

3.3.4.1 年际变化特征

大渡河流域1 d和5 d最大降水量变化曲线（图3-18a，b）表明，近50 a来两者均呈现增加趋势，变化率分别为14.3 mm/10 a和5.7 mm/10 a，其中1 d最大降水量增加趋势更为明显。从逐年代距平变化来看，1 d最大降水量在20世纪80年代以前呈现小幅上升，80—90年代中期为明显上升，之后又表现为显著下降趋势，21世纪后快速上升。

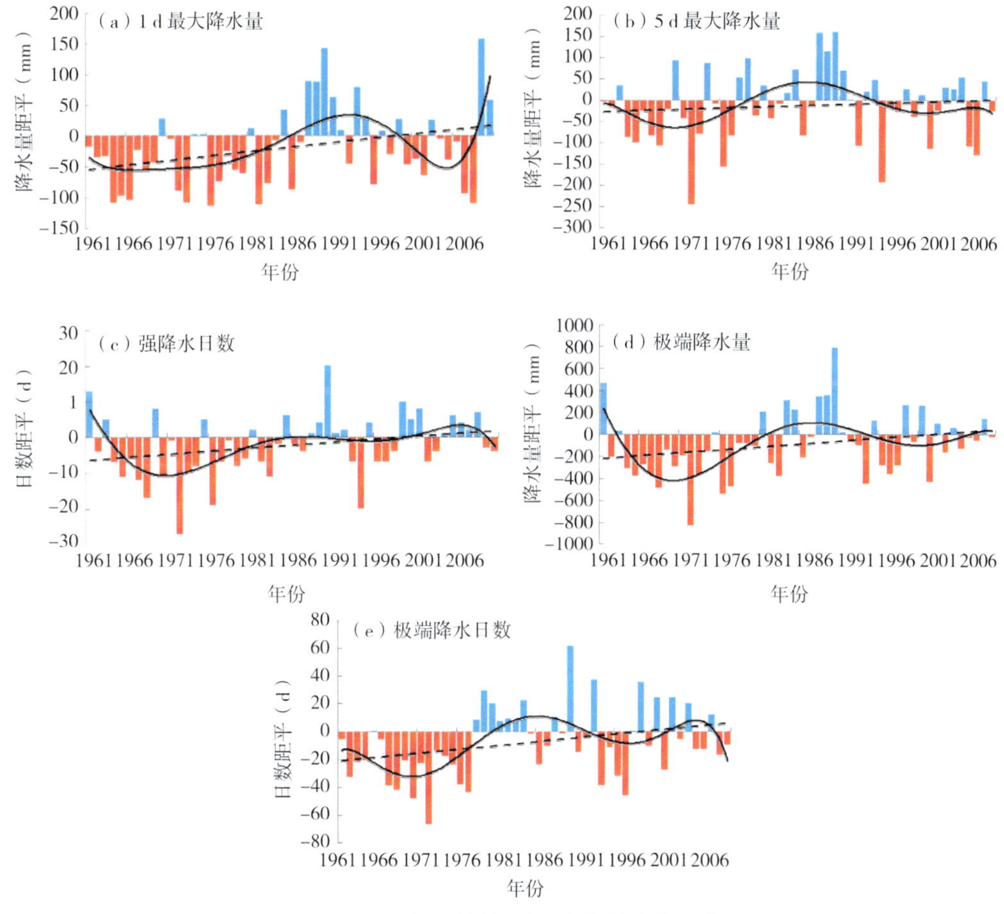

图3-18 大渡河流域极端降水指数的年际变化

5 d最大降水量在20世纪60—80年代出现一个先降后升再降的波动，之后变化相对平稳。从图3-18c可以看出，近50 a来大渡河流域强降水日数呈现波动上升趋势，增幅速率为1.7 d/10 a。全流域自20世纪60年代以来，主要经历了先减少后增加的变化趋势，年际波动较明显。其中60—70年代强降水日数偏少，80年代以后强降水日数偏多。极端降水量与5 d最大降水量变化近似，近50 a来上升趋势显著（图3-18d），变化速率为52.7 mm/10 a。图3-18e呈现了该流域极端降水日数的年际变化，由图可见，近50 a极端降水日数呈现出上升趋势，5 a滑动平均曲线呈现出相对稳定的波动变化。综上分析，近50 a来大渡河流域极端降水指数年际变化均呈上升趋势，其中1 d最大降水量、强降水日数及极端强降水日数变化趋势都较明显，5 d最大降水量和极端降水量未通过显著性检验。

3.3.4.2　突变分析

利用Mann-Kendall检验方法对1961—2010年大渡河流域极端降水指数突变特征进行检验（图3-19），表3-6给出了极端降水指数的Mann-Kendall突变检验结果，由表可见，大渡河流域各指数均发生突变，但年份并不一致，在$P<0.05$显著水平上，1 d最大降水量在1974—1976年前后发生突变，5 d最大降水量在1974年、1976年前后发生了突变；强降水日数、极端降水量及极端强降水日数发生突变的年份分别为1984年、1979年及1977年。由图进一步看出，5个极端降水指数均在突变后呈现明显的增大趋势，且在20世纪80年代初期到2000年后，这种增加趋势大大超过0.05临界线，表明大渡河流域极端降水的突变现象集中在70年代中后期和80年代初发生，且之后极端事件呈现增多趋势。

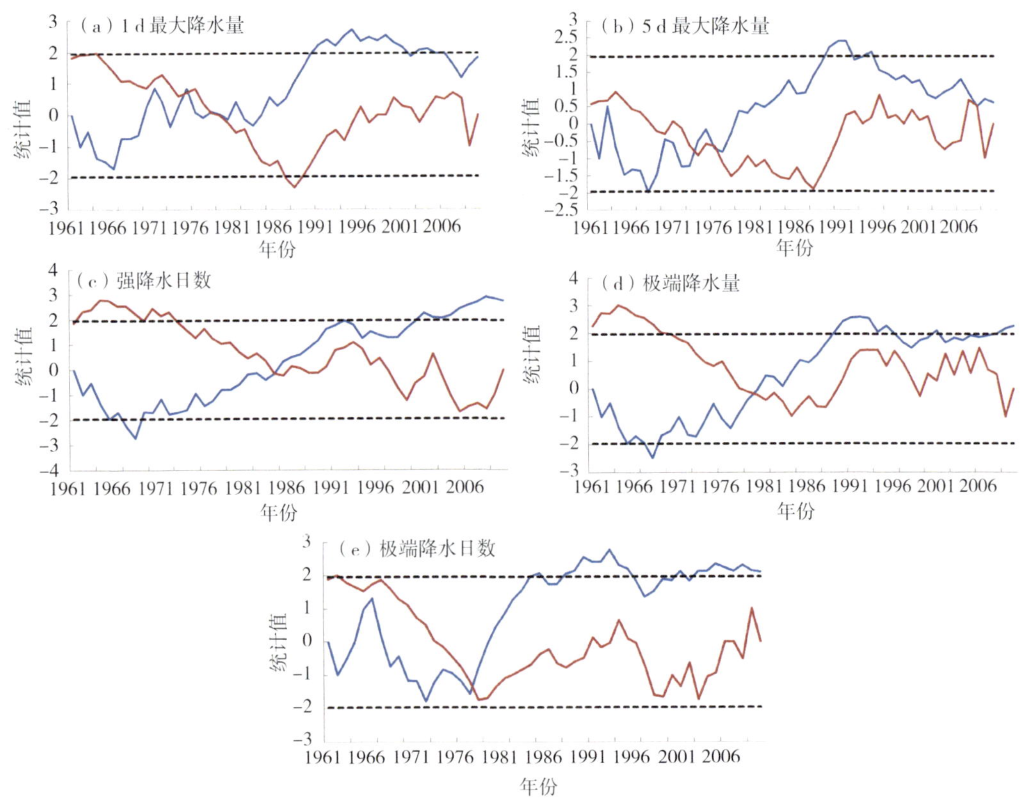

图3-19　大渡河流域极端降水指数时间序列Mann-Kendall统计量曲线

（蓝色：UF，红色：UB，虚线：95%显著水平）

表3-6 极端降水指数的突变年份

指数	RX1day	RX5day	R25mm	R95	R95day
突变年份	1974+*，1976+*	1974+*，1976+*	1984+*	1979+*	1977+*

注：+表示由小到大的突变，-表示由大到小的突变，*表示通过了0.05的显著性检验。

3.3.4.3 周期变化

表3-7为各极端降水指数的年际和年代际振荡周期统计，由表看出，不同指数其年际和年代际振荡周期的多少和长短并不一样，且振荡周期也不只一个，均存在着2~4个振荡周期，通常在长周期中嵌套短周期，表明大渡河流域极端降水指数周期特征较复杂。进一步总结发现：最普遍和最显著的年际振荡周期是5～10 a，它存在于研究的5个指数的年际振荡中。年代际较普遍存在20～25 a的振荡周期，且25 a是最强的主周期，此外，15 a左右的年代际振荡也存在于极端降水量、极端降水日数中。

表3-7 各极端降水指数的年际/年代际振荡周期

周期	RX1day	RX5day	R25mm	R95	R95day
年际周期	5，10	5，10	5，10	5，10	5，10
年代际周期	20*	33*	15，25*	15，25*	25*

注：*表示主周期。

图3-20给出了Morlet小波分析结果，可以看出大渡河流域1 d最大降水量主周期为20 a（图3-20a），同时还存在5 a和10 a的次周期，近50 a，20 a的年代际振荡经历了“少-多-少-多-少-多”3个完整的周期变化，20世纪后的1 d最大降水量有增多趋势；10 a的年代际振荡经历了“少-多-少-多-少-多-少-多-少-多”5个完整的周期变化，近年来继续呈增多趋势。5 a周期在20世纪70年代到21世纪初表现明显；5 d最大降水量存在类似变化周期；强降水日数的25 a年代际振荡经历了“多-少-多-少”2个完整的周期变化，近年来将呈现由多变少的趋势，10 a周期在20世纪90年代到21世纪初表现明显；极端降水量和极端降水日数的振荡周期较一致，其中5 a周期较普遍存在于整个研究期间，但10 a周期则集中体现在20世纪80年代中期以后，25 a年代际振荡经历了“多-少-多-少”2个完整的周期变化，近年来将呈现增多趋势；不难看出，近50 a来大渡河流域极端降水事件变化普遍存在着20～25 a的主周期和5～10 a的次周期；且20～25 a的主周期较好地反映了极端降水量、降水日数及强降水日数大的振荡特征，5～10 a的周期对小振荡特征有较好的刻画。

由此归纳出以下几点结论：

（1） 1961—2010年，大渡河流域的极端降水指数都表现出一定的增加趋势，其中1 d最大降水量、强降水日数及极端强降水日数变化趋势较明显，5 d最大降水量和极端降水量未通过显著性检验。各指数滑动平均曲线均呈现出相对稳定的波动变化，集中体现为20世纪60—80年代下降，80—90年代中期先升后降，21世纪后快速上升。结合大渡河流域年降水量分析发现，极端降水的变化对流域年降水量有着重要影响。

（2） 大渡河流域极端降水指数多年平均值的空间分布显示：1 d最大降水量、5 d最大降水量、强降水日数、极端降水量的空间分布格局较相似，均呈现出由西北向东南方向逐

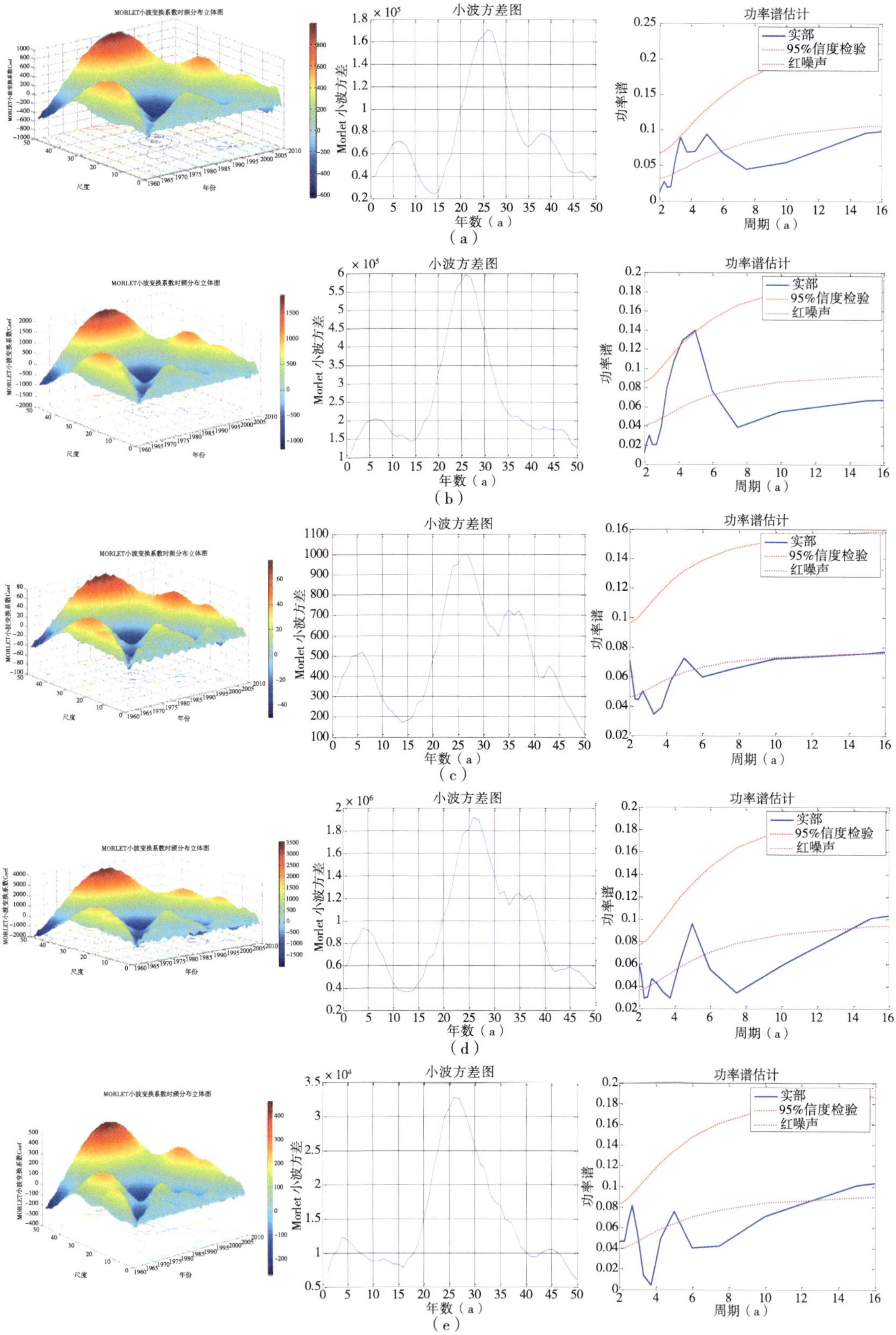

图3-20　各极端降水指数Morlet小波系数实频分布、小波方差及功率谱

（a）1 d最大降水量；（b）5 d最大降水量；（c）强降雨日数；（d）极端降水量；（e）极端降水日数

渐增多的分布特征，极端降水日数多年平均值的空间分布较为均匀。流域极端降水指数变化趋势的空间分布存在着区域差异。除强降水日数在以全流域呈增加趋势为主外，其他极端降水指数均呈现下游增加、上游减小的变化趋势，大渡河流域极端降水指数变化趋势的这种空间分布差异与大渡河流域年降水量变化趋势密切相关。

（3）大渡河流域各指数均发生突变，但年份不同，1 d最大降水量、5 d最大降水量突变年集中在1974—1976年前后；强降水日数、极端降水量及极端强降水日数发生突变的年份分别为1984年、1979年及1977年，此外，5个极端降水指数均在突变后呈现明显的增大趋势。

（4）大渡河流域极端降水不同指数其年际和年代际振荡周期的多少和长短并不一样，且周期特征较复杂。最普遍和最显著的年际振荡周期是5 ~ 10 a，年代际较为普遍地存在20 ~ 25 a的振荡周期，且25 a是最强的主周期，此外，15 a左右的年代际振荡也存在于极端降水量、极端降水日数以及强降水日数这些极端降水指数中。

第4章　大渡河流域积雪特征分析

积雪是冰冻圈的重要组成部分，研究积雪随时间、空间的变化特征，在气候研究、水资源利用、雪灾监测等领域有着重要的作用。积雪信息可以作为水文模式的初始输入参数；同时积雪的监测还可以作为流域径流量预测的重要参考指标。由于高原上积雪分布面积广，很多分布在人迹罕至的高海拔、高寒地区，气象台站稀疏，利用美国EOS发射的Terra卫星携带的MODIS数据，可以监测积雪覆盖情况。MODIS波谱范围很广，在0.4~14.0 μm的电磁波谱范围内有36个通道，具有250 m、500 m和1000 m的空间分辨率，时间分辨率为1~2 d，适合进行大范围的积雪监测。

本章针对大渡河流域开展积雪与径流的关系研究，主要利用2010—2014年的MODIS卫星数据产品，对大渡河流域的积雪信息进行提取，在此基础上分析流域近年来积雪覆盖时空变化特征，并结合气象和水文数据分析降水和气温的变化对积雪面积的影响，以及积雪面积与径流之间的关系。

4.1　积雪特征

4.1.1　数据来源与处理方法

4.1.1.1　MODIS数据的获取

采用美国国家雪冰中心网站下载的MODIS积雪产品：MOD10A2。MOD10A2是美国国家宇航局（NASA）陆地产品组按照统一算法开发的MODIS积雪产品，数据格式为EOS-HDF，编码及其意义见表4-1。该产品包含两种数据，分别为Maximum Snow Cover（MSC）和Eight Days Snow Cover（EDSC）。MSC为8 d合成最大积雪，EDSC记录了8 d中每天每个像元是否有积雪的情况（表4-1）。

表4-1　MOD10A2编码及其意义

编码	MOD10A2意义
25	没有积雪覆盖的陆地
37	内陆水体或湖泊
50	云
100	积雪覆盖的湖冰
200	积雪
255	填充数据

MODIS数据主要有三个特点：其一，NASA对MODIS数据实行全世界免费接收的政策（TERRA卫星除MODIS外的其他传感器获取的数据均采取公开有偿接收和有偿使用的政策），这样的数据接收和使用政策对于目前我国大多数科学家来说是不可多得的、廉价并且实用的数据资源；其二，MODIS数据涉及范围广（36个波段、数据分辨率比NOAA有较大的进展（250 m、500 m和1000 m）。这些数据均对地球科学的综合研究和对陆地、大气和海洋进行分门别类的研究有较高的实用价值；其三，TERRA和AQUA卫星都是太阳同步极轨卫星，TERRA在地方时上午过境，AQUA在地方时下午过境。TERRA与AQUA数据在时间更新频率上相配合，加上晚间过境数据，对于接收MODIS数据来说每天最少2次白天和2次黑夜更新数据。

MODIS数据产品都采用了瓦片（Tile）类型进行组织（图4-1），即以地球为参照系，采用了SIN（正弦曲线投影）地球投影系统，将全球按照10°经度×10°纬度的方式分片，全球陆地被分为600多个Tile，并对每一个Tile赋予了水平编号和垂直编号。左上角的编号为（0,0），右下角的编号为（35,17）。

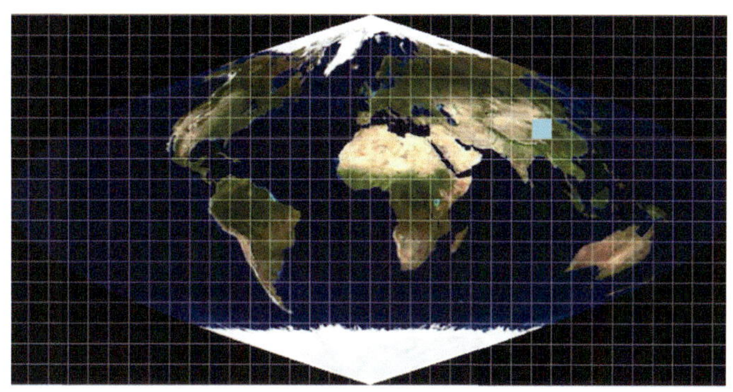

图4-1 覆盖研究区的Tile

大渡河流域中上游位于川西高原阿坝州、甘孜州境内，其大概位于100°~103°E，28°~34°N，覆盖区域的Tile为h26V05、h26V06。

4.1.1.2 MODIS数据处理

（1）拼接与投影转换。利用MODIS数据处理软件MRT（MODIS Reprojection Tool）工具对数据进行镶嵌，并将正弦曲线投影转换为GeoTIFF格式的地理坐标，椭球体设为WGS84，重采样方法选用最邻近法（Nearest Neighbor）。

（2）裁剪和批处理。通过ArcGIS软件，结合川西高原地区矢量数据，对拼出的结果进行裁剪，得出阿坝、壤塘、马尔康、金川、小金、丹巴、康定、泸定8个县的积雪数据。

（3）数据统计处理。利用GIS技术，对积雪数据进行统计，得出积雪面积、积雪日数以及积雪覆盖率。

4.1.2 积雪面积

4.1.2.1 流域积雪面积年分布特征

根据阿坝、壤塘、马尔康、金川、小金、丹巴、康定、泸定8个县的MOD10A2积雪数据分析表明（表4-2），2010—2014年阿坝的平均积雪面积为9570.643 km^2，积雪面积最小的是2014年，为9228.176 km^2，最大的是2012年，为9941.487 km^2。壤塘5 a平均积雪面积为6256.871 km²，最大积雪面积出现在2011年，为6410.137 km²，最小为2010年，积雪面积为6073.123 km²。马尔康5 a平均积雪面积为5925.095 km²，最大面积为2012年，达到6169.076 km²，最小面积为2013年，达到5685.45 km²。康定5 a平均积雪面积为10650.16 km²，2013年为多雪年，积雪面积为11016.07 km²，2012年为相对少雪年，积雪面积为9996.654 km²。

表4-2 积雪面积年变化（km²）

年份	阿坝	壤塘	马尔康	金川	小金	丹巴	康定	泸定
2010	9493.709	6073.123	5745.125	4854.721	5109.091	4174.682	10833.82	1463.543
2011	9724.253	6410.137	5930.375	5158.033	5273.09	4420.251	10718.34	1580.317
2012	9941.487	6352.609	6169.076	5249.049	5377.844	4390.629	9996.654	1446.37
2013	9465.589	6262.237	5685.45	4905.38	4988.882	4189.708	11016.07	1547.045
2014	9228.176	6186.248	6095.448	4986.521	4902.16	4158.582	10833.82	1463.543
平均	9570.643	6256.871	5925.095	5030.741	5130.213	4266.77	10650.16	1514.116

从8个县积雪面积的空间分布来看（图4-2），积雪面积最小的是泸定，年平均积雪面积在1500 km²左右，积雪面积最大的是康定，年积雪面积超过10000 km²，其次是阿坝，年积雪面积超过9000 km²。

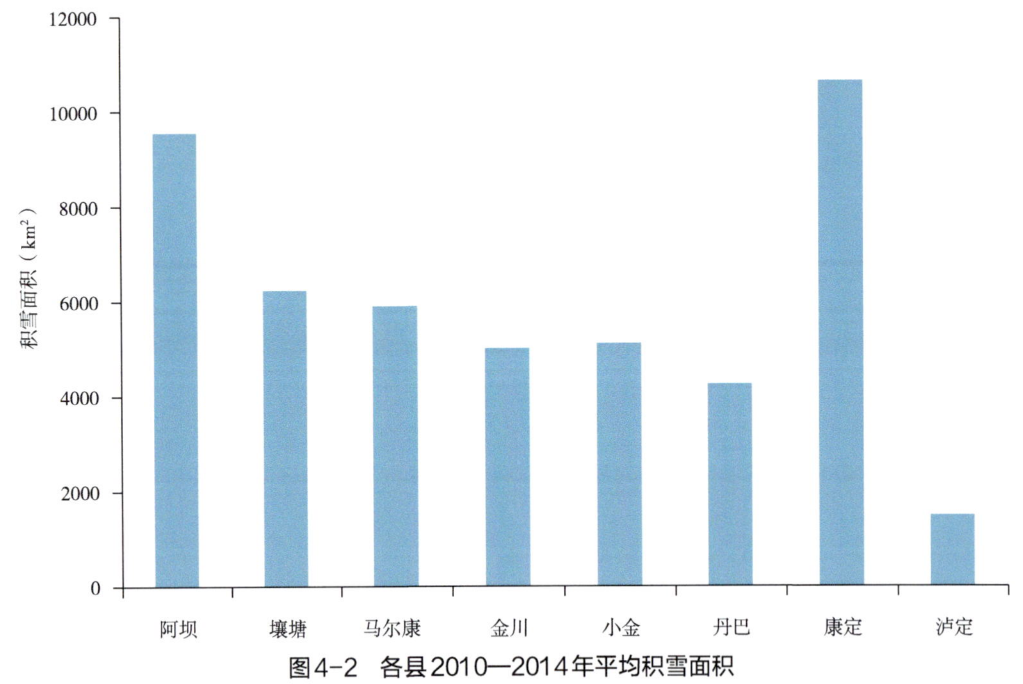

图4-2 各县2010—2014年平均积雪面积

4.1.2.2 积雪面积季节变化分析

本节对一年四季的划分为：春季2、3、4月，夏季5、6、7月，秋季8、9、10月，冬季11、12、1月。翌年的1月归入上一年冬季。图4-3表示了各年四季的积雪面积，每个季节中，某像元在该季节数据的任意一期中为积雪像元，即判定该像元为该季节的积雪像元。

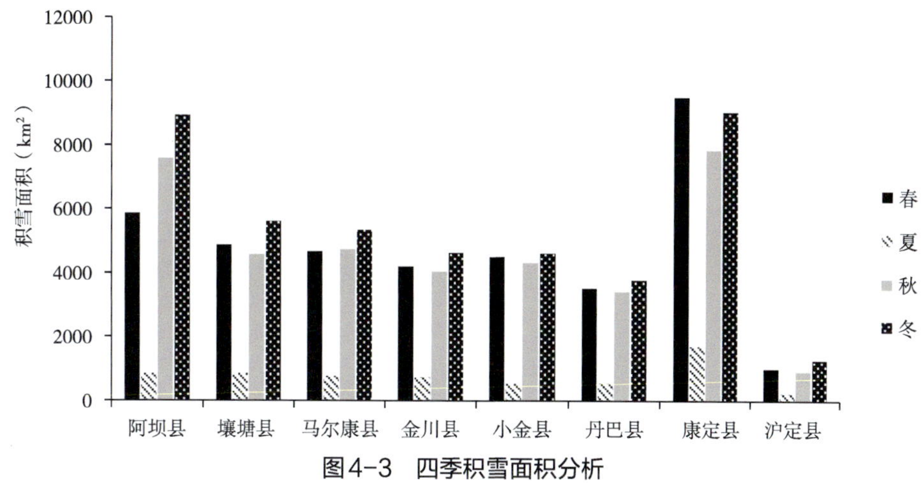

图4-3 四季积雪面积分析

由图4-3可以看出，过去5 a中，阿坝春、夏、秋、冬积雪面积平均为5892 km²、867 km²、7645 km²、8955 km²；康定春、夏、秋、冬积雪面积平均为9526 km²、1729 km²、7892 km²、9064 km²；泸定四季积雪面积为1027 km²、255 km²、966 km²、1302 km²。积雪最多的是康定，最小的是泸定。8个县积雪集中在春、秋、冬季，其中冬季最大，春、秋两季基本相同，夏季积雪最少，除康定夏季积雪面积接近2000 km²外，其余地区夏季不超过1000 km²。

4.1.2.3 积雪面积月变化分析

从各县的逐月积雪面积可以看出（图4-4），积雪面积变化随月份起伏明显，且各年变化大致相同，阿坝从9月开始，积雪堆积急剧增长，到达11月积雪面积达到8000 km²，而后略微有所下降，至翌年的2月出现另一个波峰8000 km²，而从4月开始积雪面积明显变小，到6、7、8月时接近积雪面积接近0。其余地区积雪面积月变化与阿坝较一致，不另做分析。其中康定3月最大月积雪面积超过10000 km²。

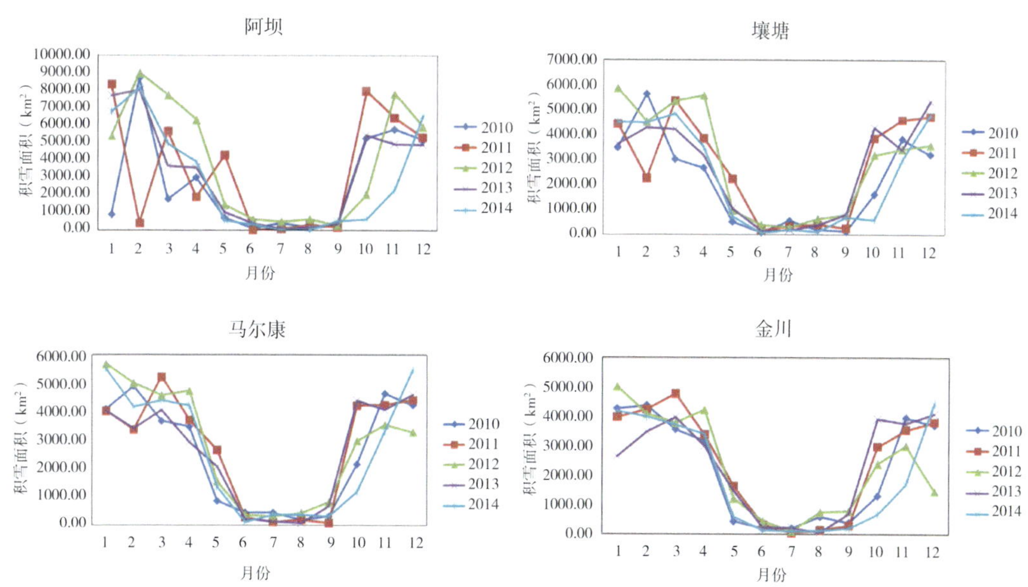

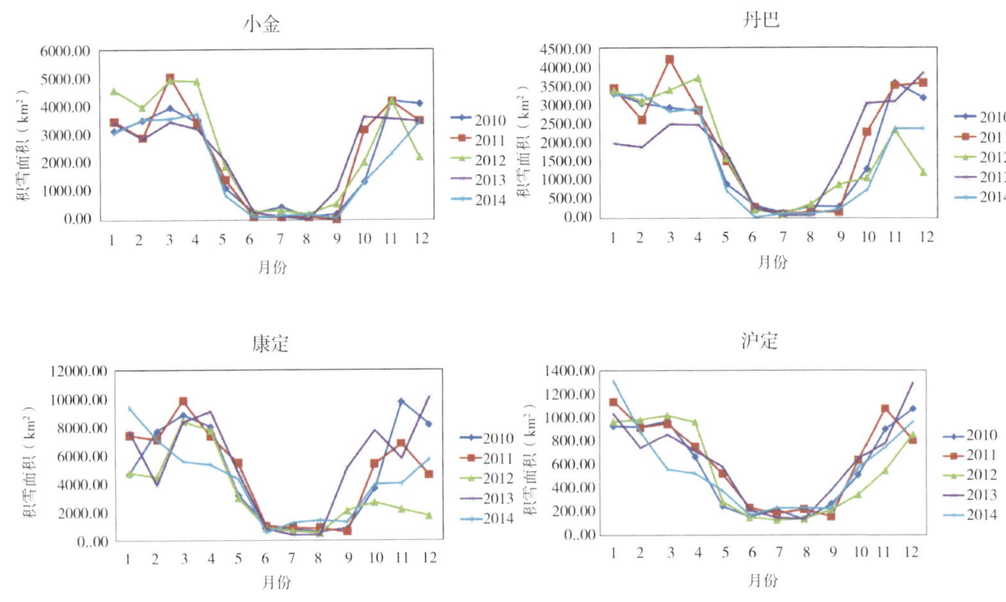

图4-4 2010—2014年逐月积雪面积

图4-5为大渡河流域各县2010—2014年的月平均积雪面积，从图中可以看出，积雪面积变化随月份起伏明显，且呈现出规律性，流域内积雪的增长期主要集中在9月到翌年4月，从9月开始，积雪面积开始增加，11月到翌年3月积雪面积比较稳定，最大值出现在1—3月。

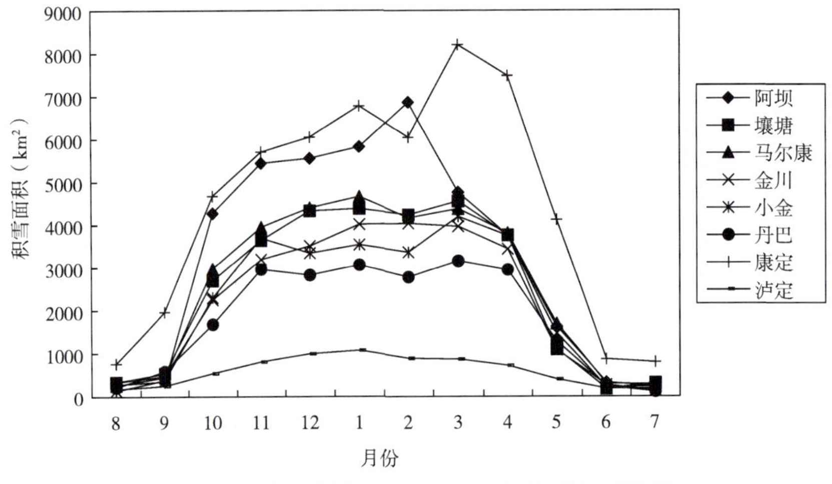

图4-5 大渡河流域2010—2014年月平均积雪面积

4.1.3 积雪覆盖率

为了反映积雪覆盖程度，定义积雪覆盖率SCF，对MODIS10A2数据进行统计，在不同时间内计算总像元中积雪像元所占的百分比，其表达式为：

$$P = (Ps/Pt) \times 100\% \tag{4-1}$$

式中：P为积雪覆盖率百分比，Ps为不同时间尺度所有MOD10A2图像中的积雪像元数，Pt为该时间段MOD10A2像元总数。

由2010—2014年各县的月平均积雪覆盖率可以看出（图4-6），1—3月，积雪覆盖率逐渐增大，3月左右达到峰值，随后逐渐减小，到6月积雪覆盖率接近0，一直持续到9月。10月开始积雪覆盖率又逐渐增大，12月达到另一个峰值，呈现出明显的双峰特征。

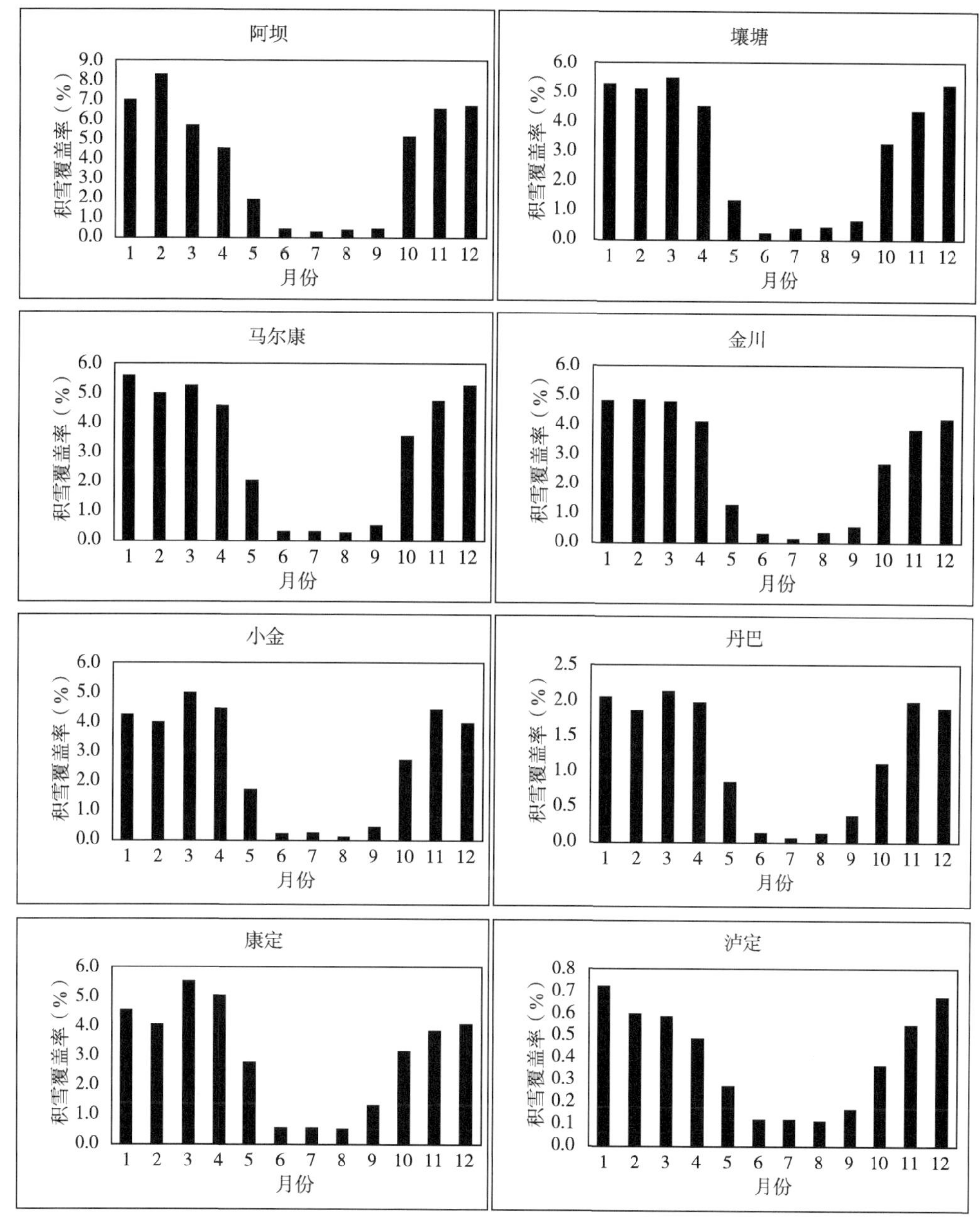

图4-6 2010—2014年月平均积雪覆盖率

同时，由逐月的积雪覆盖率可以看出（图4-7），阿坝最大是在2012年2月，覆盖率值超过了11%。壤塘、马尔康、金川、小金、康定积雪覆盖率最大值不超过8%。最小的是泸定，仅为1%。积雪覆盖率变化与积雪面积较一致。

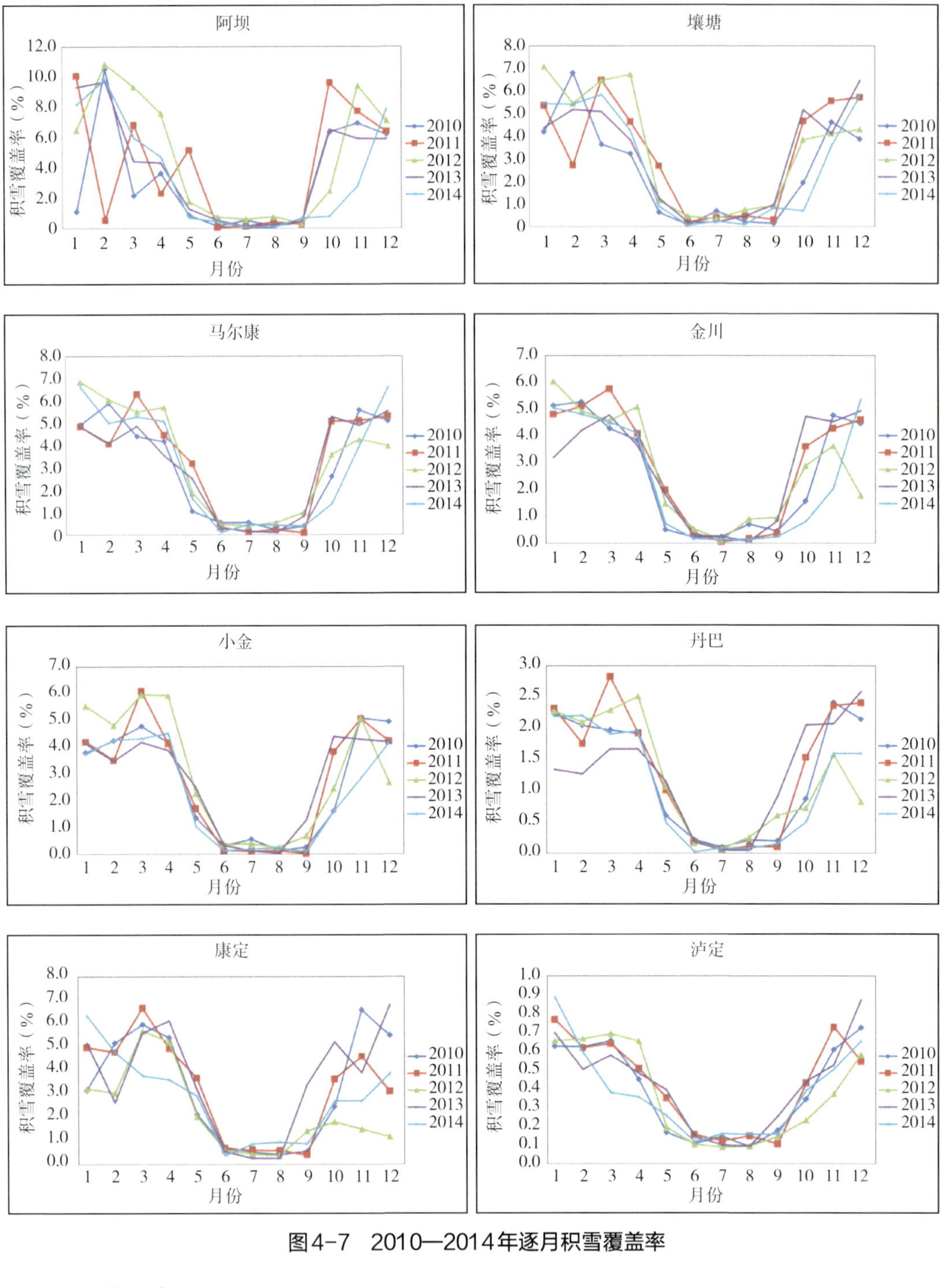

图4-7　2010—2014年逐月积雪覆盖率

4.1.4　积雪日数

由8个县的年积雪日数可以看出（图4-8），阿坝积雪最多的是在2012年，达到了8 d，最少是2010年，仅为2 d。壤塘最多为2013年，达到12 d，最少为2010年的7 d。康定积雪日数最多为2013年，达到17 d，最少为2012年，仅4 d。年平均积雪日数中，阿坝为5.6 d，壤塘为9.6 d，马尔康13.8 d，康定为11.6 d。

2010年
年平均积雪日数（d）
215
100
0
2011年
年平均积雪日数（d）
215
100
0
2012年
年平均积雪日数（d）
216
100
0
2013年
年平均积雪日数（d）
204
100
0
2014年
年平均积雪日数（d）
199
100
0
2010—2014年
年平均积雪日数（d）
199
100
0

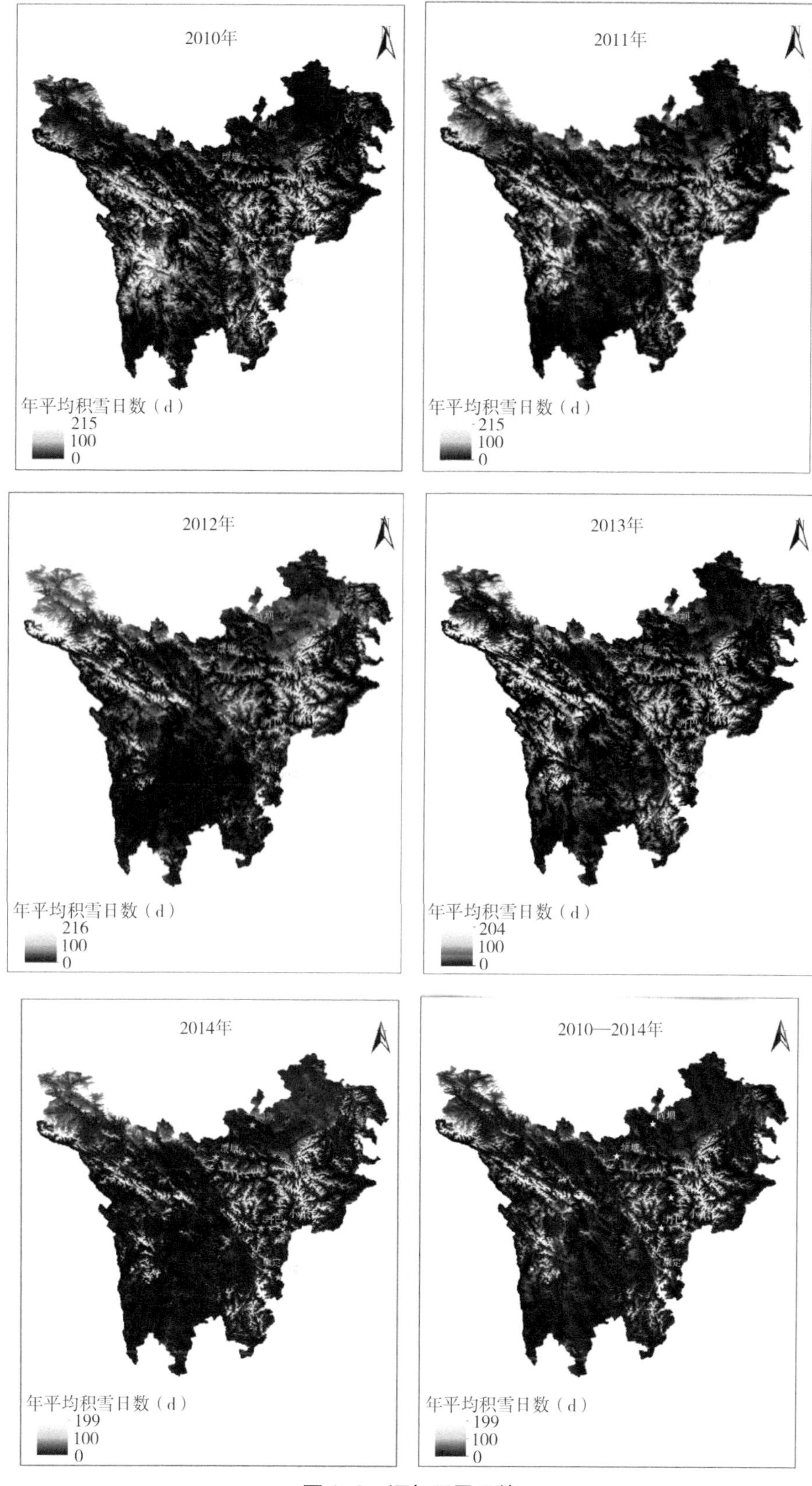

图4-8　逐年积雪日数

从2010—2014年月平均积雪日数可以看出（图4-9），积雪主要集中在1—4月、10—12月，5—9月积雪日数为0，和积雪覆盖率变化较一致，且日数最多的基本为1月、12月。

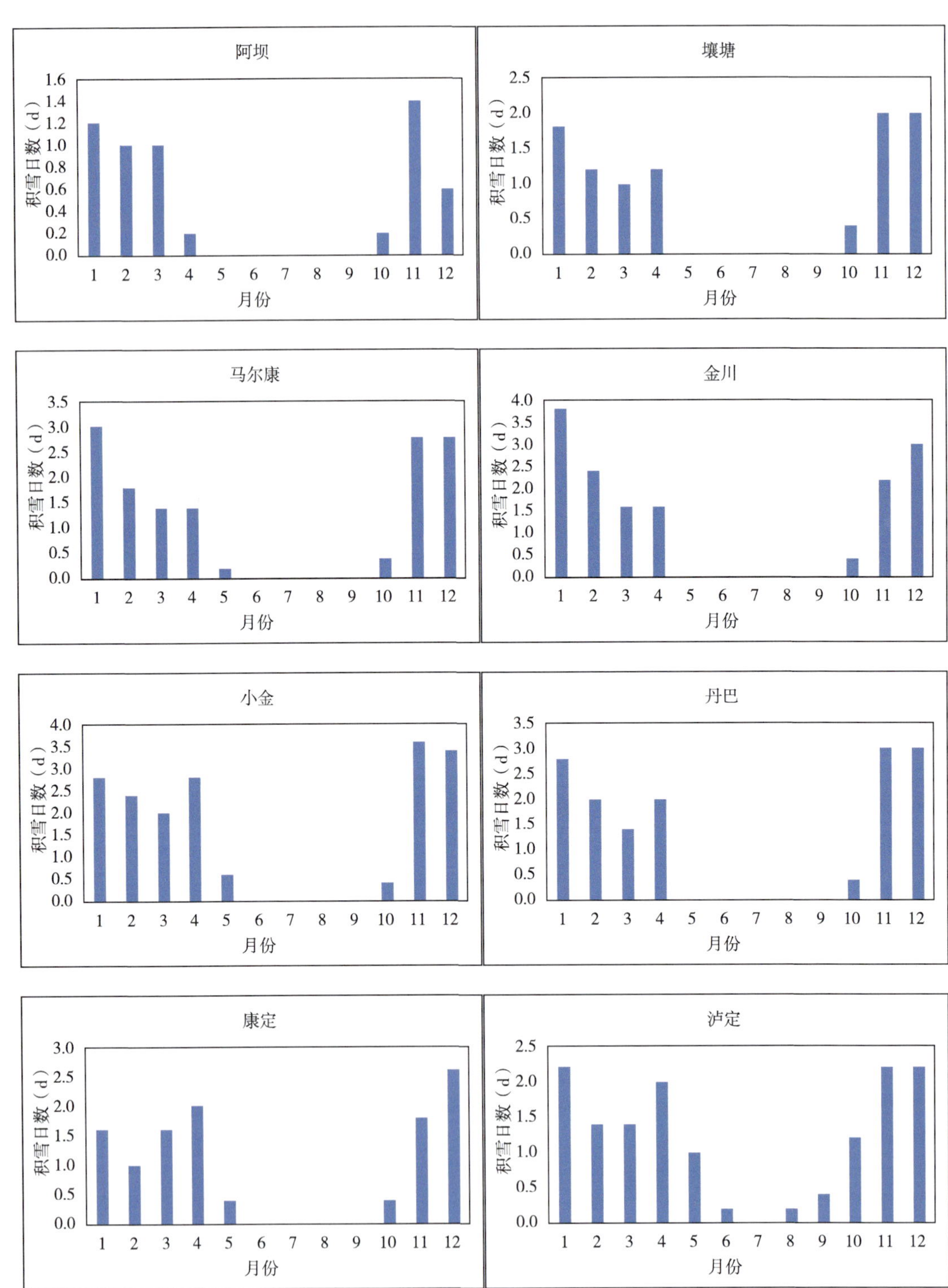

图4-9　2010—2014年月平均积雪日数

4.2 积雪观测资料分析

4.2.1 积雪要素变化特征

利用各站的积雪观测数据（逐月积雪日数、月最大积雪深度）分析积雪的变化。其中积雪日数是统计每月中逐日积雪深度>0 cm日数得到逐月累积积雪日数；积雪深度是每月中逐日积雪深度最大的一日的值。8个测站的观测表明（图4-10），金川、丹巴、泸定全年基本无积雪。而阿坝、壤塘、马尔康、小金、康定积雪日数呈现出双峰特征，峰值分别出现在每年的1—4月和10—12月，而5—9月为无雪期。由壤塘站可知，积雪日数最多的是2010年2月和2012年3月，达到8 d，而月最大积雪深度出现在2011年11月，达到20 cm。阿坝站月积雪日数最多达到了11 d，分别出现在2011年1月、2012年2月、2012年3月、2014年2月，最大积雪深度为2013年10月、2014年3月，为8 cm。马尔康和小金积雪日数最多的是2012年1月，分别为6 d、5 d，最大积雪深度为9 cm和5 cm。康定站积雪日数最多达到了16 d，出现在2011年1月，而最大积雪深度为28 cm，出现在2011年3月，同月积雪日数也达到了15 d。从整体上看，积雪日数与最大积雪深度时间演变基本一致，最大值主要出现在1—3月。

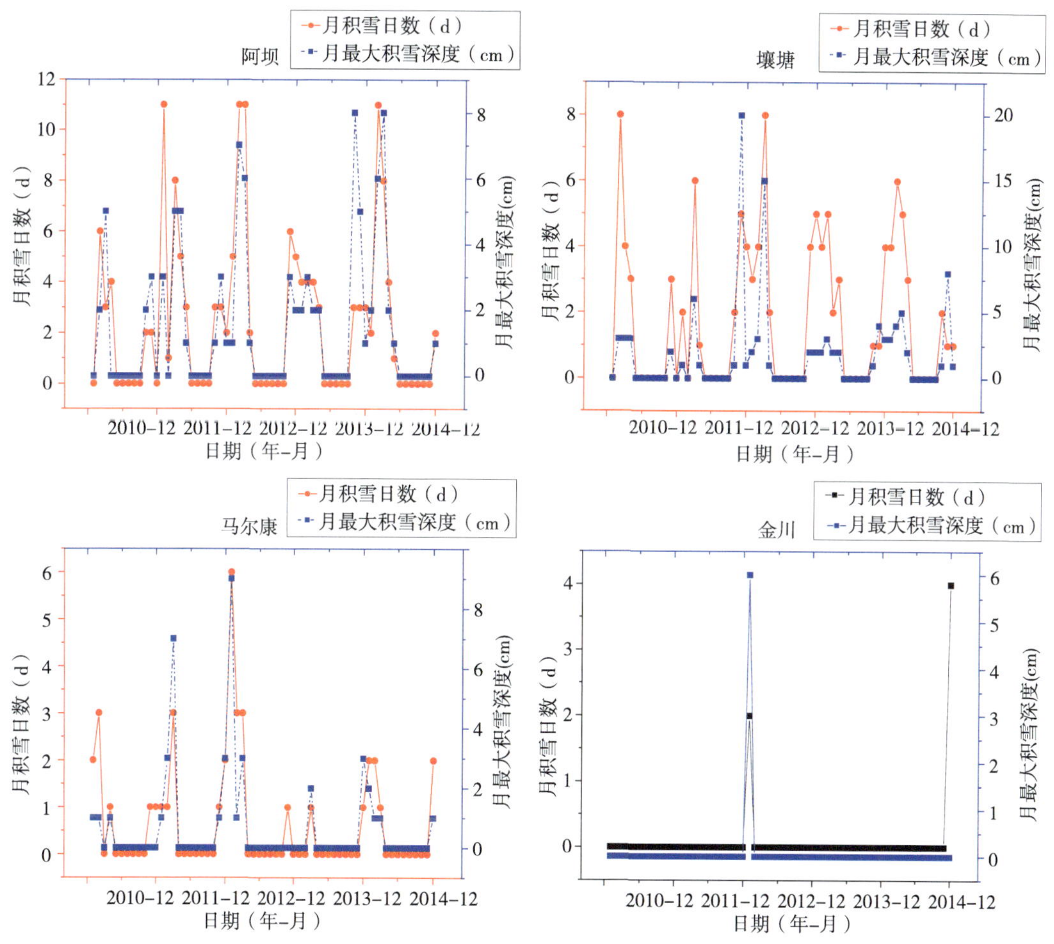

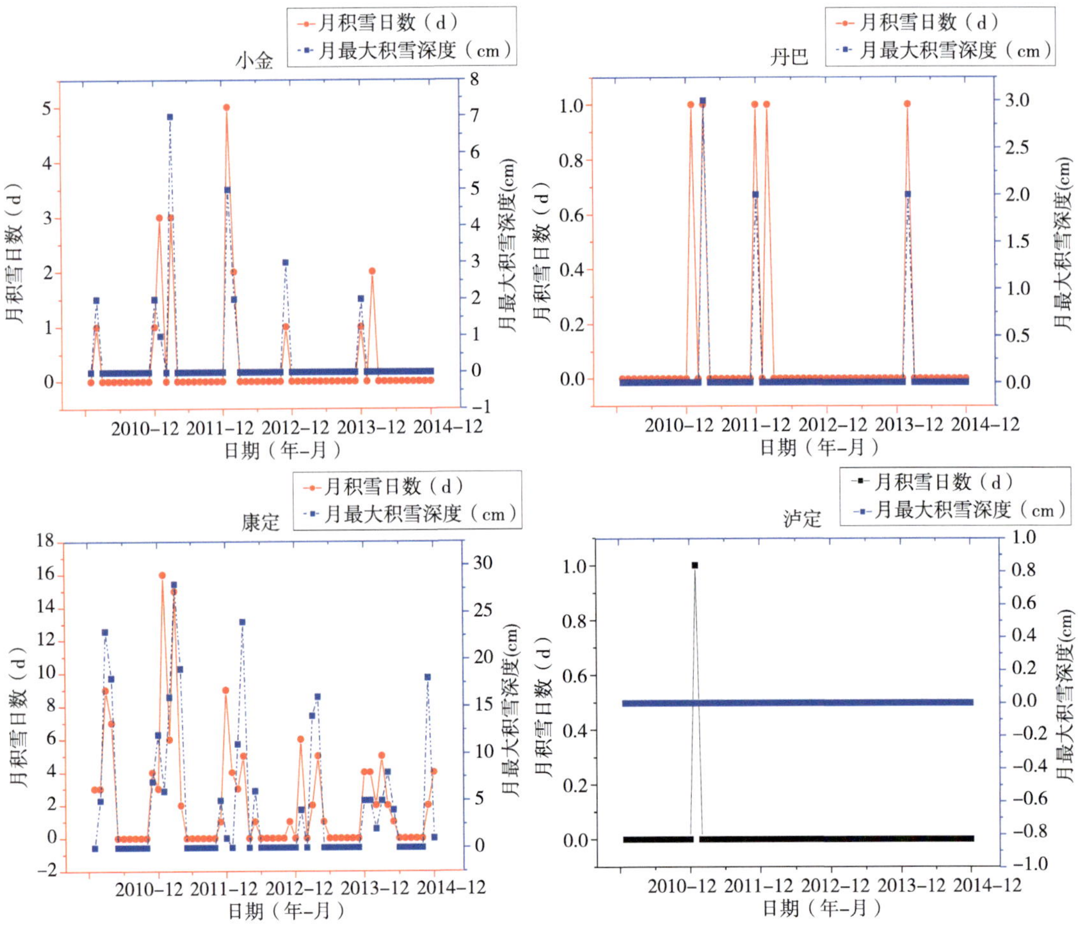

图4-10　2010—2014年逐月积雪日数与月最大积雪深度

4.2.2　积雪观测资料与MODIS卫星数据对比

为了对比分析积雪观测资料与MODIS计算的积雪数据，我们给出了观测的积雪日数与MODIS计算的积雪日数。由图4-11可以看出，两个资料的积雪日数变化趋势较一致，积雪主要在10月至次年4月，阿坝、壤塘、康定3个站的观测日数值大于MODIS计算的积雪日数，而马尔康、小金两个站点的观测日数值与MODIS较一致，差别不大。金川、丹巴、泸定3个站点的观测值与MODIS值区别较大，观测值中3个站点基本没有积雪，而MODIS值有较大积雪日数。这可能是由于观测值是观测的一个站点，而MODIS计算的是整个区域的值造成的，具体原因有待进一步研究。

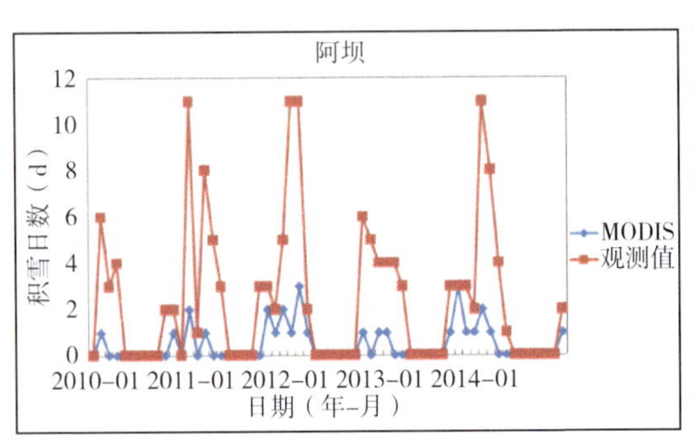

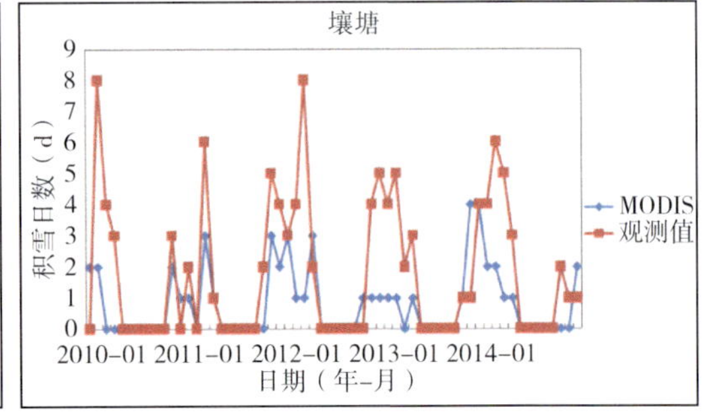

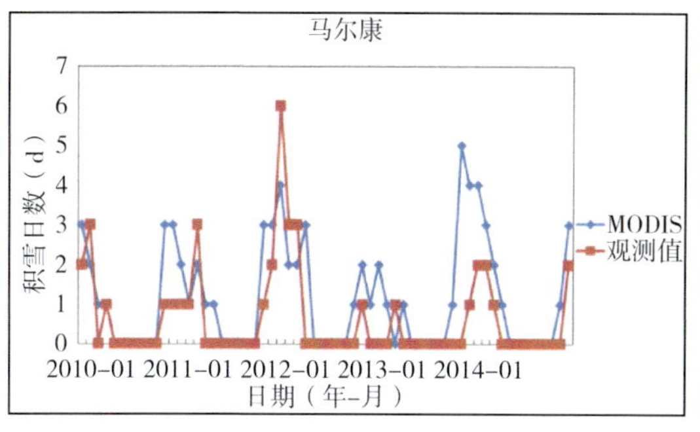

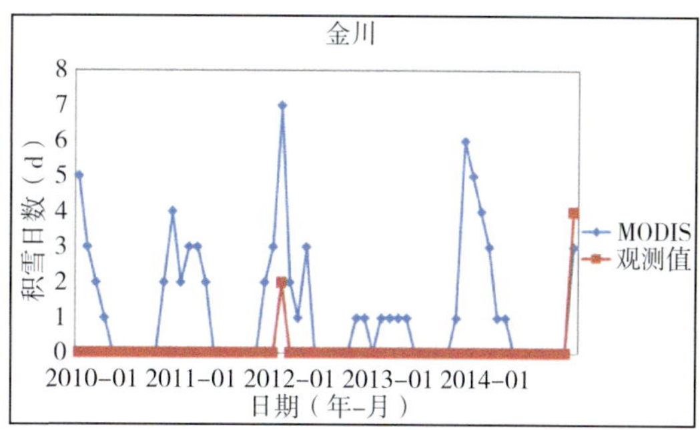

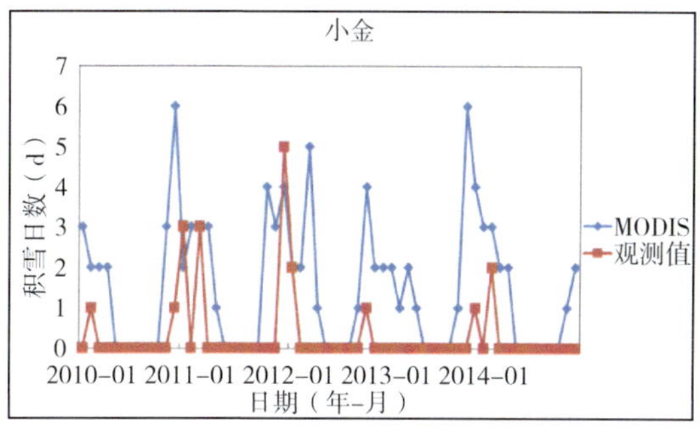

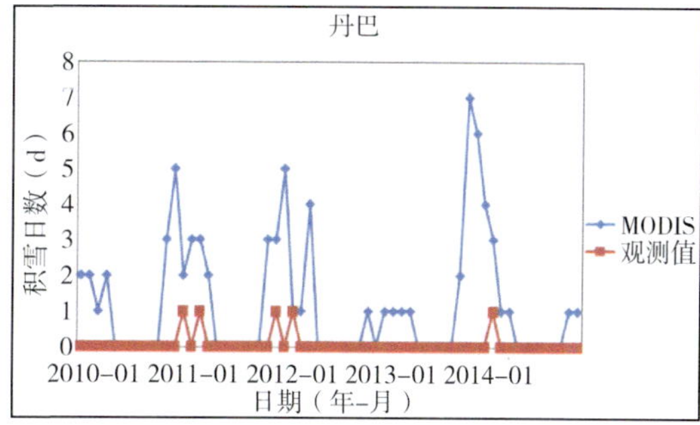

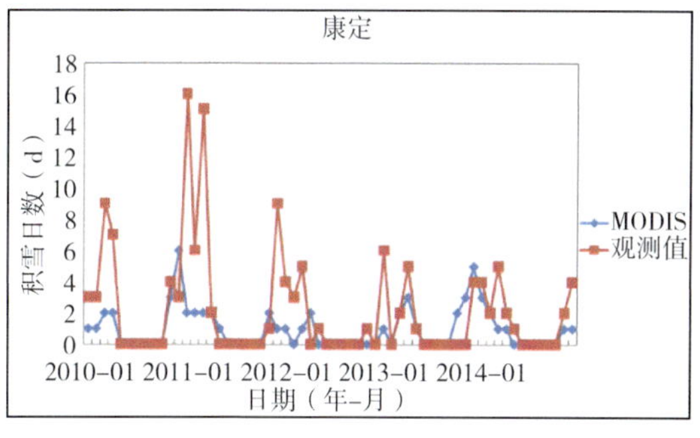

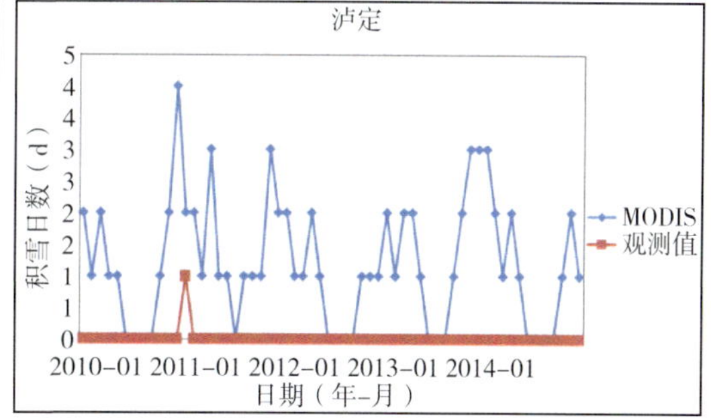

图4-11 MODIS积雪日数与观测积雪日数分析

4.3 积雪与气温、降水的关系

影响积雪覆盖比较重要的两个因素是气温和降水，为了阐明气温、降水的变化对积雪面积的影响，将2010—2014年逐月平均气温、逐月降水量与同期积雪面积进行对比分析。如图4-12所示，10月至次年4月为大渡河流域主要降雪期，此时降水量较小，气温下降至0℃以下，积雪快速积累。4月开始气温逐渐升高，降水量增多，气温与降水变化一致，在9月左右达到峰值，气温的回升加速了积雪的融化，成为积雪消融的主导因素。积雪面积的变化与气温和降水具有一定差异，气温和降水量增加主要出现在6—9月，滞后于积雪面积。说明气温低，有利于积雪的形成与维持，当气温逐渐升高，积雪融化，积雪面积变小，降水渐渐增多，且以降雨的形式出现，对积雪覆盖产生进一步促使其融化的作用。

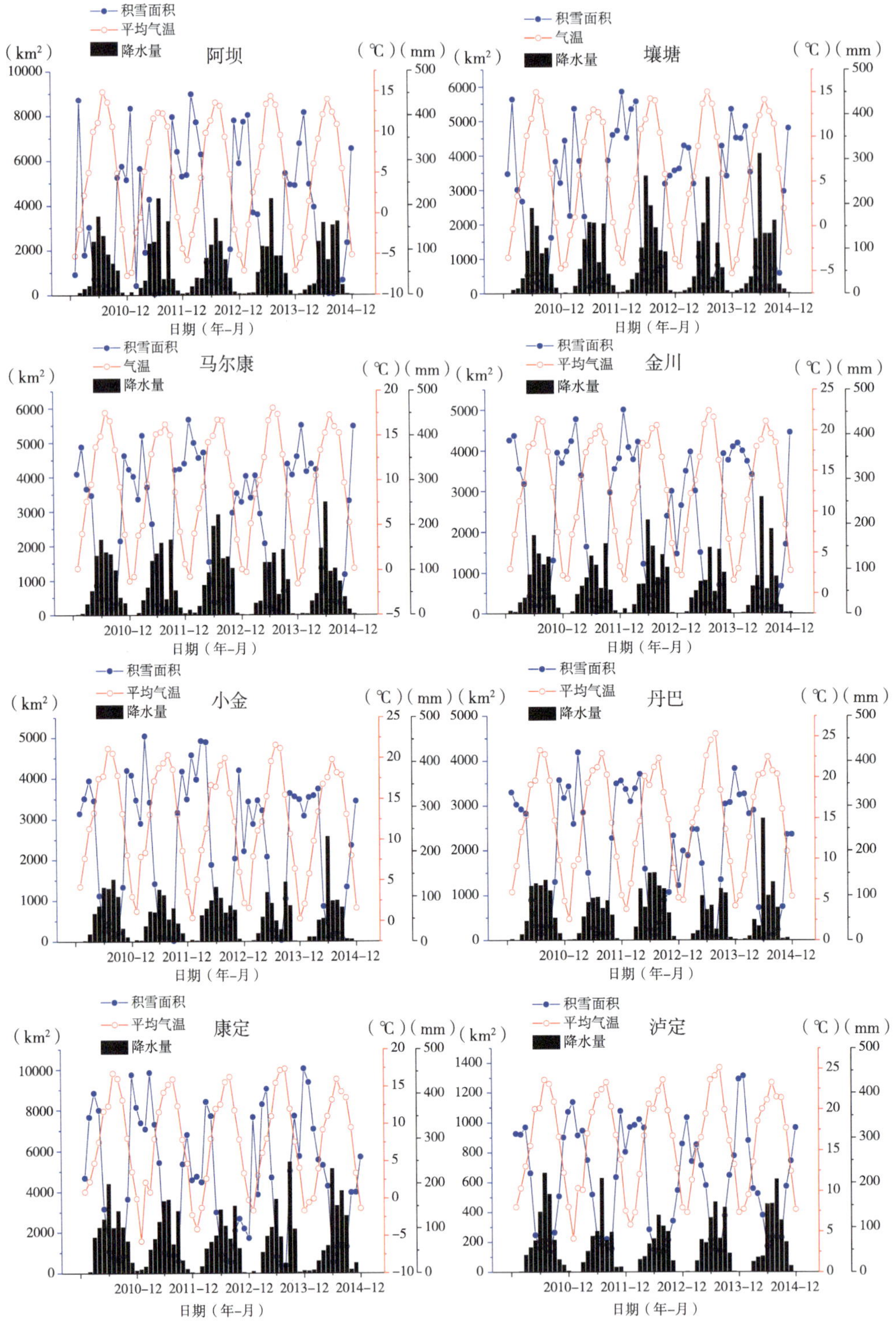

图4-12　2010—2014年逐月平均气温、逐月降水量与逐月积雪面积

为了进一步分析积雪与气温、降水的相关性，将2010—2014逐月积雪面积与同期气温、降水做相关分析，结果如表4-3所示。气温和积雪面积呈负相关，且都通过了显著性检验，说明气温的变化会对积雪覆盖产生较大影响，气温升高，积雪融化，积雪面积减

小，气温降低，积雪面积增大。降水和积雪面积也呈负相关，除了金川和泸定外，其余站点也通过了显著性检验。气温和积雪面积相关性绝对值大于降水和积雪面积相关性绝对值，说明积雪面积对气温的变化更为敏感。

表4-3 月积雪面积与气温、降水相关系数

	阿坝	壤塘	马尔康	金川	小金	丹巴	康定	泸定
气温	−0.590**	−0.643**	−0.592**	−0.279*	−0.467**	−0.384**	−0.644**	−0.267*
降水	−0.521**	−0.595**	−0.488**	−0.161	−0.309*	−0.274*	−0.383**	−0.124

注：**相关系数通过0.01的显著性检验，*相关系数通过0.05的显著性检验，下同。

以阿坝为代表，分析四季积雪面积与同期气温和降水的相关性。由表4-4可知，气温在冬、春季对积雪面积影响最大，在春季与气温负相关，在冬季与气温正相关，且都通过了显著性检验，而在夏、秋两季没有相关性。降水在春、秋两季与积雪面积呈现正相关，春、秋季降水较多，且温度较低，有利于降水形成积雪，是积雪累积的主要阶段。而在夏季呈现了高度的负相关，说明夏季降水越多，越有利于积雪融化，导致积雪面积越小。在冬季，降水和积雪面积没有相关性。在春、冬季气温和积雪面积相关性绝对值大于降水和积雪面积相关性绝对值，说明春冬季积雪面积对气温的变化更为敏感，而在夏季和秋季，积雪面积对降水的变化更为敏感。

表4-4 阿坝四季积雪面积与气温、降水相关系数

	春	夏	秋	冬
气温	−0.838*	0.110	−0.265	0.894*
降水	0.836*	−0.987**	0.853*	0.684

4.4 径流–积雪–气象因子的关系

由足木足、绰斯甲、马尔康、金川、小金、丹巴、康定、泸定8个水文站的径流变化可知（图4-13），径流的变化具有周期性，每年的1—4月径流较小，5月开始，径流迅速增大，7月左右达到最大值，随后又逐渐减小。2012年泸定最大值在7月超过了3500 m³/s。其中8个水文站中，径流较大的是泸定和丹巴，最小的是康定。

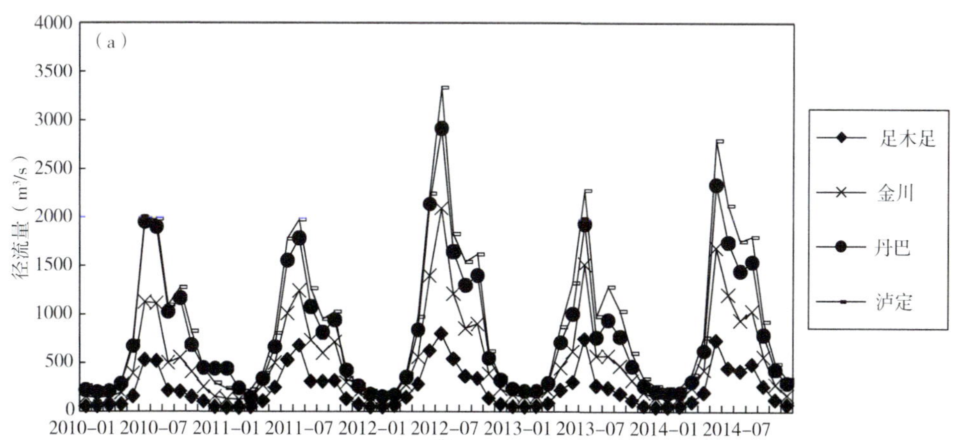

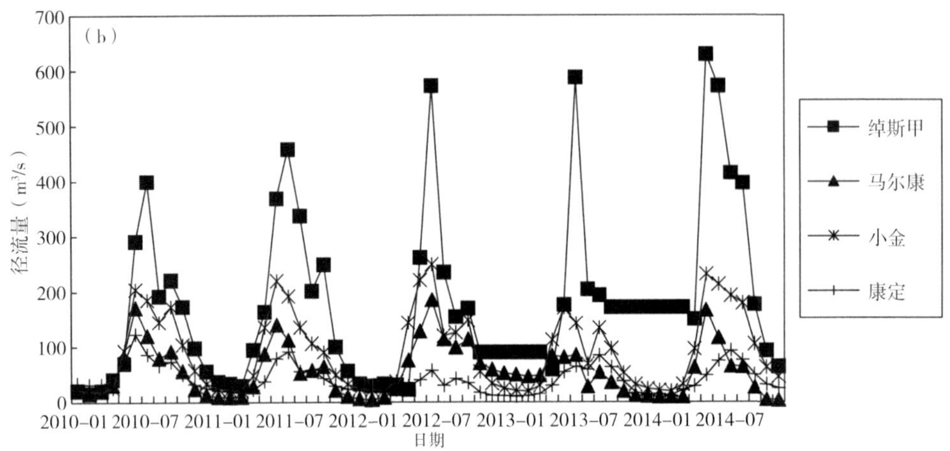

图4-13　大渡河流域2010—2014年各水文站逐月径流量

图4-14给出了2010—2014年逐月径流量、逐月积雪面积、逐月降水量、逐月气温的变化图。由图可以看出，径流量、气温、降水变化较一致，5月开始，气温升高，降雨量增多，径流量增大，7月左右达到最大值，主要集中在6—9月。而积雪面积从9月开始增大，1月左右达到最大值，主要集中在9月至次年4月。

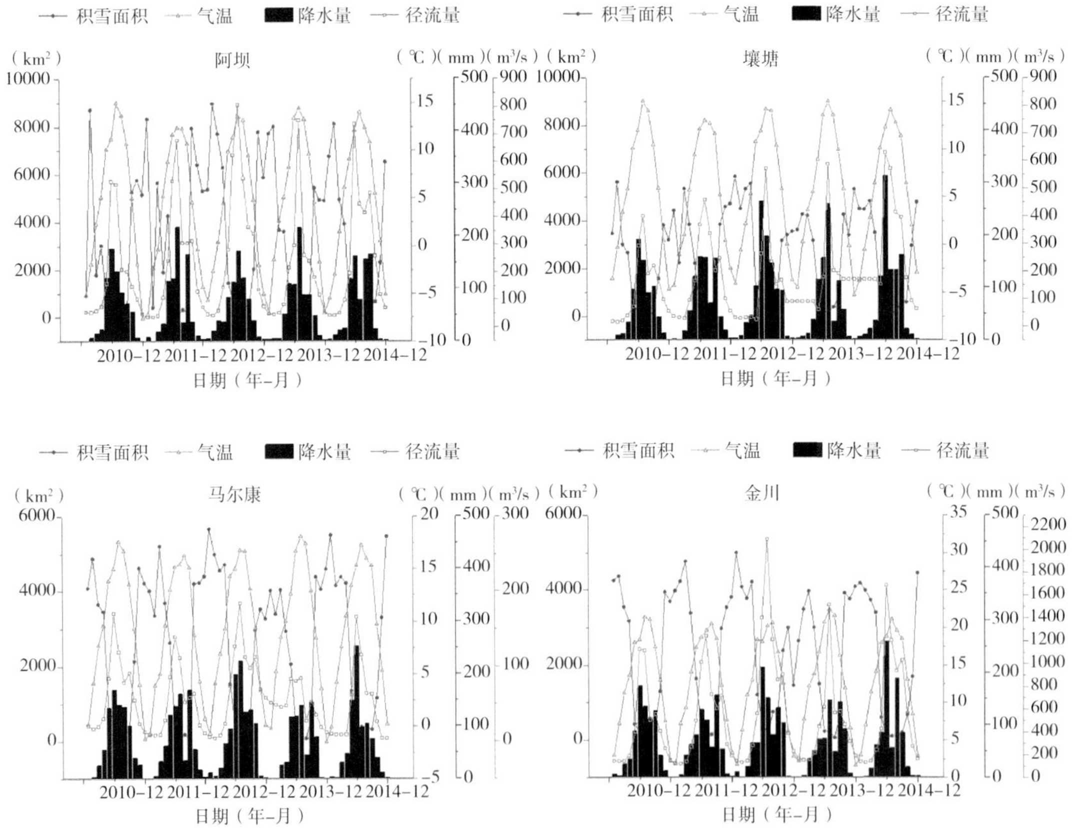

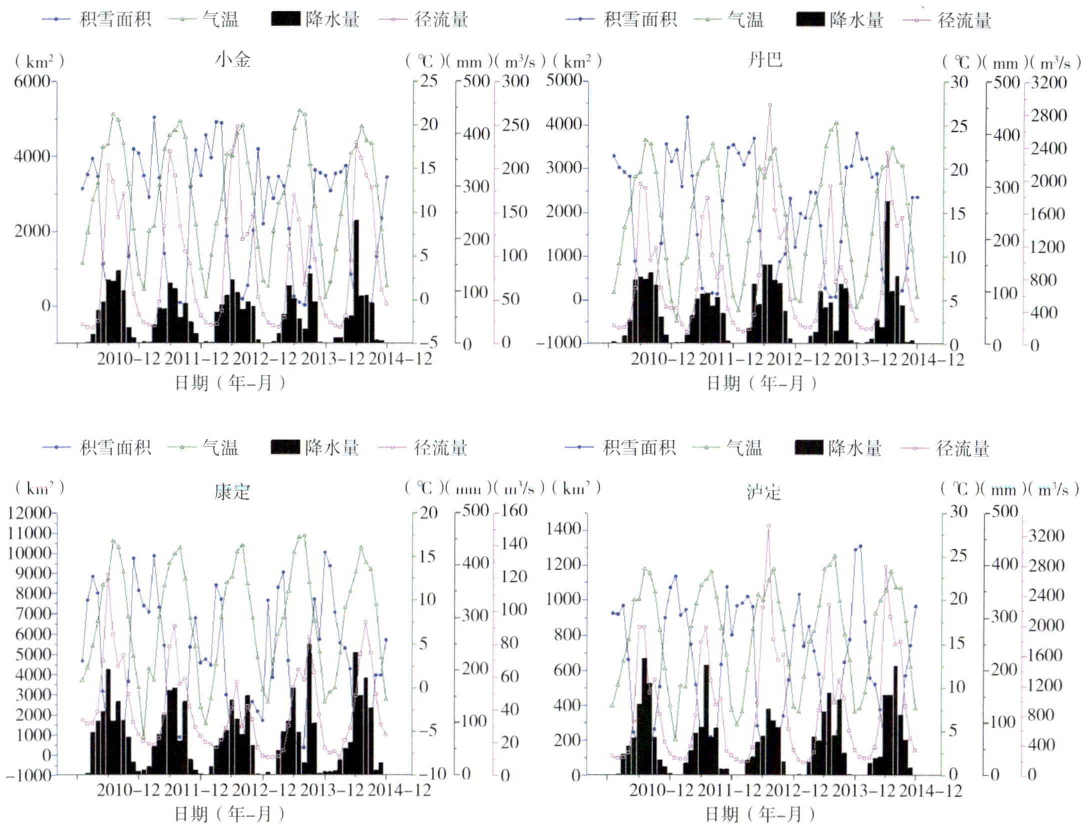

图4-14 2010—2014年逐月径流量、积雪面积、降水量、气温

由于气象因子不仅对积雪面积有影响，还会对径流产生影响，并且会通过影响积雪覆盖对径流产生间接的影响。为了研究气象因子和积雪面积对径流的影响，利用2010—2014年气温、降水、积雪面积的月数据与同期径流月数据分析相关性（其中阿坝气象站与足木足水文站对应、壤塘气象站与绰斯甲水文站对应）。由表4-5可知，积雪面积与径流量呈负相关，除了金川、丹巴、泸定以外，都通过了0.01水平的显著性检验，表明当积雪面积减少的时候，径流增加。而金川、丹巴、泸定积雪面积较小，和径流的变化无直接关系。气温和降水与径流都是中度以上正相关，当气温上升，降水增多，径流增大。降水和径流的相关系数绝对值大于气温、积雪和径流相关系数绝对值，说明径流对降水的变化响应更为敏感，降水是大渡河流域径流变化的主要影响因素。

表4-5 月径流量与积雪面积、气温、降水相关性

	阿坝	壤塘	马尔康	金川	小金	丹巴	康定	泸定
积雪面积	−0.563**	−0.465**	−0.514**	−0.143	−0.334**	−0.257	−0.466**	−0.115
气温	0.778**	0.675**	0.707**	0.713**	0.775**	0.706**	0.719**	0.755**
降水	0.864**	0.775**	0.853**	0.801**	0.806**	0.808**	0.742**	0.790**

同样的，以阿坝为代表，分析四季径流量与同期积雪面积、气温和降水的相关性。由表4-6可知，阿坝在春季和秋季，径流量和降水高度正相关，且都通过了显著性检验，说明降水量越大，径流量越大；冬季，径流和积雪面积相关性最好，积雪面积越大，径流量

越大。而径流量在四季与气温相关性不明显。

表4-6 阿坝四季径流量与积雪面积、气温、降水相关系数

	春	夏	秋	冬
积雪面积	0.785	0.803	0.626	0.948**
气温	−0.663	−0.502	−0.650	0.723
降水	0.917**	−0.739	0.892*	0.417

由此归纳得出以下几点结论：

（1）2010—2014年平均积雪面积最大的是康定，最小的是泸定。季节变化中积雪集中在春、秋、冬季，其中冬季最大，春、秋两季基本相同，夏季积雪最少。月变化中积雪面积变化随月份起伏明显，积雪过程集中在10月到次年4月，5—9月积雪面积最小。积雪覆盖率、积雪日数变化趋势与积雪面积较一致。

（2）MODIS积雪日数与人工观测积雪日数对比分析可知，其变化趋势基本一致，但积雪日数数值有所差异。

（3）降水和气温变化较一致，其峰值滞后于积雪面积峰值。逐月积雪和气温、降水的相关性表明，积雪面积与气温、降水负相关，且气温和积雪面积相关性绝对值大于降水和积雪面积相关性绝对值，说明积雪面积对气温的变化更为敏感。从季节性来看，春、冬季积雪面积对气温的变化更为敏感，而在夏季和秋季，积雪面积对降水的变化更为敏感。

（4）径流量的变化具有周期性，1—4月径流量较小，5月开始，径流量迅速增大，7月左右达到最大值，随后又逐渐减小。

（5）径流量和积雪以及气象因子的相关性分析表明，积雪面积与径流量呈负相关，气温和降水与径流量都是中度以上正相关，且降水和径流量的相关性绝对值大于气温和径流量相关性绝对值，说明径流量对降水的变化响应更为敏感。从季节上看，春季和秋季，径流量和降水高度正相关，冬季，径流和积雪面积相关性最好，而径流量在四季与气温相关性不明显。

第5章　大渡河流域面雨量分析

流域的流量、江河的抗洪能力以及水库的蓄洪规模都与流域的平均降雨量（面雨量）密切相关，为此，有必要对大渡河上中下游各子流域面雨量分布特征进行分析研究。本章通过分析面雨量时空分布，统计流域雨季开始和结束时间，分析各水文分区强降水关联性，使其结果有助于提高大渡河流域运行调度效益。

5.1　面雨量的计算方法

降雨资料采用1961—2016年大渡河流域内15个气象站逐日降水资料。所选用的气象站点名称及与子流域的对应关系如表5-1所示。

表5-1　大渡河流域各段气象站点分布

流域分段	气象站点
上游	色达、阿坝、壤塘、马尔康、金川、小金、丹巴、康定
中游	泸定、汉源、石棉、甘洛、越西
下游	峨眉、峨边

面雨量计算方法有泰森多边形法、逐点订正格点法、算术平均法等，由于大渡河流域面积小，气象站点分布比较均匀，因而本章采用计算方法相对简单的算术平均法进行各子流域面雨量计算。

5.2　面雨量时空分布特征

5.2.1　面雨量的年际变化特征

1961—2016年大渡河流域平均面雨量为852.1 mm，由北向南逐渐增多。上、中、下游平均面雨量分别为747.8 mm、858.1 mm、1124.9 mm。从流域各分区近50 a的面雨量随时间的变化趋势可知（图5-1a），上游面雨量呈上升趋势，且这种上升趋势通过95%的信度检验，倾向率为7 mm/10 a。从10 a滑动平均可以看出，20世纪70年代以前，10 a滑动平均值在多年平均值以下，70年代以后都高于平均值。按$V_r>0$（V_r为年平均面雨量的10 a滑动平均值与多年平均值之差）为偏丰期、$V_r<0$为偏枯期来划分，70年代以前为面雨量偏枯期，之后为偏丰期；最大值出现在1993年，最小值出现在2002年。

中游面雨量也呈上升趋势（图5-1b），其倾向率为3 mm/10 a，但中游这种变化倾向不显著。从10 a滑动平均可以看出，20世纪70年代中期以前为偏枯期，70年代中期至90年代为偏丰期，21世纪00年代以后变化不明显；最大值出现在1990年，最小值出现在1972年。

下游面雨量呈明显下降趋势（图5-1c），倾向率为-24 mm/10 a，且变化趋势通过了95%的信度检验，具有显著性意义。从10 a滑动平均可以看出，80年代以前，滑动平均值和多年平均值相差不大，80年代至90年代为偏丰期，90年代至21世纪10年代滑动平均值明显小于多年平均值，为偏枯期；最大值出现在1990年，最小值出现在2011年。

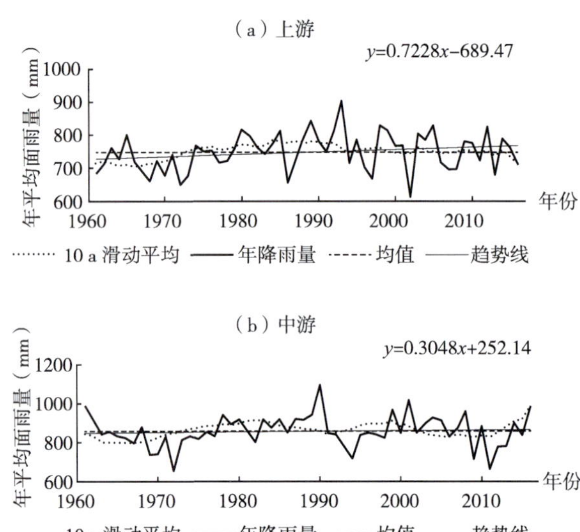

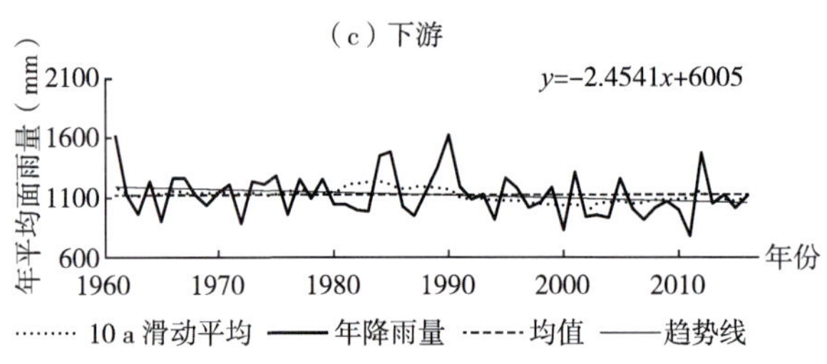

图5-1　1961—2016年大渡河流域面雨量年变化特征

相对变率反映统计样本偏离平均状况的程度。流域年降水量的相对变率计算公式如下：

$$A = \frac{1}{N}\sum_{i=1}^{N}\frac{\left|R_i - R^-\right|}{R^-} \tag{5-1}$$

式中：R_i为年降水量，R^-为年平均降水量，N为样本数。相对变率越大，说明降水量年际变化越大，旱涝程度越重。由表5-2可知，大渡河下游年降水量变率最大，达到12.8%，其次是中游，降水量变率为7.1%，最小的是上游，为6.2%。大渡河中上游是流域入库流量较稳定的来源。

表5-2　大渡河流域年平均面雨量、极值和相对变率

水文分区	上游	中游	下游
全年平均（mm）	747.8	858.1	1124.9
最大值（mm）	902.2	1095.7	1625.3

续表

水文分区	上游	中游	下游
最小值（mm）	612.8	653.6	785.1
相对变率（%）	6.2%	7.1%	12.8%
极差（mm）	289.5	442.1	840.2

极差是最大值与最小值之差，反映同一组数据的离散程度。从流域年降水量的极差可以看出（表5-2），上游面雨量最大值为902.2 mm，最小值为612.7 mm，相差了30%。中游面雨量最大值为1095.7 mm，最小值为653.6 mm，相差了近40%。下游面雨量最大值为1625.3 mm，最小值为785.1 mm，相差了近50%。相差最小的是上游，最大的是下游，根据相对变率和极差评估各流域年降水量的稳定性，所得到的结果相同，即上游最稳定。

5.2.2 面雨量的季节分布特征

从大渡河流域面雨量的季节分布可知（图5-2），春季上游面雨量在220 mm左右，中下游在180 mm左右。夏季流域面雨量从北向南递增，上游面雨量为350 mm，占全年降水量的50%，中游在500 mm左右，占全年降水量的60%；下游面雨量为700 mm左右，占全年的60%；因此，夏季降水占全年一半以上，降水更集中，暴雨灾害程度更强。秋季中上游面雨量为190 mm，下游为220 mm。冬季最小，中上游仅在10 mm左右，下游仅在40 mm左右。

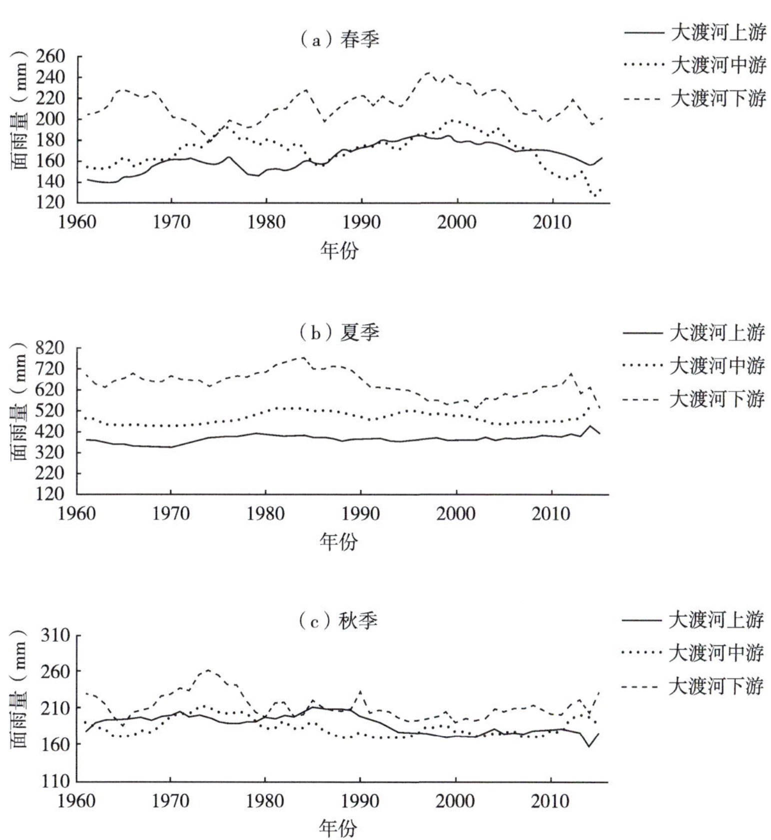

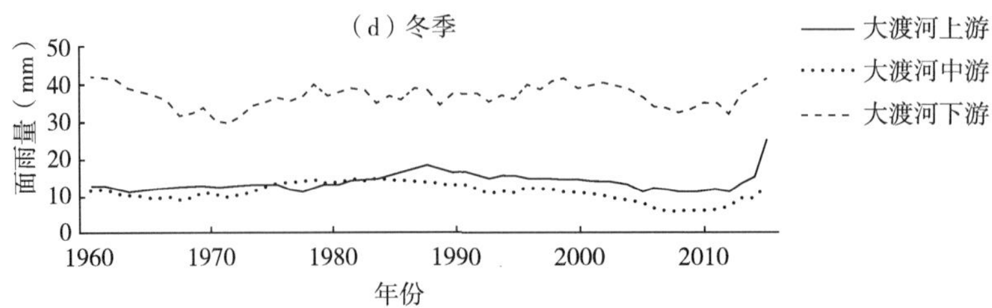

图5-2　1961—2016年大渡河流域逐季面雨量10 a滑动平均变化曲线

进一步从逐日面雨量10 d滑动平均可以看出（图5-3），各流域降水量变化趋势一致，大致从4月中旬开始，降水量明显增加，在6月下旬达到第一个高峰期，此后降水略有回落，下游7月下旬到8月上旬达到另一个高峰，9月上旬到10月中旬，降水逐渐减弱。

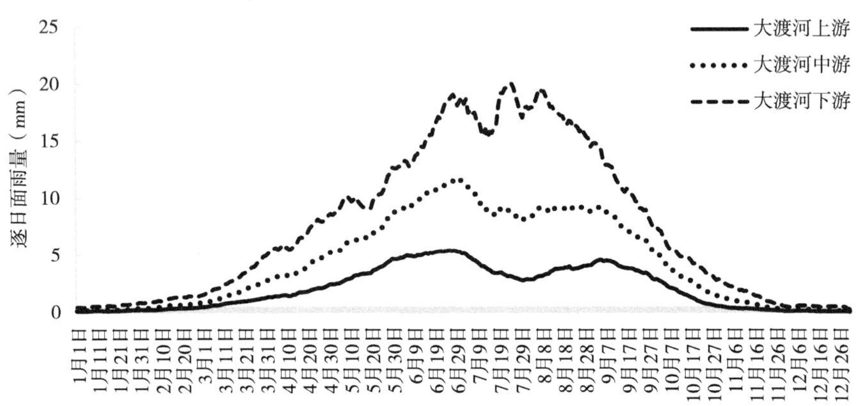

图5-3　1961—2016年大渡河流域多年逐日平均面雨量10 d滑动平均

5.2.3　面雨量的月分布特征

从流域面雨量的月分布特征可以看出（图5-4），流域面雨量随月份起伏明显，5—9月面雨量最大，月平均为100~200 mm，11月至翌年2月最少，平均为5~20 mm。大渡河流域面雨量峰值并不同步出现，上游出现在6月，中游出现在7月，而下游出现在8月。流域内面雨量峰值出现时间由北向南延迟，上中下游相差接近1个月。

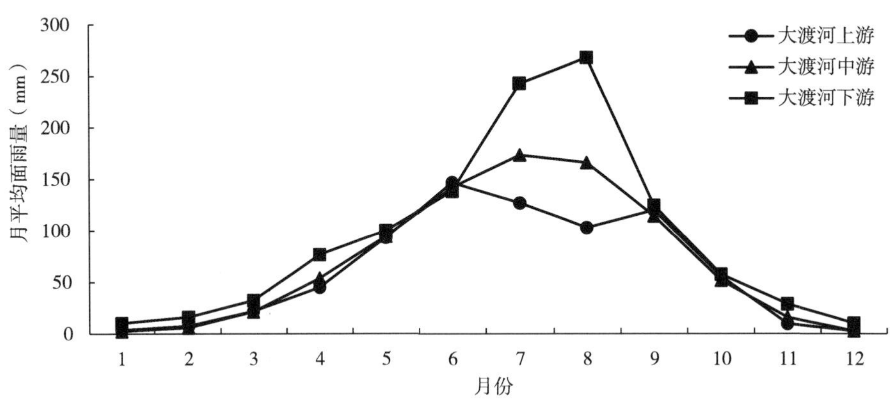

图5-4　1961—2016年大渡河流域面雨量月变化特征

5.3 雨季转换指标分析

流域雨季开始和结束的时间是水库运行调度的重要指标。大渡河流域地形复杂，气候多变，上游属全年少雨的高原山地气候；中下游属四川盆地亚热带湿润季风气候，每年雨季开始和结束时间有很大变化，各水文分区雨季初、终期也不同。定义大渡河流域雨季开始和结束的临界值计算公式如下：

$$B = \frac{10K\sum_{j=1}^{n}\sum_{i=1}^{365}R_{ij}}{365N} \tag{5-2}$$

式中：R_{ij}为逐日面雨量；n，N为年份；K为系数，取值范围为1.0~1.5，这里取值1.2。在同一年中，凡连续10 d滑动面雨量合计大于该临界值的初始日，则统计为该流域当年雨季开始日；凡小于该临界值的终止日，则统计为该流域当年雨季结束日。由表5-3可知，进入雨季最早的是下游，其次是中游，最晚的是上游，中上游之间相差了7 d，而雨季最早结束的是上游，其次是中游，最晚的是下游，中上游之间相差了3 d。

表5-3 大渡河流域雨季开始、结束日期统计

水文分区	上游	中游	下游
平均雨量（mm）	747.8	858.1	1124.9
临界值（mm）	24.6	28.2	37.1
平均雨季开始日期	4月17日	4月10日	3月27日
平均雨季结束日期	10月5日	10月8日	10月18日
初终期间日数（d）	172	182	195

5.4 强降水初终期

流域强降水过程的开始和结束，可视为干湿季节转换的重要标志。根据2006年发布的《江河流域面雨量等级》（GB/T 20486—2017）国家标准，15 mm≤日面雨量≤29.9 mm为大雨，日面雨量≥30 mm为暴雨。由于大渡河流域地形复杂，高差悬殊，降雨极易引发山洪、滑坡、泥石流等灾害。考虑到大渡河降水的特点及其影响，定义流域面雨量≥15 mm/d为强降水过程。从表5-4可以看出，大渡河流域强降水最早于4月下旬开始于下游，5月中旬出现于中游，7月上旬才出现于上游。而结束日期于8月中旬出现在上游，9月中旬出现在中游，10月上旬出现在下游。强降水开始日期由南向北推进，结束日期由北向南撤退。对比表5-4计算出的雨季开始结束期可知，由强降水计算的雨季日数明显小于雨季转换指标计算的雨季日数，在大渡河上游表现得尤为明显，由雨季转换指标计算的雨季时间为172 d，而由强降水计算的雨季时间仅为40 d，相差了130 d。因此依据雨季转换指标所计算出的雨季开始结束期比依据强降水所计算的更稳定。

表5-4　大渡河流域强降水开始、结束日期统计

水文分区	上游		中游		下游	
	开始	结束	开始	结束	开始	结束
最早	5月24日	6月3日	4月2日	7月17日	3月24日	8月31日
最晚	8月29日	10月10日	7月2日	10月31日	6月22日	11月19日
平均	7月3日	8月12日	5月12日	9月18日	4月23日	10月5日
日数	40 d		129 d		165 d	

5.5　强降水关联度

7—9月副热带高压西伸至四川盆地，同时有青藏高原上生成的高原低涡东移至四川盆地，再加上有西南低涡在盆地生成，几个暴雨系统叠加，常常造成流域内强烈的暴雨过程。统计了流域各分区日面雨量≥15 mm的强降水日数，可知：上游平均每年出现2 d，最多的是1993年，出现了5 d，而有11 a出现次数为0；中游平均每年出现12 d，最多的是2001年，出现了23 d，最少的是1992年，仅出现了5 d；下游平均每年出现19 d，最多的是2012年，为29 d，最少的是1987年，仅出现了7 d。上游日面雨量极值为22.2 mm，出现在9月，中游为69.8 mm，出现在7月，下游高达296.6 mm，也出现在7月。

为了进一步分析流域各分区同时或相继出现强降水的概率，分析了流域各分区的关联度，其计算公式如下：

$$C = \frac{A \cap B}{A} \tag{5-3}$$

式中：$A \cap B$表示A区和B区同日出现面雨量≥15 mm的天数，A表示A区出现日面雨量≥15 mm的天数。计算出的关联度如表5-5所示，上游与中游、下游的关联度很小，为2%~3%，即当上游出现强降水时，中下游很少同时出现强降水。中游和上游关联度为21.5%，和下游为36.7%；下游和上游关联度为26.9%，和中游关联度高达55.8%，说明当下游出现强降水时，中游多数同时也出现强降水。这是由于上游属高原山地气候，全年少雨，强降水日数很少，因此同时出现强降水的概率较小。而中下游属于季风气候，强降水日数较多，同时出现强降水的概率较大。

表5-5　大渡河流域各分区面雨量关联度（%）

水文分区	大渡河上游	大渡河中游	大渡河下游
大渡河上游	—	21.5	26.9
大渡河中游	2.9	—	55.8
大渡河下游	2.4	36.7	—

由此归纳出以下几点结论：

（1）1961—2016年大渡河流域平均面雨量由北向南逐渐增多；中上游面雨量呈上升趋势，下游呈下降趋势。相对变率和极差显示大渡河下游年降水量变率最大，其次是中游，最小的是上游。中上游是大渡河流域入库流量较稳定的来源。

（2）从流域面雨量的季节分布可知，夏季面雨量最大，占全年降水量的50%~60%，

其次是春季，冬季最小。月分布特征显示5—9月流域面雨量最大，月平均为100~200 mm，11月至翌年2月最少，平均为5~20 mm。流域面雨量峰值并不同步出现，流域内面雨量峰值出现时间由北向南延迟，上、中、下游相差接近1个月。

（3）根据雨季转换指标计算出了各流域雨季开始结束期，大渡河流域进入雨季最早的是下游，其次是中游，最晚的是上游，而雨季最早结束的是上游，其次是中游，最晚的是下游。上、中、下游雨季持续时间分别为172 d、182 d和195 d。

（4）大渡河流域强降水初终期分析表明强降水开始日期由南向北推进，结束日期由北向南撤退。由强降水计算的雨季日数明显小于雨季转换指标计算的雨季日数，在上游表现得尤为明显，依据雨季转换指标所计算出的雨季开始结束期比依据强降水所计算的更稳定。

（5）大渡河上游平均每年出现日面雨量≥15 mm的强降水日数为2 d，中游和下游分别出现12 d和19 d。关联度分析表明，上游与中游、下游的关联度很小，而下游和中游关联度最高。

第6章　大渡河流域面雨量预报检验

本章基于站点观测资料、格点实况资料和智能网格预报、西南区域数值预报、欧洲中期天气预报模式预报资料，以面雨量为研究对象，采用平均绝对误差、模糊评分、正确率、TS评分、偏差分析等方法，对2019年6—10月大渡河流域面雨量预报效果进行检验评估。

6.1　面雨量预报检验方法

站点实况降雨资料来自2019年6—10月大渡河流域内15个国家基本气象站及367个区域自动站逐日（08时至翌日08时，北京时，下同）降雨资料。

格点实况降雨资料来自国家气象信息中心研发的2019年6—10月逐日降水融合分析产品，其空间分辨率为5 km×5 km。

数值预报模式资料来源于相同时段智能网格24 h降水预报产品（分辨率为5 km×5 km），西南区域模式24 h降水预报产品（分辨率为9 km×9 km），以及欧洲中期天气预报中心全球模式24 h降水预报产品（分辨率为0.25°×0.25°）。

站点实况面雨量计算方法采用泰森多边形法，格点实况面雨量、数值预报面雨量采用算术平均法。

参考我国江河面雨量等级划分标准，将24 h面雨量划分为小雨（0.1 ~ 5.9 mm）、中雨（6.0 ~ 14.9 mm）、大雨（15.0 ~ 29.9 mm）、暴雨（≥30.0 mm）四个等级。采用平均绝对误差、模糊评分、正确率、TS评分等统计评价指标，对大渡河流域面雨量预报产品进行检验。各统计评价指标计算如下。

（1）平均绝对误差

指预报值和实况值的平均绝对误差，其计算式为：

$$E_a = \frac{1}{n}\sum_{i=1}^{n}\left|R_f - R_o\right| \tag{6-1}$$

式中：n为有雨预报正确的天数，R_f为有雨且预报正确时的面雨量预报值，R_o为有雨且预报正确时的面雨量实况值。本节仅统计实况有雨且预报也有雨时的误差。

（2）正确率

检验“有”“无”面雨量的预报正确率，其计算式为：

$$P_c = \frac{N_A + N_D}{N_A + N_B + N_C + N_D} \times 100\% \tag{6-2}$$

式中：N_A为降水预报正确的流域子单元数，N_B为空报的流域子单元数，N_C为漏报的流域子单元数，N_D为无降水预报正确的流域子单元数。此项评分不考虑降水量级，只要预报和实况均有降水或均无降水即视为正确。

（3）模糊评分法

按照中国气象局在《全国七大江河流域面雨量监测和预报业务规定》中提供的模糊评

分检验方法进行检验。第i个流域第j级降水预报的模糊评分$M_p(i,j)$的计算式为：

$$M_p(i) = 60 + 40 \times (1 - \frac{|F_i - O_i|}{\max(F_i O_i)}) \tag{6-3}$$

式中：第一项为预报基础分，规定为60分；第二项为强度（量级）预报的加权分，其中i取1,2,3分别表示大渡河流域上游、中游和下游，F_i和O_i分别表示面雨量预报值和实况值，max（F_iO_i）为面雨量预报值和实况值中的最大项。当面雨量预报量级与实况一致时（即预报与实况误差为0），该预报评分为100。当预报量级有误差时，按其误差大小给分，误差越大，分值越低，相反则分值越高，预报值越接近实况值。可以看出，根据误差大小计算的模糊评分能够很好地表征预报贴近实况的程度，从而较好地检验流域面雨量预报水平。

（4）TS评分、空报率和漏报率

根据2005年中国气象局《中短期天气预报质量检验办法（试行）》中的方法对面雨量预报效果进行检验。各指标计算公式如下：

$$\text{TS评分公式为：} TS_k = \frac{NA_K}{NA_k + NB_k + NC_k} \times 100\% \tag{6-4}$$

$$\text{漏报率：} PO_K = \frac{NC_K}{NA_K + NC_K} \times 100\% \tag{6-5}$$

$$\text{空报率：} P_{ARK} = \frac{NB_K}{NA_K + NB_K} \times 100\% \tag{6-6}$$

式（6-4）~（6-6）中：NA_k代表模式预报面雨量正确的天数，即观测与预报均出现某量级面雨量；NB_k为空报天数，即观测无某量级面雨量而预报有；NC_k为漏报天数，即观测有某量级面雨量而预报无。

6.2　面雨量检验评估

6.2.1　站点实况面雨量与格点实况面雨量对比

从大渡河流域站点实况面雨量与格点实况面雨量的对比分析可知（图6-1），流域内两种面雨量实况基本一致，相关性可以看出（表6-1），整个流域相关系数都在0.7以上，下游达到了0.9，且都通过了显著性检验。流域平均绝对误差在3 mm左右，下游仅为2 mm。考虑到大渡河上游地形的复杂性，总体上看，格点实况雨量资料在大渡河流域效果较好，具有较高的参考性。由于模式资料都为格点资料，为了滤除面雨量计算方法对检验结果的影响，下面将以格点实况作为实况资料，对大渡河流域面雨量模式预报进行检验。

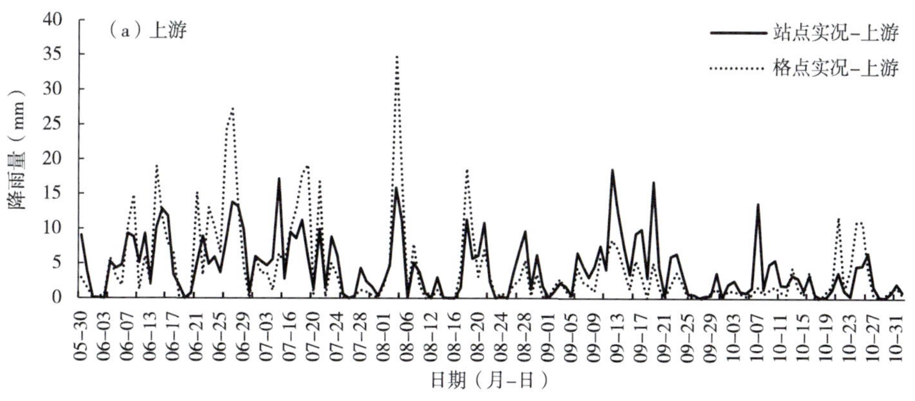

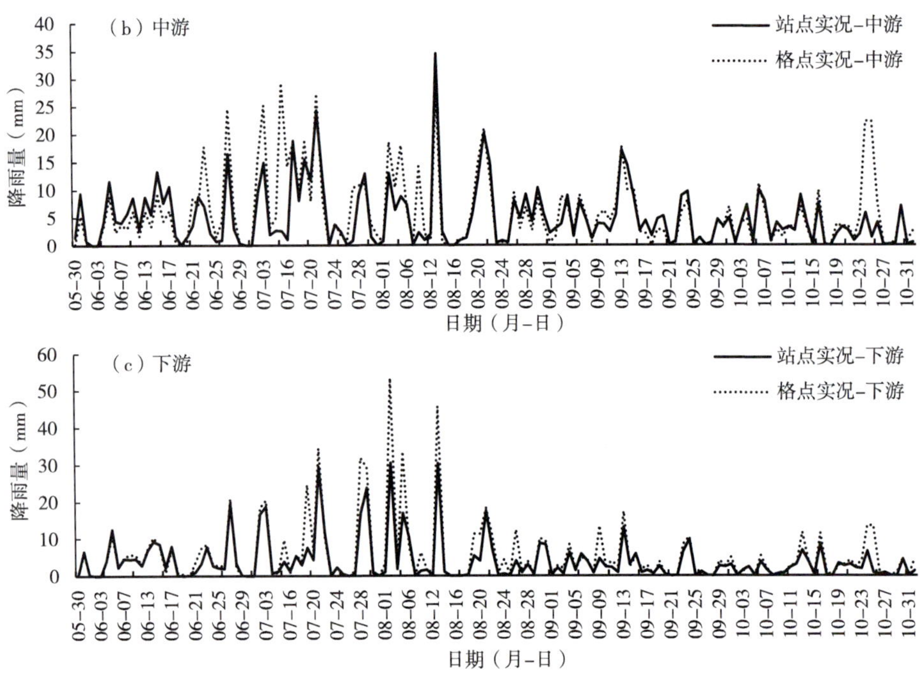

图6-1　2019年6—10月大渡河流域站点实况面雨量和格点实况面雨量

表6-1　大渡河流域站点实况面雨量与格点实况面雨量相关系数及平均绝对误差

	上游	中游	下游
相关系数	0.7	0.8	0.9
平均绝对误差	3.14	2.63	2.06

6.2.2　平均绝对误差检验

图6-2给出了智能网格、西南区域模式和EC对大渡河流域面雨量预报的平均绝对误差。从图中可知，整个流域西南区域模式的预报误差最大，上游和中游智能网格和EC的预报误差相当，下游智能网格预报误差略大于EC。从平均绝对误差检验结果看，智能网格和EC在大渡河流域面雨量预报中具有较大的参考意义。

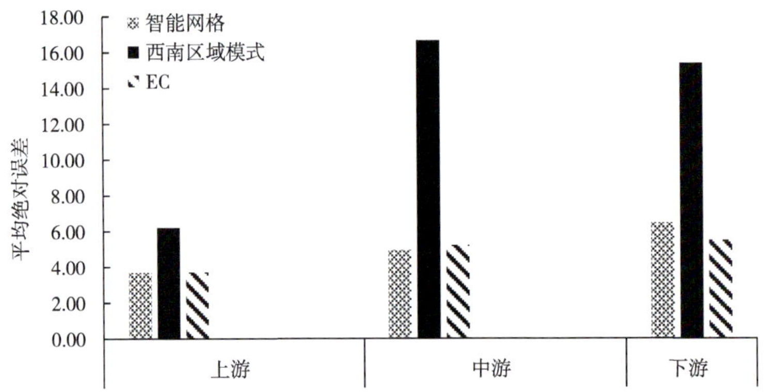

图6-2　2019年6—10月智能网格、西南区域模式和EC的大渡河流域面雨量预报平均绝对误差

6.2.3　正确率检验

从智能网格、西南区域模式和EC三种模式对大渡河流域面雨量预报的正确率检验结果可知（图6-3），流域上游智能网格正确率最高，达到91%，EC次之，为90%，西南区域模式最低，仅为88%；流域中游也是智能网格最高，超过了93%，西南区域模式和EC相当，为91.5%；流域下游智能网格正确率达到91%，西南区域模式和EC为89%。由以上可知，对面雨量的晴雨预报，智能网格最具有参考价值。

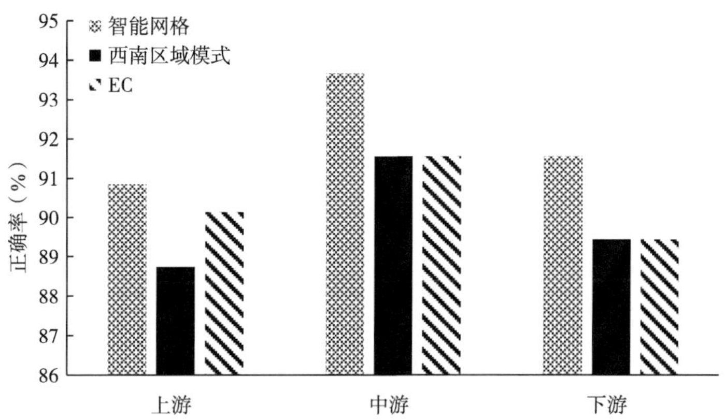

图6-3　2019年6—10月智能网格、西南区域模式和EC的大渡河流域面雨量预报正确率

6.2.4　模糊评分检验

图6-4给出了智能网格、西南区域模式和EC三种模式对大渡河流域面雨量预报的模糊评分。由图可知，上游智能网格预报评分最高，为94分，其次是EC，为91分，西南区域模式为90分；中游智能网格、西南区域模式、EC评分分别为93分、87分、89分；下游智能网格预报评分达到93分，西南区域模式次之，为90分，EC预报评分为88分。从模糊评分检验结果上看，智能网格在整个流域最具有参考意义，除此之外，中上游EC具有较好的参考意义，下游西南区域模式具有较好的参考意义。

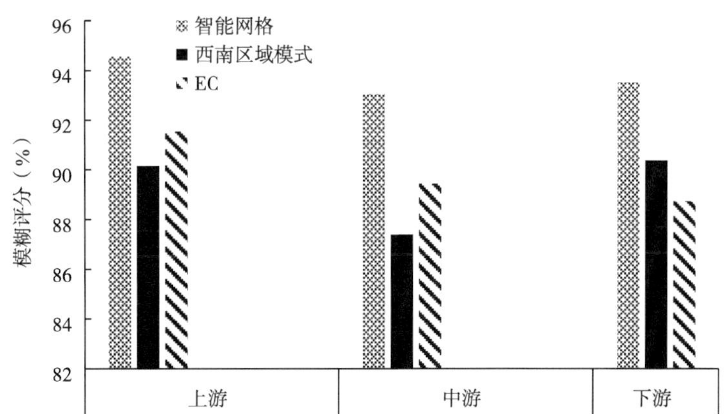

图6-4　2019年6—10月智能网格、西南区域模式和EC的大渡河流域面雨量预报模糊评分

6.2.5　TS评分、空报率和漏报率检验

为了更深入地分析智能网格、西南区域模式和EC对大渡河流域面雨量的预报效果，

引入TS评分、空报率、漏报率，分别对小雨、中雨、大雨、暴雨几类天气过程进行预报效果检验。

图6-5为2019年6—10月智能网格、西南区域模式和EC对大渡河流域小雨、中雨、大雨、暴雨预报的TS评分。可以看到，在小雨预报中（图6-5a），上游TS评分在50~80分，EC略高于智能网格；中游TS评分在30~60分，智能网格评分最高，其次是EC；下游TS评分在25~60分，EC评分最高，整个流域小雨预报智能网格和EC评分都高于西南区域模式。

在中雨预报中（图6-5b），智能网格和EC在上游的24 h时效预报的TS评分为72分，西南区域模式为27分，比小雨时分值偏低30分左右；中游EC评分最高，为75分，其次为智能网格55分，西南区域模式25分；下游TS评分在30~50分，EC略高于智能网格，西南区域模式最低。

在大雨预报中（图6-5c），智能网格在上游的24 h时效预报的TS评分在30分左右，比中雨时分值偏低40分，西南区域模式在45分左右，比中雨时偏高15分，而EC在上游的大雨预报中接近0分，远远低于中雨和小雨预报；中游模式TS评分分布在20~40分，EC比中雨时偏低45分左右；下游智能网格TS评分在40分左右，与中雨预报评分相差不大，EC在25分左右，比中雨时偏低20分，西南区域模式在下游的大雨预报中接近0分，说明西南区域模式对下游大雨的预报能力较差。

由于大渡河上游和中游没有暴雨量级的降雨出现，因此仅对大渡河下游进行暴雨预报检验。在暴雨预报中（图6-5d），智能网格在下游的24 h时效预报的TS评分为60分，西南区域模式和EC都为40分，智能网格对流域暴雨预报效果较好。

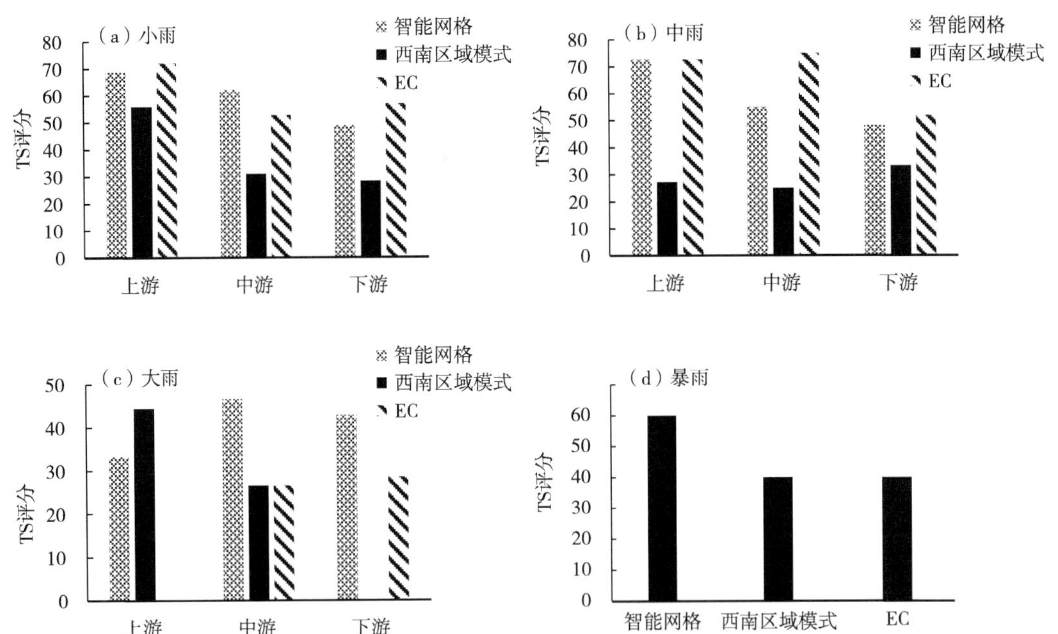

图6-5　2019年6—10月智能网格、西南区域模式和EC的大渡河流域面雨量预报TS评分

图6-6为2019年6—10月智能网格、西南区域模式和EC对大渡河流域小雨、中雨、大雨、暴雨预报的空报率和漏报率。可以看出，小雨天气里（图6-6a），3个模式对上游

的空报率在25%~40%，中游和下游的空报率比上游偏高，中游的空报率在35%~70%，下游的空报率在40%~70%。3个模式相比，西南区域模式空报率最高。3个模式对上游和下游的漏报率在1%~10%，对中游3个模式的漏报率都为0，EC在下游的漏报率也为0，三种模式的空报率均高于漏报率。

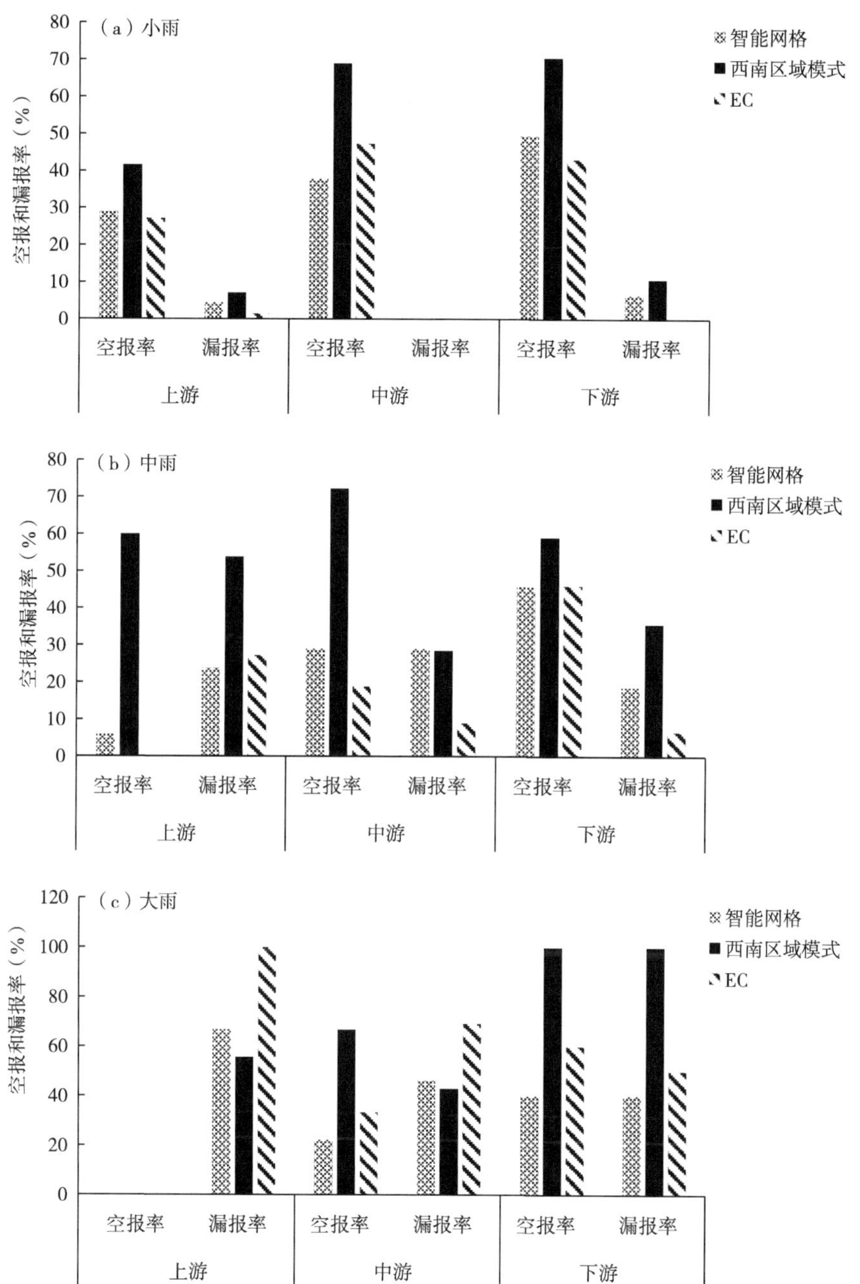

图6-6 2019年6—10月智能网格、西南区域模式和EC的大渡河流域面雨量预报空报率和漏报率

在中雨预报中（图6-6b），智能网格和EC在上、中、下游的空报率差异较大，上游在0%~6%，中游在15%~30%，下游在45%左右，比小雨时偏低，西南区域模式在流域面雨量预报的空报率在60%~70%，和小雨时相差不大；漏报率较小雨时上升较快，智能网

格漏报率在18%~30%，西南区域模式漏报率在28%~55%，EC漏报率在6%~30%，整体比小雨偏高20%~40%。总体上看，中雨预报中，智能网格和EC在上游的空报率低于漏报率，在中下游空报率高于漏报率，西南区域模式空报率都高于漏报率。

在大雨预报中（图6-6c），3种模式在上游的空报率都为0%，智能网格在中下游的空报率在20%~40%，西南区域模式在中下游的空报率达到60%~100%，EC为30%~60%；漏报率较中雨时也上升较快，智能网格的漏报率在40%~70%，西南区域模式漏报率在40%~100%，EC漏报率在50%~100%。综上所述，大雨预报中，中上游模式的空报率小于漏报率，下游空报率和漏报率相当。

在暴雨预报中（图略），3个模式的空报率都为0，智能网格漏报率为40%，西南区域模式和EC漏报率都为60%。整体上看，随着降水等级（小雨、中雨、大雨、暴雨）的增大，模式的预报效果逐渐降低。

6.2.6 预报偏差检验

计算了各模式的大渡河流域面雨量预报偏差，并统计了预报偏小和偏大的次数。图6-7为3个模式对大渡河流域面雨量预报偏小和偏大次数与总预报次数的百分比，由图可知，3个模式在上游面雨量预报偏大次数远远小于偏小的次数，而在中下游面雨量预报偏大次数又明显大于偏小的次数。因此，综合各模式的预报偏差情况分析，在考虑流域面雨量的预报量级时，上游面雨量可以相信预报量级最大的模式，中下游可以考虑预报量级较小的模式。

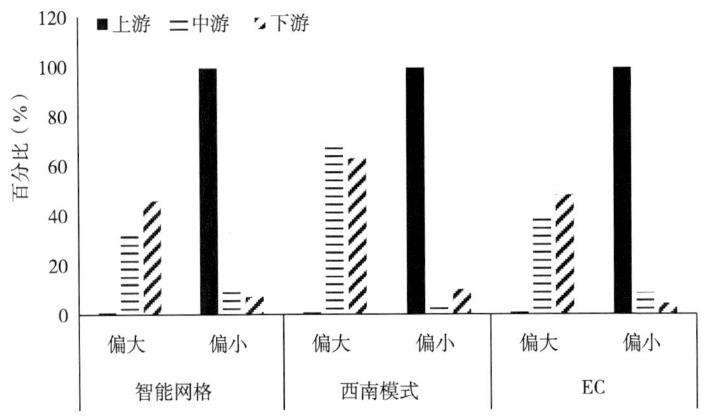

图6-7　2019年6—10月智能网格、西南区域模式和EC的大渡河流域面雨量预报偏小和偏大次数与总预报次数的百分比

6.2.7 典型降水过程面雨量预报检验

为了比较三个模式对不同降水强度过程的预报能力，选取2020年7月1日小雨过程、2020年7月10日中雨过程、2020年6月27日大雨过程，分析各模式的正确子单元数（NAs）、空报子单元数（NBs）和漏报子单元数（NCs）。统计各模式对3次降水的空报、漏报数可知（表6-2），对小雨和中雨过程，3个模式的空报子单元数大于漏报子单元数，说明预报的等级偏大；对大雨过程，智能网格和EC的空报子单元数小于漏报子单元数，说明预报的等级偏小，而西南区域模式的空报子单元数大于漏报子单元数，说明预报的等级偏大。由以上可知，西南区域模式对弱、强降水的预报等级均偏大，而智能网格和EC

对弱降水的预报等级偏大，对强降水预报等级偏小。

表6-2 三个数值模式对大渡河流域2020年3次降雨过程面雨量预报检验

	7月1日			7月10日			6月27日		
	智能网格	西南区域模式	EC	智能网格	西南区域模式	EC	智能网格	西南区域模式	EC
NAs	0	1	1	3	1	3	1	0	1
NBs	3	2	2	0	2	0	0	3	0
NCs	0	0	0	0	0	0	2	0	2

6.2.8 实况面雨量、模式预报面雨量与流量的比较

流域面雨量在水情分析和预报中应用非常广泛，是水文学上重要的参数。为了进一步分析面雨量和径流的关系，以大渡河上游为例，分析上游面雨量和上游丹巴水文站径流的相关性。从格点实况面雨量、模式预报面雨量和丹巴逐日流量可以看出（图6-8），其波动趋势较一致，但波动的振幅略有差异，流量极大值相比面雨量极大值滞后了5~6 d。分别计算格点实况面雨量、模式预报面雨量与第6 d的丹巴流量的相关系数（表6-3）可知，丹巴水文站流量与格点实况面雨量、数值模式预报面雨量相关性显著，且均能通过$\alpha = 0.01$的显著性检验。

表6-3 丹巴流量与实况和预报面雨量的相关系数

	格点实况	智能网格	西南区域模式	EC
丹巴流量	0.36	0.35	0.48	0.34

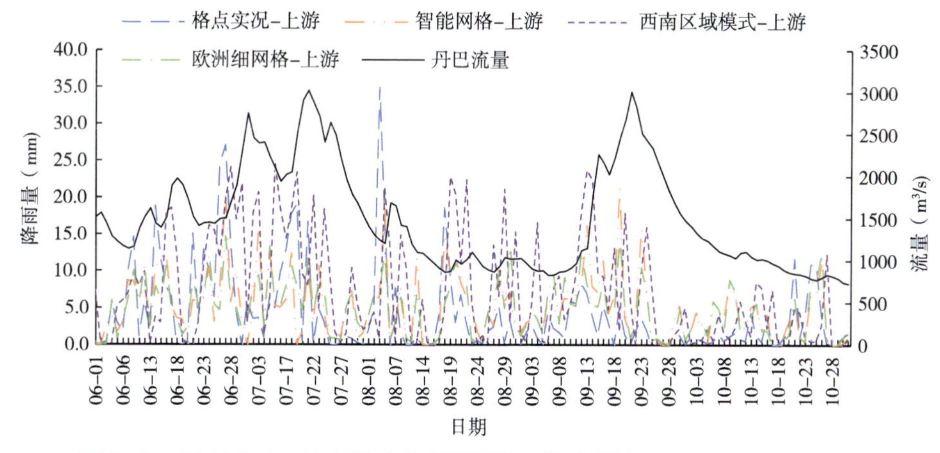

图6-8 2019年6—10月格点实况面雨量、模式预报面雨量和丹巴逐日流量

本章对大渡河流域面雨量预报进行了检验，得出以下结论：

（1）平均绝对误差、正确率、模糊评分检验显示，智能网格的预报效果总体上优于其他模式。

（2）随着降水等级（小雨、中雨、大雨、暴雨）的增大，TS评分逐渐降低，空报率

逐渐减小，漏报率逐渐增大，模式的预报效果逐渐降低。EC在小雨和中雨预报中优势明显，智能网格在大雨和暴雨中表现较优。对比各等级空报率和漏报率可知，三个模式在小雨和中雨预报中等级偏大，在大雨和暴雨预报中等级偏小。

（3）各模式对典型降水过程面雨量预报结果表明，西南区域模式对弱、强降水的预报等级均偏大，而智能网格和EC对弱降水的预报等级偏大，对强降水预报等级偏小。

（4）大渡河流域面雨量和流量显著相关，且流量极大值相比面雨量极大值滞后了5~6 d。

第7章　大渡河流域径流分析

7.1　背景介绍

在前文已经介绍，大渡河以泸定和铜街子为界划分为上、中、下游三段。其中上游（泸定以上区域）集水面积58943 km²，占全流域集水面积的76.2%；中游（泸定至铜街子区间）集水面积17440 km²，占全流域集水面积的22.5%；下游（铜街子以下区域）集水面积1017 km²，占全流域集水面积的1.3%。上述三段划分方式是标准的河段划分，但是随着大渡河流域的进一步开发，以及梯级电站管理、流域防汛等工作中对流域的水文特性的掌控需求，往往分析工作并不是直接依靠于传统的河段划分，而是选择多个断面（包括地理位置特殊的水文站、重要的水库断面）作为重点关注对象，如丹巴水文站、瀑布沟水电站和沙坪水文站。

丹巴水文站位于丹巴县城内，控制集水面积52738 km²，占全流域的68.1%，距离双江口汇合口（东源足木足和西源绰斯甲）140 km左右。在丹巴水文站上游，大渡河干流没有已建成具有调节性能的水电站，因此，从流域特性上来说，丹巴水文站径流反映的是流域河源及上游的流量大小，是流域整体的基流情况。另一方面，丹巴水文站以下大渡河干流已经有猴子岩、长河坝、瀑布沟等14座水电站投产，水电站调蓄能力对径流变化影响巨大，原有河道的水力联系已经改变为水库之间的衔接关系。这意味着丹巴以上片区仍可看作是天然河道及径流模式，丹巴水文站径流可以直接反映天然径流的变化情况。综上所述，在大渡河流域，丹巴水文站从地理位置角度及流域特性角度均具有重要地位，故选择丹巴水文站为首要研究对象。

瀑布沟水电站是大渡河干流开发26级规划的第17级梯级电站，地跨四川省西部汉源县和甘洛县两县境，坝址位于大渡河中游尼日河汇口上游觉托附近，是一座以发电为主，兼有防洪、拦沙等综合利用效益的大型水电工程。水库坝址控制集水面积为68512 km²，占大渡河流域集水面积的88.5%，坝址多年平均流量为1250 m³/s，是流域中游唯一的一座具有调节性能的水库，是下游梯级电站控制的重要节点。同时，瀑布沟水电站承担了大渡河流域中下游的防洪任务，包括提高水库下游成昆铁路沙坪段防洪标准至100 a一遇，提高水电站下游城镇和重要河心洲的防洪标准至20 a一遇；以及作为长江流域二级支流，须配合三峡水库分担长江中下游地区的防洪任务。瀑布沟水电站于2009年底开始蓄水，2011年年初全部投产进入调节性水库运行模式。因此，考虑到瀑布沟对下游梯级电站的调节控制作用及其综合利用效益，选择瀑布沟水库断面作为第二个研究对象。

沙坪水文站位于龚嘴水电站上游33 km，控制集水面积75016 km²，占大渡河流域面积的96.9%，是中下游重要的水文站。在地形与气候条件的影响下，瀑布沟至沙坪区间汛期降雨频繁，5—9月降雨量占全年的80%以上，多数地区多年平均降雨量在1000 mm以上，是大渡河最主要的暴雨区。沙坪水文站作为中下游流量大小的重要观测点，是龚嘴水电站的入库控制站。同时，沙坪水文站上游有成昆铁路线、峨边县城等重要防汛薄弱点，其水位、流量的大小也是防汛安全支撑的重要内容。因此，选择沙坪水文站断面作为第三个研究对象。

7.2 径流的年际变化特征

7.2.1 研究方法

通常情况下，径流的年际变化一般采用年平均径流的波动情况来表示，比较常用的基本特征表征指标有多年均值、变差系数、极值比、距平等，以及年径流连丰期、连枯期分析。同时也可采用滑动平均、趋势检验、Mann-Kendall突变分析、Morlet小波周期分析法分析其随机变化特性，计算方式与气候变化研究方法相似。

基本特征表征指标计算方法如下。

（1）变差系数

变差系数 Cv 反映了序列对应均值的相对离散程度，其定义如下：

$$Cv = \frac{\sigma}{\overline{Q}} \qquad \sigma = \sqrt{\frac{\sum_{t=1}^{n}[Q(t) - \overline{Q}]^2}{n}} \overline{Q} = \frac{1}{n}\sum_{t=1}^{n}Q(t) \tag{7-1}$$

式中：$Q(t)$ 为各年平均径流量，$\overline{Q}$ 为多年平均流量。Cv 值的大小反映了河川径流在多年中的变化情况，Cv 值越大，说明丰水年和枯水年径流相对变化越大。

（2）极值比

极值比定义为序列中最大值与最小值的倍比，即：

$$Km = Q_{max}/Q_{min} \tag{7-2}$$

式中：Q_{max} 为统计序列内年平均最大流量，Q_{min} 为统计序列内年平均最小流量。它与变差系数之间存在着对应关系，可以反映径流的年际变化。

7.2.2 基本特征

丹巴水文站资料年限为1960—2018年，共计59 a；瀑布沟水电站和沙坪水文站资料年限为1937—2018年，共计82 a；瀑布沟断面2009年之前为自然断面资料，2009年之后为水库断面资料。

7.2.2.1 总体特性

对取得的资料序列进行年际变化特征分析可知，三个研究断面中，瀑布沟和沙坪2个断面在1949年达到流量最大值，1993年流量为次大值；丹巴资料序列始于1960年，在1993年达到流量最大值。因此，大致可推断大渡河流域在1949年达到径流最大，1993年次之。丹巴和瀑布沟2个断面在2002年达到流量最小值，大致推断大渡河流域在2002年来水较枯。对大渡河流域各断面的年径流的变差系数 Cv 和极值比 Km 计算结果见表7-1。

通常，年径流的变差系数随着径流的增大而减小，上游断面的变差系数大于下游断面，极值比的地区分布与变差系数的地区分布大体一致，极值比大的地区，变差系数值也较大，两者较为对应。大渡河流域径流年际变化完全符合上述特征。另一方面也说明，大渡河流域径流的主要来源是上游河源来水和区间降水，从年径流量的变化情况来看，来水偏丰主要以上游来水偏丰而引起的流域整体来水偏丰为主，来水偏枯时中下游地区可能会由于区间降水丰富而有所减缓。

表7-1 大渡河流域径流年际变化特征

断面	实测年数	年平均径流(m³/s)	*Cv*	最大年		最小年		*Km*
				径流(m³/s)	年份	径流(m³/s)	年份	
丹巴	59	772	0.153	1069	1993	489	2002	2.19
瀑布沟	82	1257	0.122	1682	1949	924	2002	1.82
沙坪	82	1481	0.122	1977	1949	1133	1972	1.74

结合年降水最大、最小出现年份来看，年降水量在大渡河上游的最大值为858.4 mm（1993年），最小值为577.2 mm（2002年）。上游丹巴年径流在1993年达到最大、2002年达到最小，二者分布情况一致，说明流域降水是径流的主要来源。但大渡河流域中、下游地区降水极值出现时间分别为1990年（最大值）和1972年（最小值），与瀑布沟、沙坪略有不同。造成这种差异的主要原因是，降水是直接的空间分布，上中下游相对独立，但是径流在空间上仍有延续性，中下游径流变化同时受到上游径流和中下游降水的双重影响。

7.2.2.2 不同年代径流的变化

大渡河流域不同年代径流的变差系数*Cv*和极值比*Km*统计结果见表7-2，再次证实了上游的年径流*Cv*值大于下游的*Cv*值，20世纪50—80年代*Cv*值和*Km*值均比较接近，略有波动，相比之下，21世纪开始*Cv*值和*Km*值明显增大，说明21世纪径流年际之间的变化趋势显著增大。

表7-2 大渡河流域不同年代径流的变差系数和极值比统计表

时间		丹巴			瀑布沟			沙坪		
		平均流量(m³/s)	*Cv*	*Km*	平均流量(m³/s)	*Cv*	*Km*	平均流量(m³/s)	*Cv*	*Km*
20世纪	40年代				1302	0.148	1.79	1526	0.148	1.74
	50年代				1307	0.104	1.44	1548	0.089	1.34
	60年代	765	0.108	1.42	1276	0.090	1.37	1479	0.092	1.42
	70年代	699	0.107	1.43	1148	0.096	1.38	1320	0.089	1.35
	80年代	800	0.133	1.60	1279	0.088	1.40	1456	0.091	1.39
	90年代	821	0.147	1.56	1276	0.116	1.41	1494	0.117	1.41
21世纪	00年代	744	0.199	2.06	1166	0.123	1.43	1454	0.124	1.54
	10年代	804	0.144	1.53	1243	0.112	1.38	1507	0.130	1.52

不同年代径流的变化也可以采用不同年代的平均值和距平百分率来做进一步说明，图7-1给出了年径流与多年平均径流的距平百分比。随着时间的变化，年径流呈现不断的增大、减小的波动变化，径流存在着年代间的丰枯转换，20世纪40—50年代为偏丰时期，

60—70年代为偏枯时期，80年代之后年际间波动较大；空间上，上游丹巴断面在20世纪80年代之后波动非常显著；大渡河流域年径流上游波动情况较下游大，沙坪与瀑布沟基本上属于同步趋势。

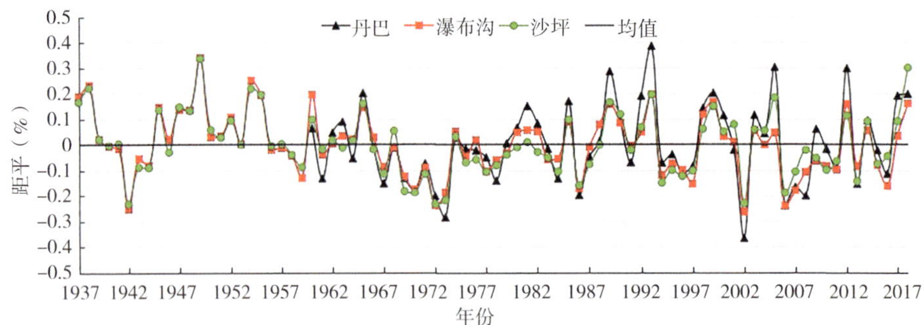

图7-1　大渡河流域年径流距平统计

通过年径流距平统计及年代变差系数分析可以看出，大渡河径流与大渡河上游地区降水的年代丰枯情况基本一致，20世纪60—70年代为偏枯时期，80—90年代中期为偏丰时期，21世纪初略偏枯，随后有逐渐恢复偏丰的趋势。再次证明，上游径流在整体变化中占主导地位。

7.2.2.3　径流的连丰期、连枯期分析

年径流在一定标准上可以划分为丰水年、平水年、枯水年。这种划分可以较好地反映径流的情况及对生态的影响，而连丰期和连枯期的统计可进一步反映径流的变化情况。通常，采用频次统计分析法分析大渡河流域径流的连丰、连枯变化程度。丰水年的标准为$P_i>P+0.33\sigma$（相应频率为37.5%），枯水年标准为$P_i<P-0.33\sigma$（相应频率为62.5%）。根据划分标准判别出年径流序列中的丰水年和枯水年，然后挑选出持续时间最长且均值最大的连丰期和持续时间最长且均值最小的连枯期，并分别计算连丰期和连枯期的平均径流及其与多年平均年径流的比值$K_{丰}$和$K_{枯}$。

大渡河流域各断面年径流最长连丰期和连枯期分析结果见表7-3。最长连丰期在3～6 a，以3 a居多，对应的$K_{丰}$值为1.11～1.15，波动较小；最长连枯期在5～6 a，对应的$K_{枯}$值在0.8左右。丹巴和瀑布沟在1998—2000年均处于连丰期，沙坪除1947—1952年以外最长连丰期同样为1998—2001年，说明大渡河流域整体上1998—2000年处于丰水期；瀑布沟除2006—2011年以外最长连枯期同样为1969—1973年，说明大渡河流域整体上在1969—1973年处于枯水期。总体上，流域上、中、下游丰枯趋势基本一致。

表7-3　大渡河流域各断面年径流连丰期和连枯期分析表

断面	连丰期				连枯期			
	起讫年份	年数（a）	平均径流（m^3/s）	$K_{丰}$	起讫年份	年数（a）	平均径流（m^3/s）	$K_{枯}$
丹巴	1998—2000	3	889	1.15	1969—1973	5	638	0.83
瀑布沟	1998—2000	3	1390	1.11	2006—2011	6	1094	0.87
沙坪	1947—1952	6	1675	1.13	1969—1973	5	1202	0.81

大渡河流域各断面年径流连丰、连枯段发生的频次见表7-4。大渡河流域来水持续偏丰或偏枯的情况比较少，主要以2～3 a趋势一致为主。整体上，中上游地区平均连丰期和连枯期均为3 a，发生长时间持续偏枯的概率明显大于持续偏丰，连丰期$K_{丰}$值在1.05～1.29之间变化，连枯期$K_{枯}$值在0.80～0.94之间变化。

表7-4 大渡河流域各断面连丰和连枯年段发生的频次

断面	资料序列	连丰年段							连枯年段						
		2 a	3 a	4 a	5 a	6 a	最长年数（a）	$K_{丰}$	2 a	3 a	4 a	5 a	6 a	最长年数（a）	$K_{枯}$
丹巴	1960—2018年	4	2	0	0	0	3	1.07~1.29	1	1	0	1	0	5	0.80~0.90
瀑布沟	1937—2018年	6	3	0	0	0	3	1.05~1.14	4	1	1	1	1	6	0.84~0.94
沙坪	1937—2018年	5	1	1	0	1	6	1.08~1.19	4	2	2	1	0	5	0.81~0.94

7.2.3 随机特征

7.2.3.1 径流的趋势特征

图7-2～图7-4给出了大渡河流域3个主要断面年径流的10 a滑动平均结果，10 a滑动平均过程可以反映年径流平均状态的长期变化情况。大渡河流域年径流在不同时段具有短时增加或减少趋势，增加和减少趋势随时间变化，与流域整体及上游降水量年际变化丰枯特征趋势一致。20世纪40—50年代和80—90年代期间径流主要表现为偏丰趋势，60—70年代和21世纪10年代期间则呈显著的偏枯趋势，依照此趋势，大致可以推断2020年之后将迎来又一个丰水期。

整体上，丹巴年径流自1960年开始呈现增加趋势，与降水量变化趋势一致；瀑布沟年径流总体上持续处于减少趋势，自1937年开始减少趋势更加显著，这与中游的降水量是持平略增加趋势有所不同；沙坪年径流自1937年开始呈减少趋势，但自1960年开始呈增加趋势，与下游降水的减小趋势不相符，也是因为径流的空间关联性，上游径流的增加对下游径流影响较大。

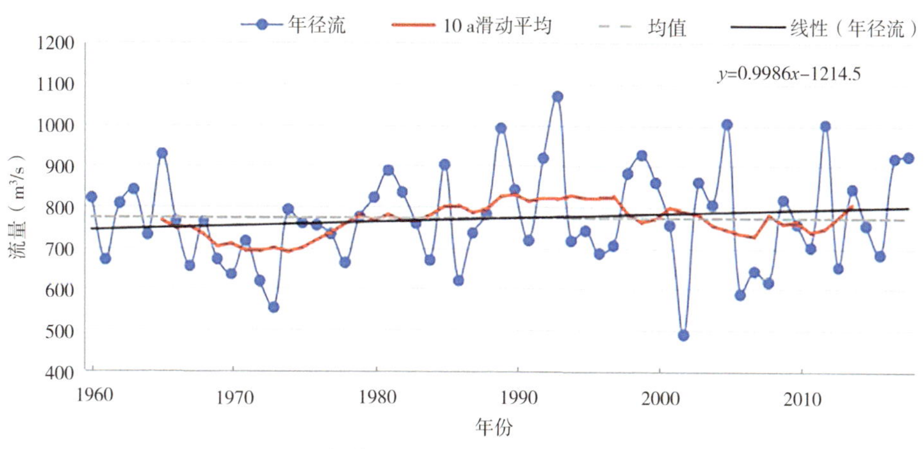

图7-2 大渡河流域丹巴断面年径流趋势变化

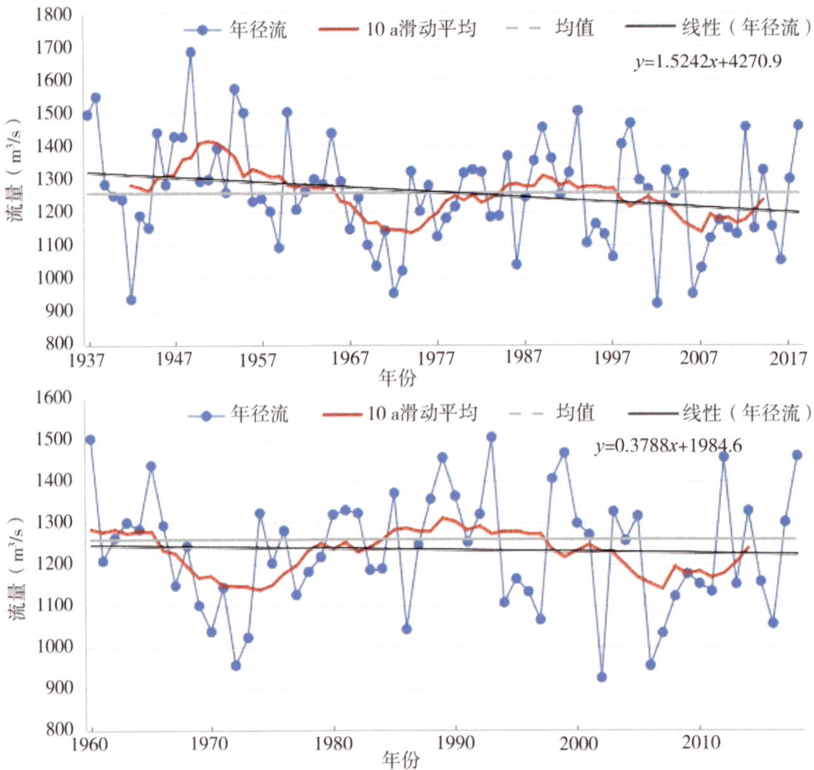

图7-3　大渡河流域瀑布沟断面年径流趋势变化（上图：1937年至今；下图：1960年至今）

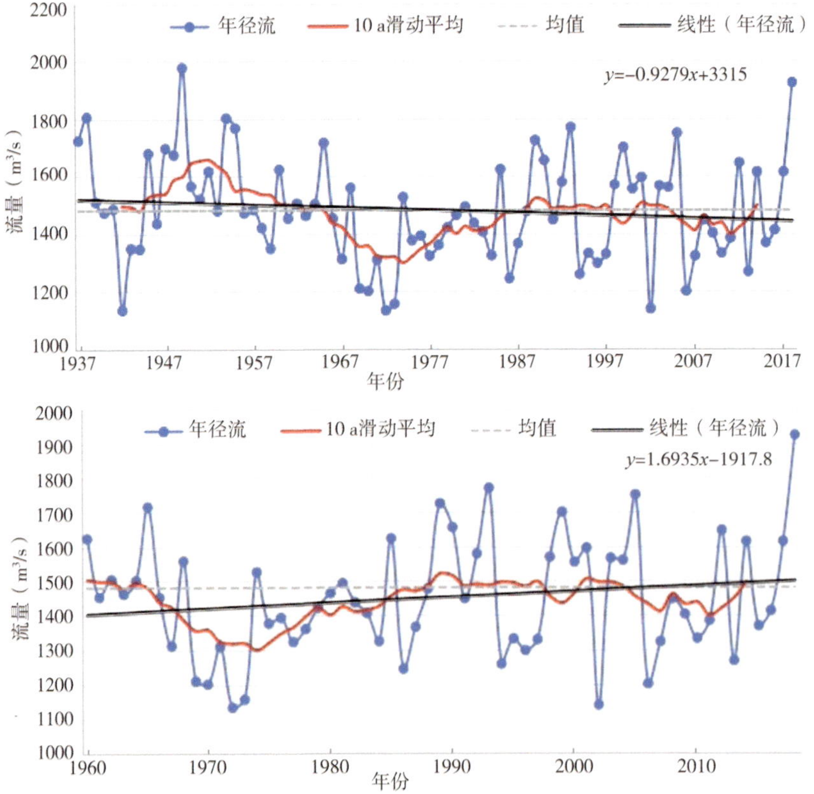

图7-4　大渡河流域沙坪断面年径流趋势变化（上图：1937年至今；下图：1960年至今）

7.2.3.2 径流的变异特征

由于自然灾害、流域开发、水电站建设等种种因素的影响，年径流序列的平稳性可能遭受破坏而产生突变。图7-5～图7-7绘制了通过采用Mann-Kendall检验法对各站年径流序列突变点识别的情况。

针对丹巴断面，UF曲线在1961—1962年、1967—1984年、1986—1987年3个时间段在零线以下，其余年份均在零线以上，表明年径流呈现出减少-增加-减少-增加-减少-增加的趋势。在0.05的显著性水平下，UF曲线和UB曲线在20世纪80年代、21世纪初发生了多次相交，说明存在多个突变点。1972—1974年UF曲线处于信度线之下，即超过了0.1的显著性水平，证明年径流在这几年减小趋势非常明显。

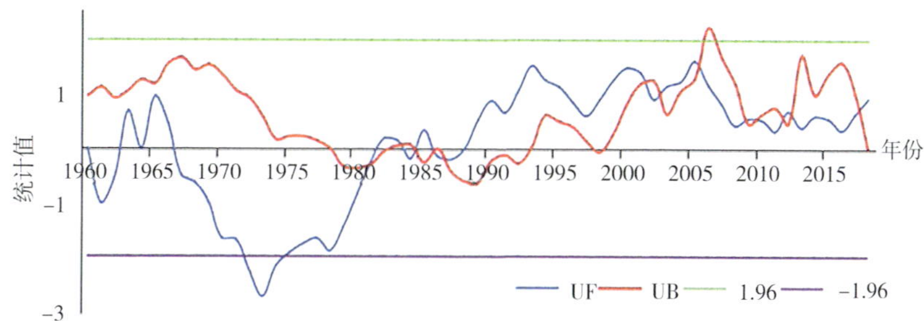

图7-5 丹巴断面年径流突变点识别

针对瀑布沟断面，UF曲线在1938年、1949—1957年在零线以上，其余年份均在零线以下，表明年径流呈现出增加-减少-增加-减少的趋势。在0.05的显著性水平下，UF曲线和UB曲线在1940年、1945年、1958年发生了3次相交，说明存在3个突变点。同时，1942—1944年、1972—1987年、2010—2011年和2016—2017年UF曲线处于信度线之下，即超过了0.1的显著性水平，证明年径流在这几个时间段的减小趋势非常明显，其中1972—1974年减小趋势与上游丹巴一致。

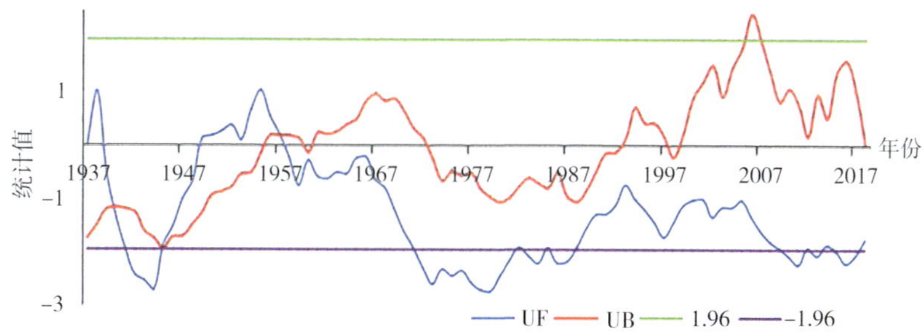

图7-6 瀑布沟断面年径流突变点识别

针对沙坪断面，UF曲线在1938年、1949—1957年在零线以上，其余年份均在零线以下，表明年径流呈现出增加-减少-增加-减少的趋势。在0.05的显著性水平下，UF曲线和UB曲线在1940年、1947年、1953年、1954年、1956年发生了5次相交，说明存在5个突变点。同时，1942—1944年、1971—1992年和1995—1999年UF曲线处于信度线之下，即超过了0.1的显著性水平，证明年径流在这几个时间段的减小趋势非常明显。总体上，沙坪年径流变化与瀑布沟在整体变化趋势、突变时间点、显著性减少趋势的时间段基本一致。

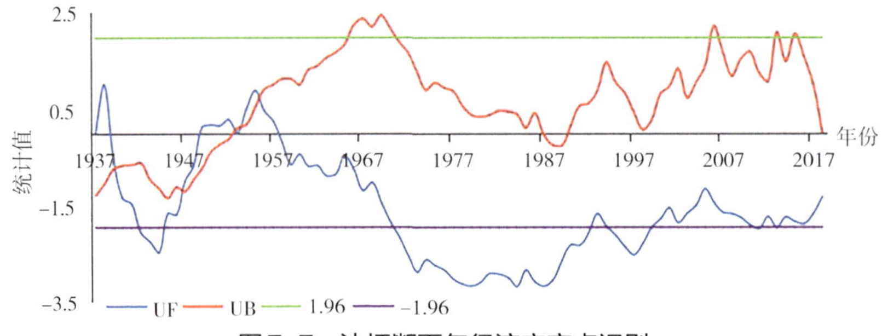

图7-7　沙坪断面年径流突变点识别

径流的变异特性与降水的一致性较差，突变发生点及置信检验情况均存在一定差异。分析造成这一现象的主要原因，虽然降水是径流的主要来源，流域降水的整体趋势变化性较大程度上影响了流域径流的趋势变化，但是降水的突变对径流产生的影响往往不是那么大，很可能流域下垫面变化、自然灾害等其他情况的影响显著高于降水，导致降水这种小的突变被弱化。

7.2.3.3　径流的周期特征

小波分析图和小波方差变化图可以反映出年径流的多时间尺度变化和主要的周期特性，表现了年径流序列不同时间尺度随时间的丰枯变化。图7-8 ~ 图7-10绘制了各站年径流距平序列小波变换的实部时频变化等值线图及小波方差图。

丹巴年径流在4 ~ 6 a周期振荡表现十分明显，其中心时间尺度为5 a，正负位相交替出现，其次在11 ~ 15 a也表现出不显著的周期振荡，中心时间尺度为13 a。5 a周期在20世纪90年代—21世纪10年代表现显著，11 a周期在20世纪80年代—21世纪初表现显著，14 a周期在20世纪80年代之前表现显著。此周期与流域上游年降水量的准5 a、准12 a变化周期基本一致。

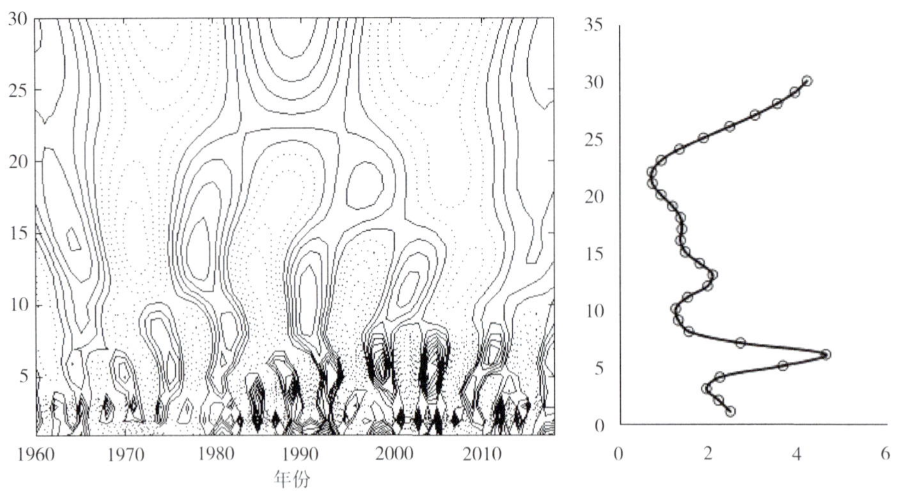

图7-8　丹巴断面年径流周期小波分析图

瀑布沟年径流在12 ~ 15 a、36 ~ 38 a周期振荡表现十分明显，其中心时间尺度分别为13 a、37 a，正负位相交替出现，其次在4 ~ 6 a也表现出不显著的周期振荡，中心时间尺度为5 a。其中，13 a周期在20世纪40—70年代表现显著，12 a周期在20世纪80年代—21世纪初表现显著，37 a周期是大时间尺度、整体显著。此周期与流域中游年降水量的准6 a、准13 a周期基本一致，但是降水的准21 a周期在径流方面不凸显。

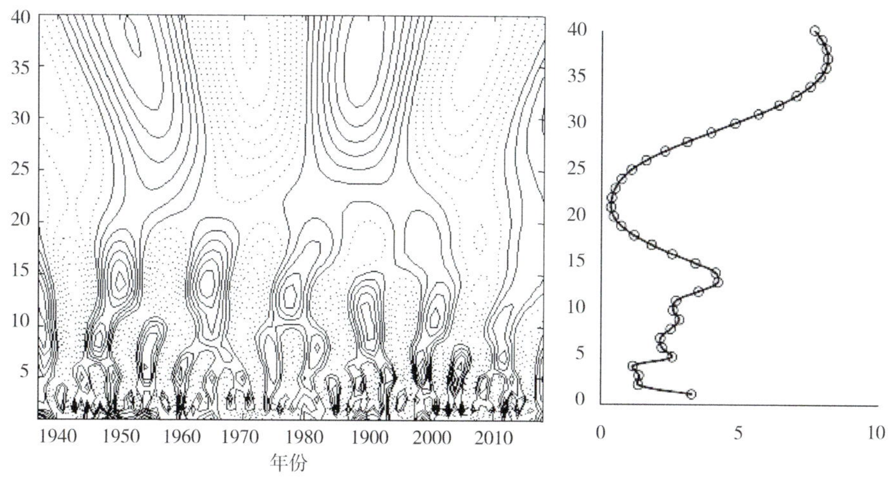

图7-9　瀑布沟断面年径流周期小波分析图

沙坪年径流在12～15 a、35～38 a周期振荡表现十分明显，其中心时间尺度分别为13 a、37 a，正负位相交替出现，其次在4～6 a、8～10 a也表现出不显著的周期振荡，中心时间尺度分别为5 a、9 a。其中，与瀑布沟类似，13 a周期在20世纪40—70年代表现显著，12 a周期在20世纪80年代—21世纪初表现显著，37 a周期是大时间尺度、整体显著。此周期与流域下游年降水量的准14 a周期基本一致，其次30 a以上的周期均存在，但时间略有差异；降水的准2 a和6 a的小周期在径流方面不凸显。

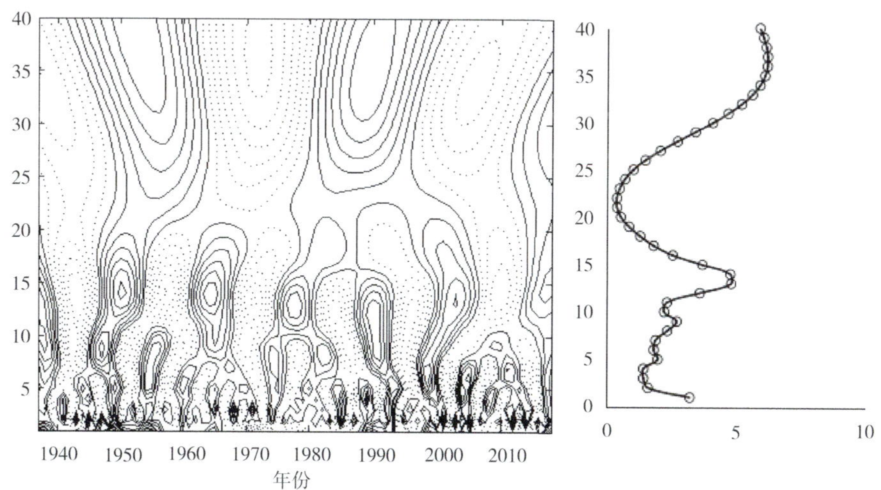

图7-10　沙坪断面年径流周期小波分析图

7.3　年内变化特征

7.3.1　研究方法

径流的年内变化特征一般表现在季节、月径流的分配之中，常用月径流量占比、流量极差、相对变率以及不均匀系数作为衡量河川径流年内分配的定量指标，其中流量极差和相对变率指标的计算方法在前面介绍过，不均匀系数的计算方法见式（7-3）。在此基础上，同样采用滑动平均、趋势检验、Mann-Kendall突变分析、Morlet小波周期分析法分析其随机变化特性，计算方法与气候变化研究方法相同。

大渡河径流年内分配是不均匀的，其分配特征不仅影响着河道及沿岸自然生态系统，同时对流域水资源开发利用也造成影响。不均匀系数是较为常用的衡量河川径流年内分配的定量指标，反映了对径流调控的难易程度。一般来说，径流年内分配不均匀系数的年序列应是一个服从某一分布的随机过程，但在全球气候变化和人类活动的剧烈影响下，不均匀系数的年序列有可能存在显著性变化，即变异。

不均匀系数用于衡量河川径流年内分配，并用其多年平均值和年际变差系数衡量径流年内分配的多年平均水平及年际变化状况。不均匀系数可定义为年内各时段平均流量的均方差与年平均流量的比值，与变差系数的内涵相当，但反映的是年内分配特征。不均匀系数C_y的计算公式如下：

$$C_y = \frac{\sqrt{\dfrac{\sum_{\tau=1}^{m}\left[R(t,\tau)\bar{R}(t)\right]^2}{m}}}{\sum_{\tau=1}^{m}R(t,\tau)/m} \tag{7-3}$$

式中：$R(t, \tau)$为t年第τ时段的平均流量；t为年份；n为年数；τ为年内某一时段，通常为月份；m为时段数。当年内径流均匀分配时，C_y=0；C_y值越大，表明各月平均流量相差悬殊，即径流年内分配越不均匀。

7.3.2 基本特征

7.3.2.1 总体特性

统计丹巴、瀑布沟、沙坪各断面的逐月平均流量及径流量如表7-5所示。径流的季节变化与降水季节变化基本一致，径流主要集中在汛期，5—10月径流量占年径流量的80%左右，6—9月径流量占全年径流量的60%左右。一年中三个断面均以2月径流最小，汛期（6—9月）丹巴、瀑布沟8月来水最小，沙坪6月来水最小。整体上，大渡河流域降水与径流的逐月分配较相似，12月、1月最少，7月最多，5—10月占全年50%以上，上游地区6月降水、来水为次多，下游地区8、9月次多。

表7-5 大渡河流域各断面径流年内分配

月份	丹巴			瀑布沟			沙坪		
	平均流量（m^3/s）	径流（亿m^3）	占比（%）	平均流量（m^3/s）	径流（亿m^3）	占比（%）	平均流量（m^3/s）	径流（亿m^3）	占比（%）
1	212	5.7	2.3	440	11.8	2.97	504	13.5	2.89
2	188	4.6	1.9	382	9	2.33	452	11	2.34
3	203	5.4	2.2	399	11	2.69	488	13	2.80
4	327	8.5	3.5	573	15	3.75	648	17	3.60
5	713	19.1	7.8	1129	30	7.63	1210	32	6.94

续表

月份	丹巴			瀑布沟			沙坪		
	平均流量 (m^3/s)	径流 (亿 m^3)	占比 (%)	平均流量 (m^3/s)	径流 (亿 m^3)	占比 (%)	平均流量 (m^3/s)	径流 (亿 m^3)	占比 (%)
6	1493	38.7	15.9	2145	56	14.02	2459	64	13.65
7	1725	46.2	19.0	2559	69	17.28	3133	84	17.97
8	1181	31.6	13.0	2112	57	14.26	2558	69	14.67
9	1384	35.9	14.7	2143	56	14.01	2632	68	14.61
10	1014	27.2	11.2	1623	43	10.96	1919	51	11.01
11	492	12.8	5.2	930	24	6.08	1023	27	5.68
12	295	7.9	3.2	595	16	4.02	670	18	3.84
汛期	1446	152.4	62.60	2240	236	59.6	2696	284	60.9
非汛期	431	91.1	37.40	759	160	40.4	864	183	39.1

丹巴断面6—9月平均流量为1450 m^3/s，径流量占全年的62.6%，其中以7月最大，径流量占年径流量的19.0%；在6—9月的4个月中，来水量呈鞍型分布，以8月来水量最小；一年中以2月径流最小，仅占年径流量的1.9%。瀑布沟断面6—9月平均流量为2240 m^3/s，径流量占全年的59.6%，其中以7月最大，径流量占年径流量的17.3%；在6—9月的4个月中，来水量呈鞍型分布，以8月来水量最小；一年中以2月径流量最小，仅占年径流量的2.3%。沙坪断面6—9月平均流量为2700 m^3/s，径流量占全年的60.9%，其中以7月最大，其径流量占年径流量的18.0%；在6—9月的4个月中，来水量呈鞍型分布；一年中以2月径流量最小，仅占年径流量的2.3%。大渡河流域各断面逐月平均流量过程和逐月径流量年内分配情况见图7-11和图7-12。

同时，相比于汛期而言，枯水期上游各断面与沙坪径流差别较小，而汛期差别明显，说明在汛期，中下游降水量产生的来水影响较大。

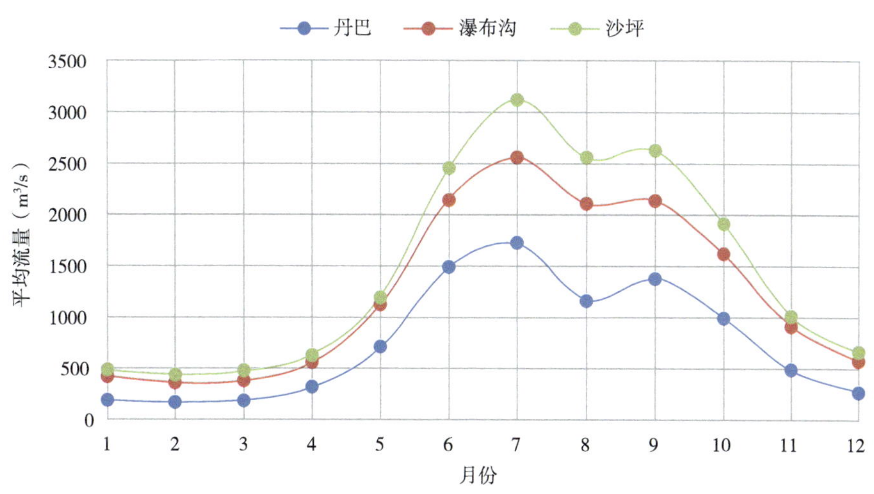

图7-11　大渡河流域各断面逐月平均流量过程

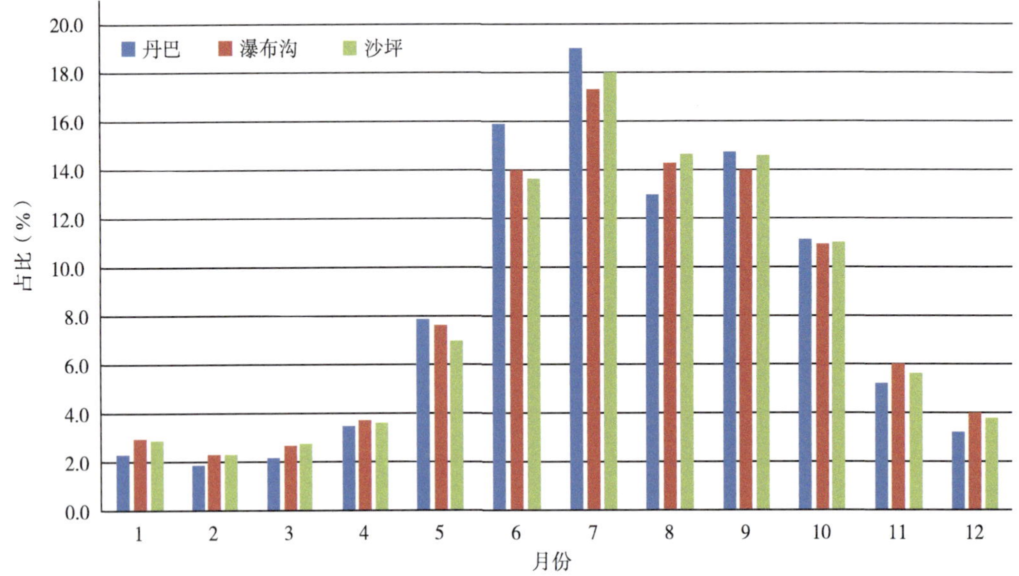

图7-12　大渡河流域各断面逐月径流量年内分配

从流域月径流量极差可以看出（表7-6），上游丹巴最大值为46.21亿m^3，最小值为4.55亿m^3，相差90%。中游瀑布沟最大值为68.54亿m^3，最小值为9.24亿m^3，相差87%。下游沙坪最大值为83.93亿m^3，最小值为10.92亿m^3，相差87%。相差最小的是中游，最大的是上游，根据相对变率和极差评估流域月径流的稳定性，得到的结果相同，即中游最稳定。

表7-6　大渡河流域各断面月径流统计特征值

指标	丹巴	瀑布沟	沙坪
最大值（亿m^3）	46.21	68.54	83.93
最小值（亿m^3）	4.55	9.24	10.92
径流量极差	41.66	59.30	73.00
流量极差	1537	2177	2682
相对变率	0.64	0.58	0.60

7.3.2.2　年内分配不均匀性

如表7-7所示，丹巴断面C_y在0.69～0.78之间变化，瀑布沟断面C_y在0.57～0.67之间变化，沙坪断面C_y在0.54～0.73之间变化，各断面的C_y值均偏大，可见大渡河径流年内分配存在一定程度的不均匀性。

20世纪60年代到21世纪10年代，流域径流的年内分配不均匀性参数均较为接近，没有明显的偏大、偏小数值，表明流域径流的年内分配不均匀性在不同年代间变化不大。其中丹巴和瀑布沟70年代略微偏小，而90年代以及21世纪10年代月径流变化略微增加，沙坪20世纪10年代以前变化不大，2010年以后月径流变化表现得更加平缓，这主要是因为2010年瀑布沟水库建成后对下游的调蓄作用。

表7-7 大渡河流域各断面径流历年和不同年代的C_v值

时间	历年	1940s	1950s	1960s	1970s	1980s	1990s	2000s	2010s
丹巴	0.743	/	/	0.782	0.694	0.772	0.716	0.744	0.761
瀑布沟	0.642	0.618	0.624	0.650	0.567	0.671	0.641	0.658	0.669
沙坪	0.671	0.681	0.679	0.712	0.656	0.731	0.664	0.662	0.544

7.3.3 年内分配的年际特征

7.3.3.1 月径流的趋势性

采用Mann-Kendall趋势检验法对丹巴、瀑布沟、沙坪断面月平均径流变化的趋势进行检验和分析。Mann-Kendall趋势检验法不但能够准确地判定径流量趋势变化的显著性，而且能给出反映序列变化程度的趋势率。取显著性水平α=5%，丹巴、瀑布沟、沙坪断面月平均径流趋势变化检验结果列于表7-8中。

丹巴断面径流除8、9月呈现不显著的减少趋势外，其他月份均呈增加趋势。其中，1、2、4、6、12月呈显著增加趋势。瀑布沟断面径流除6月呈现不显著的增加趋势外，其他月份均呈减少趋势。其中，8、10、11、12月呈显著减少趋势。沙坪断面径流6—11月呈减少趋势，其他月份呈增加趋势，其中12月至翌年4月呈显著增加趋势，7、9、11月呈显著减少趋势。这与瀑布沟水库的调蓄作用密不可分。

表7-8 大渡河流域各断面径流趋势Mann-Kendall检验

月份	丹巴			瀑布沟			沙坪		
	检验值	是否显著	趋势率	检验值	是否显著	趋势率	检验值	是否显著	趋势率
1月	2.348	是	0.500	-1.490	否	-0.297	2.471	是	0.824
2月	1.995	是	0.400	-0.677	否	-0.100	2.867	是	0.761
3月	1.700	否	0.324	-1.758	否	-0.304	3.560	是	1.174
4月	2.237	是	1.095	-1.097	否	-0.477	2.735	是	1.685
5月	1.556	否	2.061	-1.826	否	-1.457	0.052	否	0.053
6月	2.348	是	7.222	0.509	否	1.220	-1.586	否	-3.754
7月	0.170	否	0.476	-0.725	否	-1.750	-1.994	是	-6.120
8月	-0.602	否	-1.611	-2.995	是	-6.847	-1.634	否	-4.194
9月	-0.935	否	-3.692	-1.221	否	-3.156	-2.018	是	-6.642
10月	0.000	否	0.000	-2.066	是	-3.133	-1.414	否	-2.607
11月	0.981	否	0.536	-4.281	是	-2.667	-2.138	是	-1.824
12月	2.250	是	0.638	-3.280	是	-1.170	1.978	是	0.912

7.3.3.2 月径流的突变性

采用M-K突变检验法，对丹巴、瀑布沟、沙坪断面月平均径流变化的突变时间进行检验和分析（表7-9）。

总体而言，丹巴断面近60 a来除6月仅突变一次外，其他月份均发生突变2~3次，最近的一次突变起始时间发生在2016年，说明近年大渡河上游来水呈增加趋势。瀑布沟断面近80 a来除6、7月发生突变2～3次外，其他月份均发生1次，最近的一次突变起始时间发生在2017年，说明近年来大渡河中游地区除6月为减少趋势外，其他月份呈增加趋势。沙坪断面近80 a来除5、6月发生突变2次外，其他月份均发生1次，最近的一次突变起始时间发生在2013年，说明近年来大渡河下游地区12月至翌年4月为增加趋势，其他月份呈减少趋势。这与M-K趋势分析的结果相一致，一定程度上反映了瀑布沟水库的调蓄作用。

表7-9 大渡河流域各断面径流突变时间分析

时间	1月	2月	3月	4月	5月	6月	7月	8月	9月	10月	11月	12月
丹巴	1980 2016	1985 2016	1981 2016	1977 2016	1974 2015	1994	1965 2009 2016	1979 2015	1974 2003	1996 2016	1974 2016	1979 1997 2015
瀑布沟	1967	1960	1959	1956	2000	1949 2001 2017	1958 2013	1976	1991	1989	1978	1975
沙坪	2013	2013	2008	2007	1983 2012	1958 2008	1965	1966	2003	1961	1963	2005

由于篇幅所限，本书仅对三个断面2月（枯水期）、7月（丰水期）月径流序列突变点识别情况进行详细论述（图7-13～图7-18）。

针对2月丹巴断面，UF曲线在1962—1965年、1968—1981年2个时间段在零线以下，其余年份均在零线以上，表明年径流呈现出增加-减少-增加-减少-增加的趋势。在0.05的显著性水平下，UF曲线和UB曲线在1985年、2016年发生了两次相交，说明存在两个突变点。1993—1997年UF曲线处于信度线之上，即超过了0.1的显著性水平，证明2月径流在这几年增加趋势非常明显。

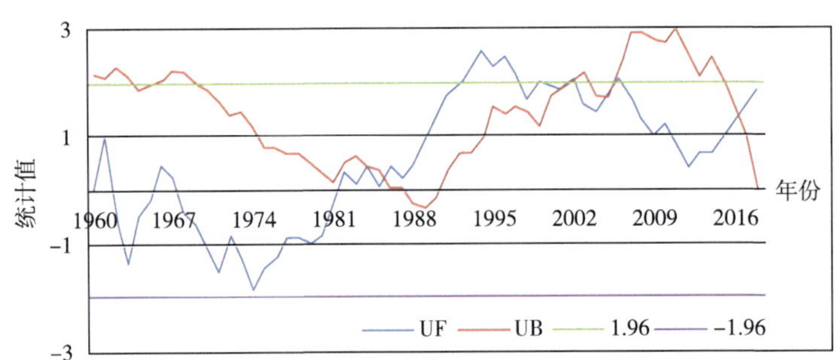

图7-13 丹巴断面2月径流突变点识别

针对7月丹巴断面，UF曲线在1968—1984年、1986年、1988—1998年、2001—2011年、2017年5个时间段在零线以下，其余年份均在零线以上，表明年径流呈现出增加-减少-增加-减少-增加-减少-增加的趋势。在0.05的显著性水平下，UF曲线和UB曲线在1965年、2016年、2005年发生了三次相交，说明存在三个突变点。1963年UF处于信度线之上，即超过了0.1的显著性水平，证明7月径流在这一年增加趋势非常明显；1973—1974年、1978—1980年UF曲线处于信度线之下，即超过了0.1的显著性水平，证明7月径流在这几年减少趋势非常明显。

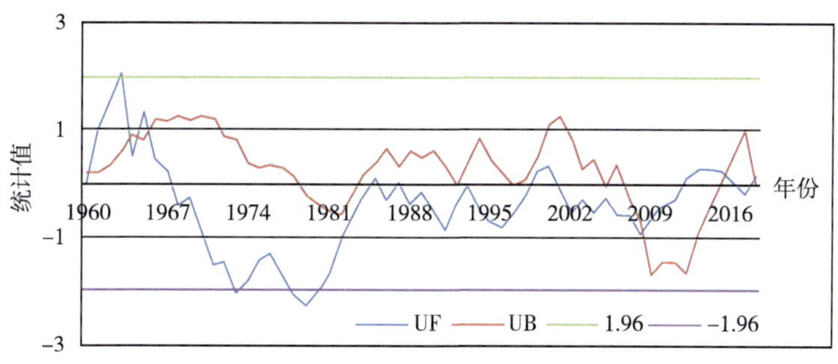

图7-14 丹巴断面7月径流突变点识别

针对2月瀑布沟断面，UF曲线在1939—1945年、1963年、1967年、1969—2018年4个时间段在零线以下，其余年份均在零线以上，表明年径流呈现出增加-减少-增加-减少-增加-减少-增加-减少的趋势。在0.05的显著性水平下，UF曲线和UB曲线在1939年、1944年、1960年发生了三次相交，说明存在三个突变点。1955年UF曲线处于信度线之上，即超过了0.1的显著性水平，证明2月径流在这一年增加趋势非常明显；1982—1988年UF处于信度线之下，即超过了0.1的显著性水平，证明2月径流在这几年减少趋势非常明显。

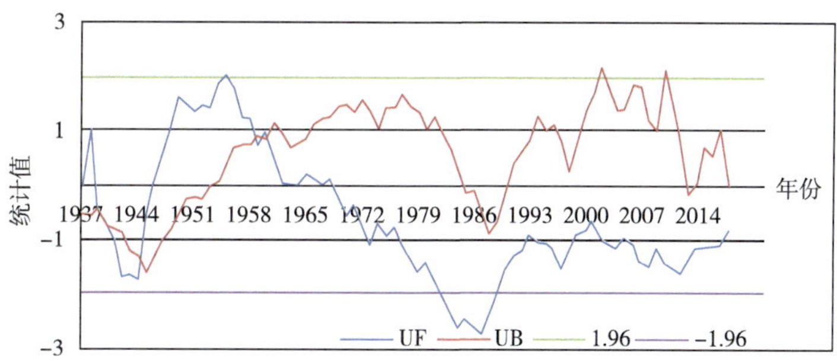

图7-15 瀑布沟断面2月径流突变点识别

针对7月瀑布沟断面，UF曲线在1940—1948年、1959—1961年、1967—2018年3个时间段在零线以下，其余年份均在零线以上，表明年径流呈现出增加-减少-增加-减少-增加-减少的趋势。在0.05的显著性水平下，UF曲线和UB曲线在20世纪50年代、21世纪初发生了多次相交，说明存在多个突变点。1944年、1977—1981年UF曲线处于信度线之下，即超过了0.1的显著性水平，证明7月径流在这几年减少趋势非常明显。

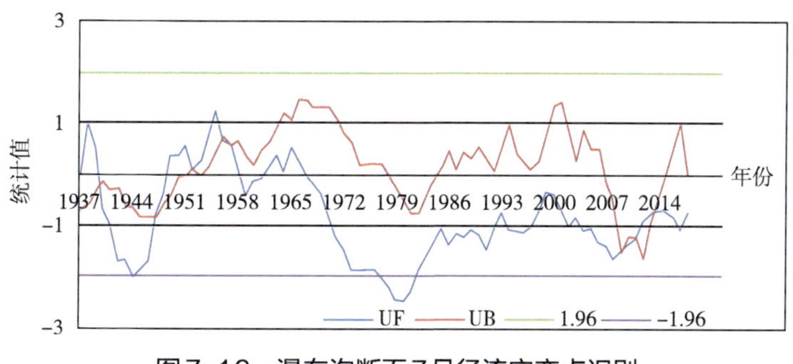

图7-16 瀑布沟断面7月径流突变点识别

针对2月沙坪断面，UF曲线在1943—1945年、1963—1964年、1968—2008年3个时间段在零线以下，其余年份均在零线以上，表明年径流呈现出增加-减少-增加-减少-增加-减少-增加的趋势。在0.05的显著性水平下，UF曲线和UB曲线在2013年发生了一次相交，说明存在一个突变点。1950—1957年、2015—2018年UF曲线处于信度线之上，即超过了0.1的显著性水平，证明2月径流在这几年增加趋势非常明显；1978—1998年UF曲线处于信度线之下，即超过了0.1的显著性水平，证明2月径流在这几年减少趋势非常明显。

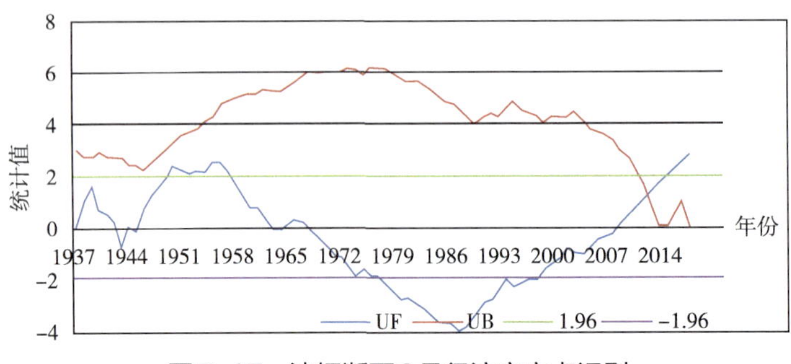

图7-17　沙坪断面2月径流突变点识别

针对7月沙坪断面，UF曲线在1940—1948年、1952年、1958—1964年、1966—2018年4个时间段在零线以下，其余年份均在零线以上，表明年径流呈现出增加-减少-增加-减少-增加-减少-增加-减少的趋势。在0.05的显著性水平下，UF曲线和UB曲线在20世纪40—60年代发生了多次相交，说明存在多个突变点。1944年、1977—1983年、2016—2018年UF曲线处于信度线之下，即超过了0.1的显著性水平，证明沙坪7月径流在这几年减少趋势非常明显，与瀑布沟的径流情况基本一致。

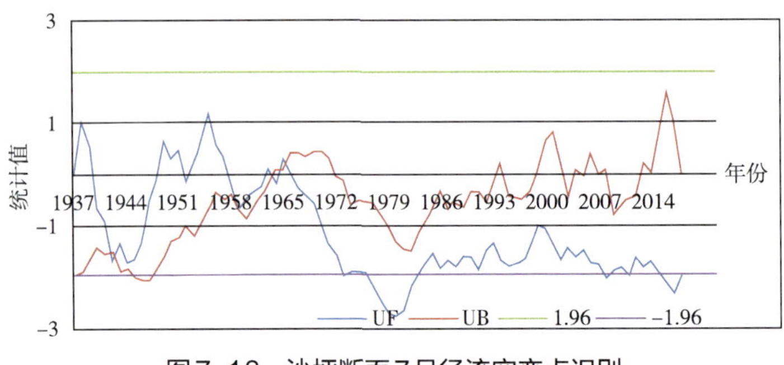

图7-18　沙坪断面7月径流突变点识别

7.3.4　径流流量级别的变化特征

采用丹巴（2009—2018年）、瀑布沟（2010—2018年）、沙坪（1937—2018年）日均流量对不同流量级径流出现天数进行统计，如表7-10所示。从上游至下游流量级小于2000 m^3/s的径流出现天数呈减少趋势，流量级大于2000 m^3/s的径流出现天数呈增加趋势，这主要是由中下游区间降水较多导致的。

同时，为反映瀑布沟建库后对下游径流的影响，将沙坪断面不同流量级径流出现天数的统计时段分为1937—2009年及2010—2018年。其中，小于1200 m^3/s和大于3000 m^3/s的径流出现天数都有不同程度的下降，而介于1200~3000 m³/s的径流出现天数则增加。即极小值与极大值出现概率减小，正常值出现概率增大，这反映了瀑布沟水库蓄洪济枯的调节作用，在汛期拦蓄洪水，既减轻下游地区防洪压力，又为枯期发电提供足够水量。

表7-10　大渡河流域各断面不同流量级径流出现天数

流量级（m³/s）	<1200	1200 ~ 2000	2000 ~ 3000	3000 ~ 5000	>5000
丹巴	249	75	38	6	0
瀑布沟	214	76	56	18	1
沙坪（1937—2018年）	195	64	65	39	3
沙坪（1937—2009年）	196	62	65	40	2
沙坪（2010—2018年）	184	85	68	25	3

7.4　径流丰枯特性分析

7.4.1　研究方法

7.4.1.1　集对分析原理

集对分析（SPA）是处理不确定性问题的一种新颖的系统分析方法。所谓集对，是指有一定联系的两个集合A和B组成的对子，记为$H(A,B)$。集对在水文水资源学中大量存在，例如，某一年的径流过程与枯水年的径流过程就是一个集对。SPA的核心思想是把组成集对的两个集合就某研究特性做同一性、差异性、对立性分析，并用联系度描述：

$$\mu_{X-Y} = \frac{S}{N} + \frac{F}{N}i + \frac{P}{N}j \tag{7-4}$$

式中：N为集合特性的总数，S为同一性的数目，F为差异性的数目，P为对立性的数目；i为差异性标识符号或系数，在［-1,1］区间视不同情况取值，仅作差异性标记作用；j为对立性标识符号或系数，在计算中一般取-1，有时仅起对立性标记作用。为简便，称$a=S/N$为同一度，$b=F/N$为差异度，$c=P/N$为对立度，则上述公式变为：

$$\mu_{X-Y} = a + bi + cj \tag{7-5}$$

式中：a、b和c均为非负值，且满足$a+b+c=1$。

上述两式是最常用的联系度方程，也被称作三元联系度方程。若记$bi=b_1i_1+b_2i_2+\cdots+b_{k-2}i_{k-2}$，则上述公式可以写为：

$$\mu_{X-Y} = a + b_1i_1 + b_2i_2 + \cdots + b_{k-2}i_{k-2} + cj \tag{7-6}$$

上式称为k元联系度方程。式中：b_1，b_2，…，b_{k-2}为差异度分量。

7.4.1.2　基于SPA的径流丰枯分类法

年径流在一定标准上可以划分为丰水年、平水年、枯水年。从理论上讲，年径流的丰枯不仅取决于径流本身的大小，还取决于径流的时程分配。通常，径流连丰、连枯变化分析多采用频次统计分析法分析年径流变化，忽视了月径流变化情况。在此，充分考虑径流年内分配情况，采用集对分析法（SPA）分析大渡河流域月径流丰枯状态，由月径流丰枯状况确定年径流的连丰、连枯变化程度。

常用的径流丰枯划分标准有均值标准差法和频率法，均值标准差法只适合于正态分布变量，频率法不仅适用于正态分布变量，更适用于偏态分布变量。考虑水文变量呈偏态分布，本节采用频率法确定分类标准，特丰（I类）、丰（II类）、平（III类）、枯（IV类）、特枯（V类）的对应区间分别为：$(0, Q_{p1})$、$[Q_{p1}, Q_{p2})$、$[Q_{p2}, Q_{p3})$、$[Q_{p3}, Q_{p4})$、$[Q_{p4},+\infty)$，其中$p1$=12.5%，$p2$=37.5%，$p3$=62.5%，$p4$=87.5%。将各水文站每年各月的径流过程记为集合$A_n=(x_{n,1},x_{n,2},\cdots,x_{n,12})$，其中$n$为各断面径流资料年数。再根据前面确定的各月径流分类标准，对集合A_n中的各个元素进行符号化处理得到集合$B_n=(y_{n,1},y_{n,2},\cdots,y_{n,12})$。

为了对径流进行丰枯分类，将特丰、丰、平、枯、特枯5类径流表示为5类集合：特丰类记为C_1=（I,I,…,I）；丰类记为C_2=（II,II,…,II）；平类记为C_3=（III,III,…,III）；枯类记为C_4=（IV,IV,…,IV）；特枯类记为C_5=（V,V,…,V）。之后将B_n与各标准C_l=（1,2,…,5）构成集对$H(B_n,C_l)$，将B_n与C_l的对应符号进行比较，统计相同符号的个数为S，符号相差一级的个数为F_1，符号相差两级的个数为F_2，符号相差三级及以上的个数为P，以此得到每一年径流与各分类标准的集对$H(B_n,C_l)$的联系度。

最后，采用联系度最大原则，对各年份的联系度分别排序，取最大联系度作为该年的径流丰枯类别，得到各年份的丰枯分类结果。

7.4.2 丰枯特性评价

按照上述方式，分别对丹巴、瀑布沟、沙坪3个断面的月径流、年径流进行丰枯分类标准制定及划分，最终形成各断面逐月径流分类成果表及月径流过程的联系度。以丹巴断面为例，月径流丰枯分类结果见表7-11，2018年月径流过程联系度见下列公式：

$$\begin{cases}\mu_{B-C_1}=\dfrac{6}{12}+\dfrac{4}{12}i_1+\dfrac{2}{12}i_2+\dfrac{0}{12}j\\ \mu_{B-C_2}=\dfrac{4}{12}+\dfrac{8}{12}i_1+\dfrac{0}{12}i_2+\dfrac{0}{12}j\\ \mu_{B-C_3}=\dfrac{2}{12}+\dfrac{4}{12}i_1+\dfrac{6}{12}i_2+\dfrac{0}{12}j\\ \mu_{B-C_4}=\dfrac{0}{12}+\dfrac{2}{12}i_1+\dfrac{4}{12}i_2+\dfrac{6}{12}j\\ \mu_{B-C_5}=\dfrac{0}{12}+\dfrac{0}{12}i_1+\dfrac{2}{12}i_2+\dfrac{10}{12}j\end{cases}$$

表7-11　丹巴断面月径流丰枯分类结果

年份	年均	1月	2月	3月	4月	5月	6月	7月	8月	9月	10月	11月	12月
2016	IV	I	I	II	II	II	V	IV	V	IV	I	II	I
2017	II	I	I	I	II	II	I	IV	IV	II	I	I	I
2018	I	I	I	I	II	II	II	I	II	II	II	I	I

采用经验取值法对差异不确定（分量）系数i_1、i_2进行估计，可以取i_1=0.25、i_2=−0.50，从而得到各个集对$H(B_n,C_l)$的联系数。采用联系数最大原则，取最大联系数作为该年的径流丰枯类别，得到各断面各年份的丰枯分类结果（表7-12）。

整体看来，大渡河流域上、中、下游地区径流丰枯状态基本处于一致，但特丰、特枯的极端状态下，易以个别断面为主存在明显差异。丹巴年径流最长连枯期为3年（2006—2008年）；瀑布沟最长连枯期为6 a（2006—2011年）；沙坪最长连枯期为5 a（1980—1984年，

1969—1973年）。丹巴最长连丰期为7 a（1988—1994年）；瀑布沟最长连丰期为5 a（1945—1949年）；沙坪最长连丰期为4 a（1947—1950年）。

表7-12　大渡河流域各断面年径流丰枯分类结果

年份	1937	1938	1939	1940	1941	1942	1943	1944	1945	1946	1947	1948
丹巴												
瀑布沟	丰	丰	平	平	平	特枯	平	平	丰	丰	丰	丰
沙坪	丰	丰	平	平	平	枯	枯	平	平	平	丰	丰
年份	1949	1950	1951	1952	1953	1954	1955	1956	1957	1958	1959	1960
丹巴												平
瀑布沟	特丰	平	平	丰	平	特丰	丰	丰	平	丰	枯	丰
沙坪	丰	丰	平	丰	平	平	丰	丰	平	平	枯	平
年份	1961	1962	1963	1964	1965	1966	1967	1968	1969	1970	1971	1972
丹巴	枯	枯	平	平	平	丰	平	平	枯	枯	平	平
瀑布沟	平	枯	平	丰	丰	平	平	平	枯	枯	平	特枯
沙坪	平	枯	枯	平	丰	平	枯	平	枯	枯	枯	枯
年份	1973	1974	1975	1976	1977	1978	1979	1980	1981	1982	1983	1984
丹巴	枯	平	平	平	平	平	平	平	丰	平	平	枯
瀑布沟	枯	丰	枯	平	枯	平	平	丰	枯	平	枯	枯
沙坪	特枯	平	平	枯	枯	枯	平	枯	枯	枯	枯	特枯
年份	1985	1986	1987	1988	1989	1990	1991	1992	1993	1994	1995	1996
丹巴	丰	枯	枯	丰	丰	丰	丰	丰	丰	丰	平	平
瀑布沟	平	特枯	枯	丰	丰	丰	丰	平	丰	枯	平	枯
沙坪	丰	平	枯	平	丰	丰	平	丰	丰	平	枯	枯
年份	1997	1998	1999	2000	2001	2002	2003	2004	2005	2006	2007	2008
丹巴	枯	丰	丰	平	平	特枯	枯	丰	丰	枯	枯	枯
瀑布沟	特枯	丰	丰	平	丰	特枯	枯	平	平	枯	特枯	枯
沙坪	平	平	丰	丰	丰	枯	枯	丰	丰	枯	平	丰
年份	2009	2010	2011	2012	2013	2014	2015	2016	2017	2018		
丹巴	平	平	平	丰	平	平	平	丰	特丰	特丰		
瀑布沟	枯	枯	枯	平	平	平	枯	枯	平	丰		
沙坪	丰	平	平	丰	枯	特丰	枯	特丰	特丰	特丰		

上游丹巴、中游瀑布沟年径流处于丰水年、枯水年的时间占比均在25%左右，下游沙坪年径流处于枯水年的时间占比略高于上、中游；中游瀑布沟、下游沙坪年径流处于平水年的时间占比均在35%左右，上游丹巴略高；特丰和特枯的时间占比较小，大部分处于5%以内。

如图7-19所示，与常规分类方法相比，SPA法的分类结果明显表现出：平水年占比增大，丰、枯水年占比基本相同，特丰、特枯时间占比大幅减少。考虑了年内时程分配，其丰枯分类结果更符合实际。

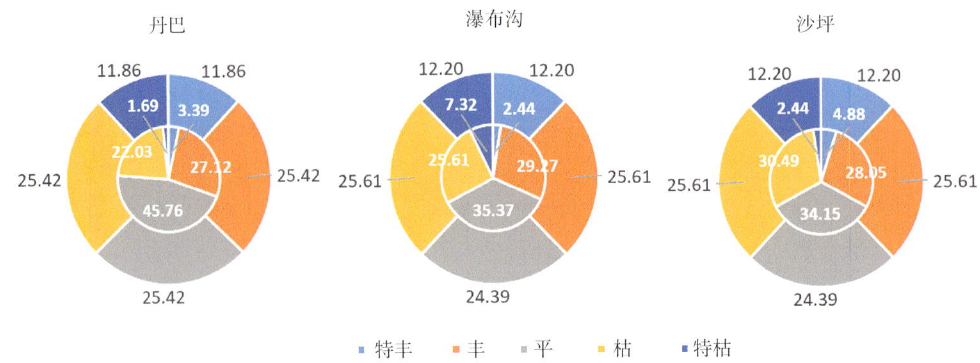

图7-19 大渡河流域各断面年径流丰枯分类（外圈为常规法，内圈为SPA法）

以瀑布沟断面为例（表7-13），常规法和SPA法计算结果有37 a不一致，占比45%。其中，偏差一年的有33 a，偏差两年的有4 a，占比全部年份的5%，分别是1958年、1981年、2003年和2012年。

表7-13 瀑布沟年径流丰枯分类结果

年份	1937	1938	1943	1944	1946	1951	1955	1956	1958	1960
SPA法	丰	丰	平	平	丰	平	丰	丰	**丰**	丰
常规法	特丰	特丰	枯	枯	平	丰	特丰	平	**枯**	特丰
年份	1962	1963	1964	1967	1970	1971	1973	1978	1981	1982
SPA法	枯	平	丰	平	枯	平	枯	平	**枯**	平
常规法	平	丰	平	枯	特枯	枯	特枯	枯	**丰**	丰
年份	1985	1987	1991	1992	1993	1995	1999	2001	2003	2005
SPA法	平	枯	丰	平	丰	平	丰	丰	**枯**	平
常规法	丰	平	平	丰	特丰	枯	特丰	平	**丰**	丰
年份	2006	2012	2013	2014	2016	2017	2018			
SPA法	枯	**平**	平	平	枯	平	丰			
常规法	特枯	**特丰**	枯	丰	特枯	丰	特丰			

虽然从年径流量来说，2012年来水量较丰沛，但是来水量主要集中于7月（图7-20），对于瀑布沟季节调节性水库来说，无效来水增加，而1—3月、11月径流低于多年平均流量，因此，总体上划分为平水略偏丰比较合适。1981年和2003年与2012年情况类似，整体来水仅比多年均值略偏丰，但是6—9月径流略多于多年平均，枯水期来水又大幅少于多年平均，因此，总体上划分为枯水更合适。1958年年径流量仅达到62.65%的频率，但是仅6、7月来水偏少，其他月份来水较多年平均值略偏丰，整体上年内来水更加均匀，有助于来水的有效利用，因此，划分为略丰水年较为合适。

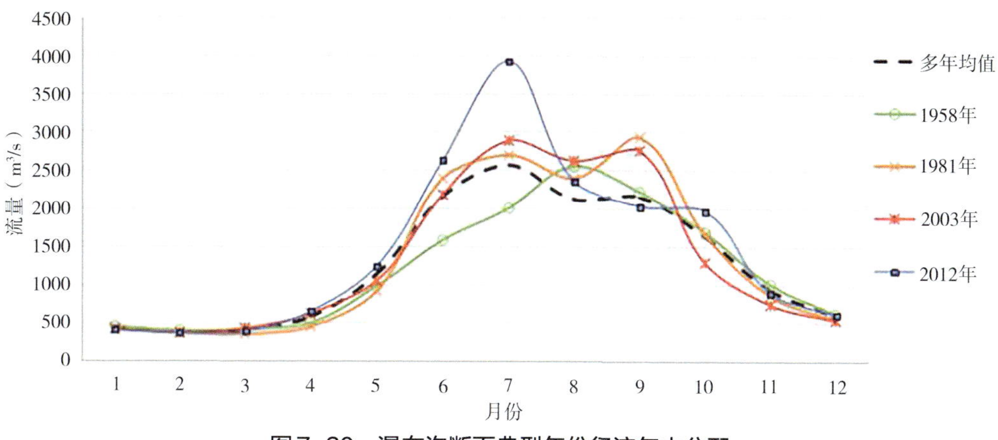

图7-20 瀑布沟断面典型年份径流年内分配

第8章　大渡河流域洪水分析

8.1　流域洪水基本特征

8.1.1　洪水的时间特性

大渡河流域从11月至翌年4月为枯水期，5月、10月为平水期、6—9月为汛期。年最大流量多出现在6、7月，以7月出现的机会最多，约占50%，8月出现年最大流量的机会较少，约占10%，9月又相对较多，约占20%，除足木足水文站1971年10月2日发生过年最大洪水外，其余水文站10月均未发生过年最大洪水。除年度最大洪水以外，汛期6—9月期间洪水发生次数分布呈双峰特征，即8月在汛期呈现比较稳定的“偏枯”特性。从丹巴多年平均年内逐月径流过程（图8-1）也可以看出，6、7月平均流量最大，9月次之，8月最小，这一特征与最大洪水以及普通洪水发生的次数基本一致。

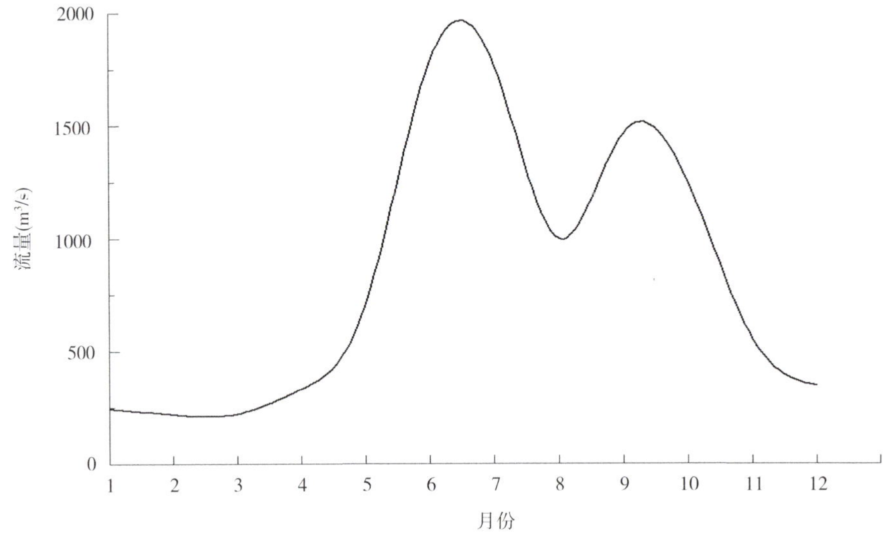

图8-1　丹巴多年平均年内逐月径流过程图

丹巴2009—2018年洪峰流量大于2000 m³/s的洪水共计49次，不同月份洪峰流量分布情况见图8-2，频次及变幅统计见表8-1。丹巴49场次洪峰均值为2780 m³/s，洪峰流量多集中于2000~3000 m³/s，占75.51%；时间尺度上，洪水主要集中于6月下旬至7月，也就是大洪水发生的集中期，占69.39%，8—10月，洪水发生概率较小，且主要为3000 m³/s以内的中小洪水。近10 a内，丹巴洪峰流量最大值出现在2017年6月23日，为4990 m³/s，此外，2018年也出现洪峰流量超过4500 m³/s一次。

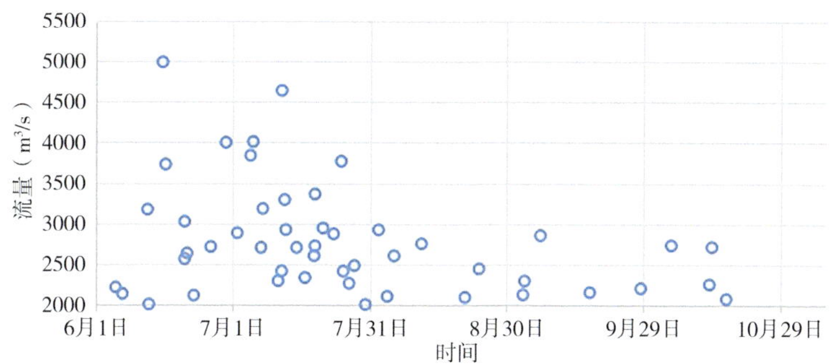

图8-2　丹巴洪峰（2000 m³/s以上）流量时间分布

表8-1　丹巴洪峰（2000 m³/s以上）流量分布情况

序号	洪峰出现月份	出现次数	频率（%）	洪峰流量变幅（m³/s）
1	6	12	24.49	2000~4990
2	7	22	44.90	2000~4640
3	8	6	12.24	2090~2920
4	9	5	10.20	2120~2850
5	10	4	8.16	2250~2730

8.1.2　洪水的空间特性

大渡河流域较大洪水主要来源于上游强降雨与中、下游区间暴雨产流的叠加，按地区来水遭遇情况可概括为三种类型。

8.1.2.1　上游来水为主型

上游大多数地区基本未出现过暴雨，由于集水面积大、流域形状狭长、支流多沿干流对称发育、汇流不集中，加之植被较好以及地表有利于下渗和滞流等原因，形成的洪水过程多呈复峰型且涨落缓慢，因此，上游的洪水具有量大、峰不高而历时长的特点。一次洪水过程历时5～7 d。若遇大面积和长历时降雨可形成特大洪水，洪水历时会更长（图8-3）。

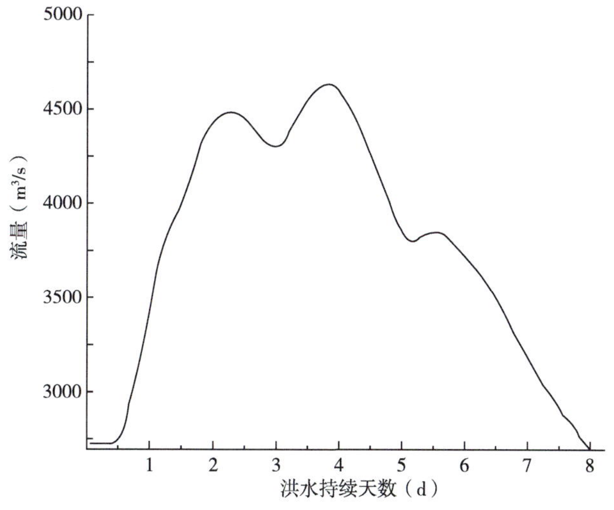

图8-3　上游典型洪水过程图(2018年丹巴断面“7.12”洪水)

8.1.2.2　区间来水为主型

泸定以下中、下游流域地势渐低，受地形影响，雨区分布呈现多中心，但主要暴雨区有两个。安顺场、田湾一带东北面与著名的青衣江暴雨区相邻，受西面大雪山（主峰贡嘎山海拔达7000 m以上）、东北面大相岭大地形作用，盆地涡旋气流经两次爬升形成暴雨区，该区暴雨频次约为2.4次/a，但雨强远远不及相邻的青衣江暴雨区；尼日河暴雨区属于安宁河暴雨区，偏南的暖湿气流沿开阔的安宁河河谷北上与北方冷空气在尼日河上游交绥构成暴雨区，该区暴雨频次为1.5~2次/a，且雨强较大。田湾河、安顺场、尼日河暴雨区洪水属区间洪水，其洪水过程陡涨陡落，峰高量不大，一次洪水历时仅1～3 d。中下游主河道径流过程受梯级水库调蓄，已无自然径流过程，中下游洪水特性只能从中下游区间洪水过程中得到体现（图8-4）。

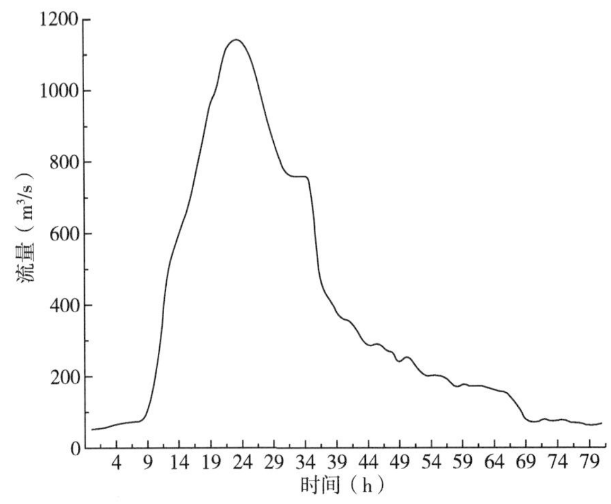

图8-4　中下游区间典型洪水过程图（尼日河2015年“7.15”洪水）

8.1.2.3　上游和区间洪水遭遇型

该型洪水和区间来水在最大洪峰流量中所占的比重相近，而洪量仍多以上游来水为主。该型洪水相应的降雨在时空分布上大多是上游先降雨，然后逐步向中下游扩展和移动，且降雨强度有所加强，降雨量亦明显增加。如图8-5所示，上游和区间洪水叠加型洪水，在上游洪水过程的基础上有1 d左右的持续时间。

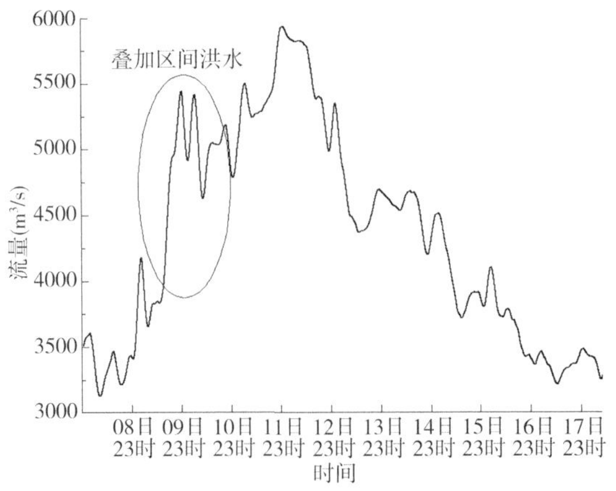

图8-5　上游洪水叠加区间洪水

大渡河流域中、下游常发生暴雨，由于高山纵横，很不利于暴雨的空间扩展，形成的局部地区性暴雨较多，所以暴雨洪水地区分布的不一致性十分明显，上游和中下游洪水相遭遇的机会非常之少。从实测和调查洪水分析，区间各支流很少同时发生过大洪水。

8.2 雨季转换指标与入汛时间的关系分析

8.2.1 雨季转换与入汛时间

我国气象部门制定了气象意义上的“入汛日”标准，即根据当地累积降雨量和降雨历时来定义汛期开始日。一般规定：某地某年连续10 d内累积降水量大于等于40 mm，则降水第1天定为该地气象意义上的汛期开始日；某市辖区内超过70%的县气象站进入气象意义上的汛期的当天，定为该市进入气象意义上的汛期开始日；某省70%以上的地市进入气象意义上的汛期的当天，定为该省进入气象意义上的汛期开始日。实际上，气象部门现有的“入汛日”标准，不是严格防汛意义上的入汛标准，其相当于“进入雨季”标准，主要用于评估某地某年进入雨季时间的早晚。

国家防总于2014年1月发布了《我国入汛日期确定办法（试行）》。规定每年自3月1日起，当入汛指标率先满足下列条件之一时当日确定为入汛日期：

① 连续3 d累积雨量50 mm以上雨区的覆盖面积达到15万 km^2；

② 任一入汛代表站发生超过警戒水位的洪水。

大渡河流域结合自身特性，流域上游集水面积大，上游产流提供了流域洪水的基流，入汛的时间受上游降雨及产流决定。根据前文大渡河雨季转换指标，以2018年上游10 d滑动降雨为例（图8-6），5月初上游降雨量超过雨季转换指标临界值（24.6 mm），标志着雨季的来临。但前期降雨主要补充地下水，入汛时间相对于雨季转换时间有所滞后。当5月末6月初降雨量再次突破雨季转换指标临界值则预示着大渡河流域正式进入汛期。9月下旬至10月上旬降雨量减少至雨季转换指标临界值以下且一去不复返，宣告了该年度汛期的结束。

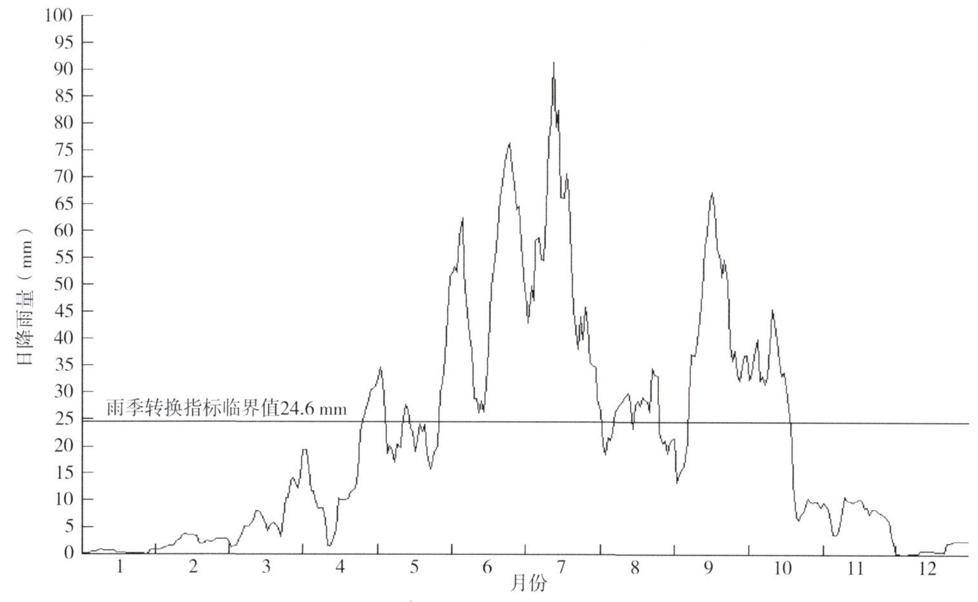

图8-6 2018年大渡河上游典型年滑动10 d降雨量过程图

8.2.2 流域入汛时间对应流量

大渡河流域从枯期转入雨季（一般为5月）后，流域经过近1个月的下垫面蓄水，进入6月，蓄满产流与超渗产流相结合，大渡河流域极易发生洪水。据多年统计数据，6月初大渡河流域丹巴站流量达到1000 m³/s以上，标志着大渡河流域进入汛期。受流域汛期蓄水及退水影响，9月末汛期结束时丹巴流量绝大多数年份低于1500 m³/s。

从多年平均流量过程（图8-7）来看，丹巴多年平均流量呈较为明显的双峰鞍型，自5月开始，流量稳步上升，在7月中旬左右上升至最高点，之后平均流量逐步减小，在8月中旬降至谷底，8月底流量又逐步回升，在9月中旬升至另一峰值，在此之后平均流量持续减小。5月逐日平均流量在1000 m³/s以下且多年分布相对稳定；6月上旬进入汛期后丹巴流量突破1000 m³/s，随后流量增幅显著加快；6月下旬至7月中旬是大渡河大洪水发生频率最高的时段，呈现陡涨陡落且量级年际变化大等特点；8月虽然在主汛期内来水相对偏少，但流量级分布范围较宽；9月下旬开始，平均流量迅速消退并在10月以后保持在1500 m³/s以下。

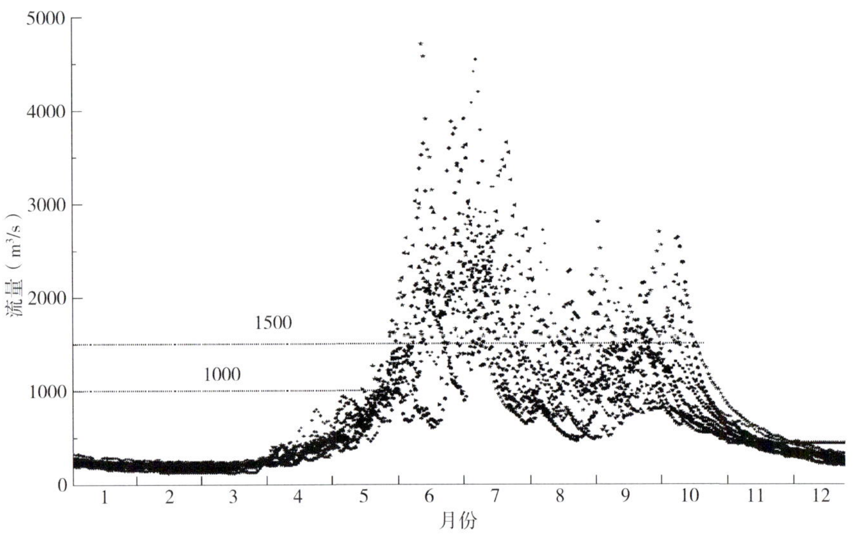

图8-7 丹巴多年逐日流量分布图

8.3 洪水年际变化特征

8.3.1 研究方法

洪水的年际变化分析基于洪水样本的选取。年最大值（Annual Maximal Series，AMS）抽样法是传统的洪水样本选取方法之一，通过对年极值的分析可在一定程度上获得大洪水发生量级及峰现时间等年际变化规律。本节选取年最大值（AMS）模型对洪水年际变化的特征进行简单分析，通过累积距平曲线法进行转折年诊断，并利用样本洪水序列进行洪水频率分析。

8.3.1.1 年最大值模型

每年选择一个最大的洪水（即年最大一日流量，Annual Maximal Flow，AMF）作为样本，在多年观测组成的样本系列上进行频率及变化特征分析。

8.3.1.2　累积距平曲线法

累积距平曲线法（CSDMC）是常用的转折年诊断方法，公式表示为：

$$R_i = \frac{Q_i}{\bar{Q}} \ (i = 1,2,3,\cdots,N) \tag{8-1}$$

$$K_p = \sum_{i=1}^{p} (R_i - 1)(p = 1,2,3,\cdots,N) \tag{8-2}$$

式中：i为N年时间序列的值；R_i为第i年特征量均值化后量纲值，即第i年水文特征量Q_i除以多年水文特征量值$\bar{Q}$；K_p为1~p年的CSDMC累积矩平值，若K_p显示下降趋势的时期（负斜率）则表示处于比平均水文特征量偏低的时期；相反，K_p显示上升趋势的时期（正斜率）则表示处于比平均水文特征量偏高时期。

8.3.1.3　数据分析

沙坪站为大渡河中游重要的控制性水文站，本节分析了流域沙坪站1937—2018年的日流量资料，共计82 a。随着大渡河水电开发的推进，沙坪站上游陆续有瀑布沟、长河坝、猴子岩三座主要水库投产，开展洪水年际变化特征分析，须评价水库的调洪削峰作用。猴子岩、长河坝两站位于大渡河上游，均为2017年初投产且具有季调节能力，调节库容合计8.02亿m³；中游瀑布沟水库具有不完全年调节能力，调节库容38.26亿m³，为2009年11月下闸蓄水。2009年之前沙坪以上水库总库容较小，水库建站较分散，对沙坪洪峰流量影响较小，而2009年之后瀑布沟水电站的投运会发挥较大的削峰作用。瀑布沟投产前沙坪站多年平均流量为1480 m³/s，年平均来水量466.73亿m³。

8.3.2　基本变化特性

8.3.2.1　年内变化特征

采用上述方法，对沙坪站1937—2018年的日流量进行整理分析。通过年最大值法抽样得到沙坪站洪水及发生日期序列（图8-8）。

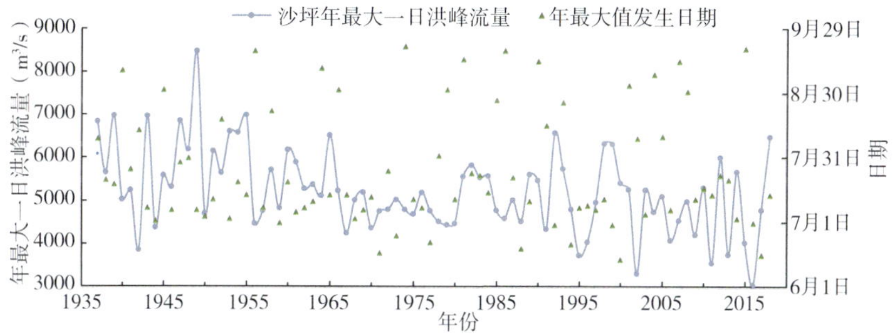

图8-8　沙坪站年最大一日流量及发生日期

对年最大一日流量发生日期（AMFD）进行统计分析，见表8-2，沙坪站AMFD均发生在主汛期6—9月，多集中在7月，占比达58.5%，其次是9月，占比17.1%。

表8-2　沙坪站年最大一日流量发生日期月分布表

月份	6月	7月	8月	9月
AMFD发生次数	9	48	11	14
占比	11.00%	58.50%	13.40%	17.10%

年最大一日洪水发生日期的时间分布受到大渡河降水时间分布的显著影响，与大渡河中游月均最大降水量出现在7月的降水特征相符合。如图8-9所示，当AMF介于3000~4000 m^3/s及6000~7000 m^3/s之间时，基本发生在7月；当AMF介于4000~6000 m^3/s时则分散在6—9月发生。当年最大一日洪峰流量发生在9月，AMF值集中于4000~5600 m^3/s，在洪水量级中偏小，表明该年并未发生较大洪水，可能预示着该年来水偏枯。

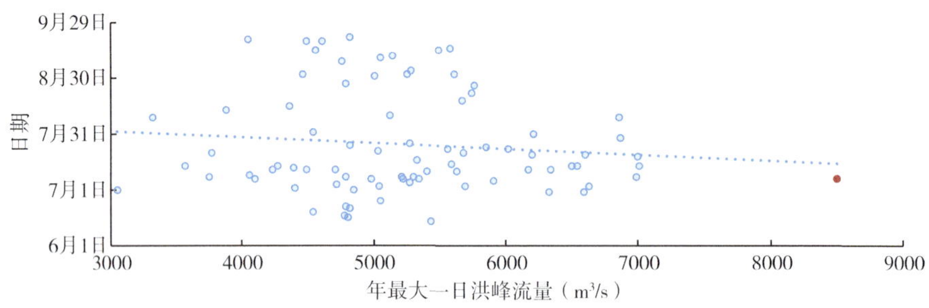

图8-9　沙坪站年最大一日流量发生日期分布图

8.3.2.2　年际变化特征

分析沙坪站洪水序列峰值的年际变化特征，见图8-10，沙坪站AMF从1935—2018年呈现出波动下降的趋势，这与大渡河流域下垫面等环境因素的改变具有一定的关联。2010年之后，瀑布沟电站的投产发挥了较为显著的削峰作用。当沙坪站的AMF低于5000 m^3/s，该年度瀑布沟的AMF均大于沙坪站；2018年大渡河流域降雨及来水较常年偏丰，7月来水异常丰沛，7月中旬丹巴断面遭遇50 a一遇洪水，瀑布遭遇建库以来最大洪水，通过提前预泄、科学联合调度大渡河上调节性水库，起到了显著拦洪蓄洪、削峰错峰的作用，大大缓解了下游四川省内岷江等主要流域防汛压力。

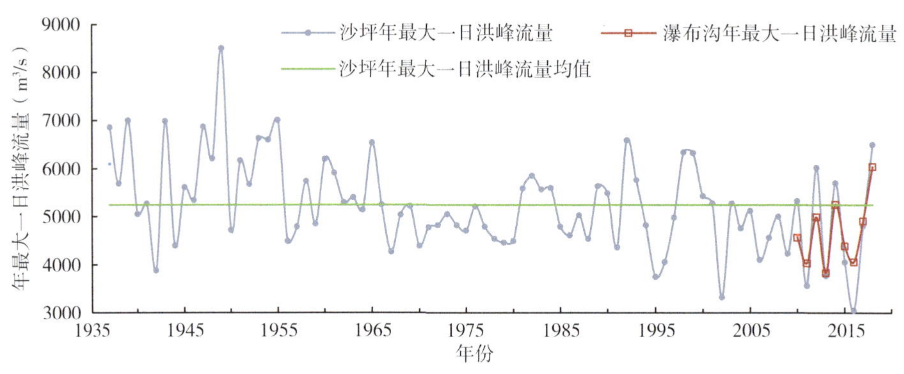

图8-10　沙坪站年最大一日流量年际变化图

沙坪站最大一日洪峰流量序列均值为5250 m^3/s，对不同流量级的年最大一日流量进行分级，见表8-3，沙坪站洪峰流量介于5000~6000 m^3/s时发生次数最多，占比37.8%。

表8-3　年最大一日流量分级表

流量分级（m^3/s）	3000~4000	4000~5000	5000~6000	6000~7000	>7000
次数	6	28	31	15	2
占比	7.30%	34.10%	37.80%	18.30%	2.40%

通过累积距平曲线法进行转折年诊断，结果见图8-11。

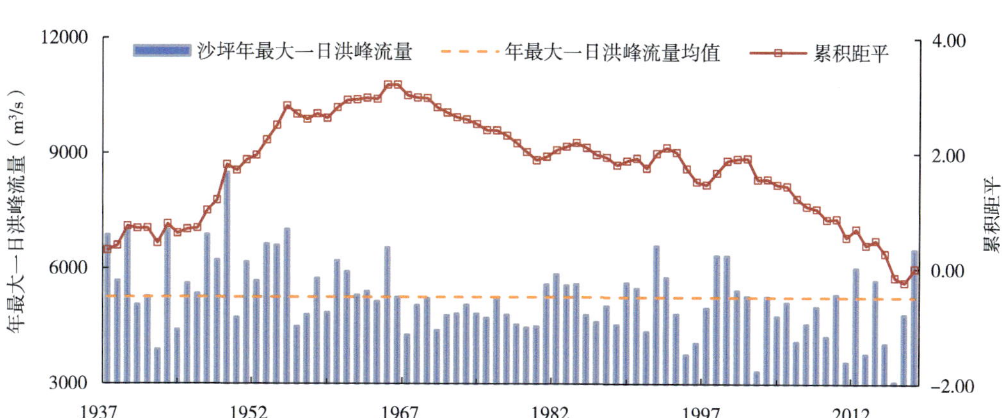

图8-11　沙坪站年最大一日流量转折年分析图

沙坪站年最大一日流量整体由多到少的转折年为1966年，以转折年为界，计算转折前、后阶段年最大洪峰流量的平均值、均方差以及超标率，超标率是指年最大洪峰超过多年平均值的年数与统计时段内所有年数的比率，见表8-4。

表8-4　沙坪站年最大一日流量年际变化分析表

阶段	年最大一日洪峰流量（m^3/s）		超标率（%）
	平均值	均方差	
转折前（1937—1966年）	5800	1000	73.3
转折后（1967—2018年）	4930	780	32.7

在转折年1966年以前，沙坪站年最大一日流量的平均值为5800 m^3/s，高于全序列平均值，是1966年之后的1.2倍，均方差是转折后的1.3倍，超标率与转折后相比大40.6%。表明大渡河中游在20世纪60年代之后的年最大日洪峰流量均值低于全序列平均值，且逐渐减小，年际间变化幅度减小，洪水年也相应减少。

值得注意的是，2017年之后累积距平曲线出现拐点，预示着虽然已有瀑布沟拦洪削峰，大渡河中游洪峰流量趋势转变由逐渐减少转为整体增大，与大渡河流域进入丰水年有关，可能预示着大渡河流域将转入丰水阶段。

8.3.3　洪水频率分析

特大洪水指由暴雨、急骤融冰化雪、风暴潮等自然因素引起的江、河、湖、海水量迅速增加或水位迅猛上涨的重现期超过50 a的洪水。利用P-Ⅲ型频率分布曲线对沙坪站82 a的实测资料进行频率分析（图8-12），可在一定程度上了解大渡河流域小概率洪水的发生情况。同时将沙坪站频率分析结果（表8-5）与其上游深溪沟、枕头坝、沙南等径流式电站的设计值做比较，作为频率分析结果的参考。

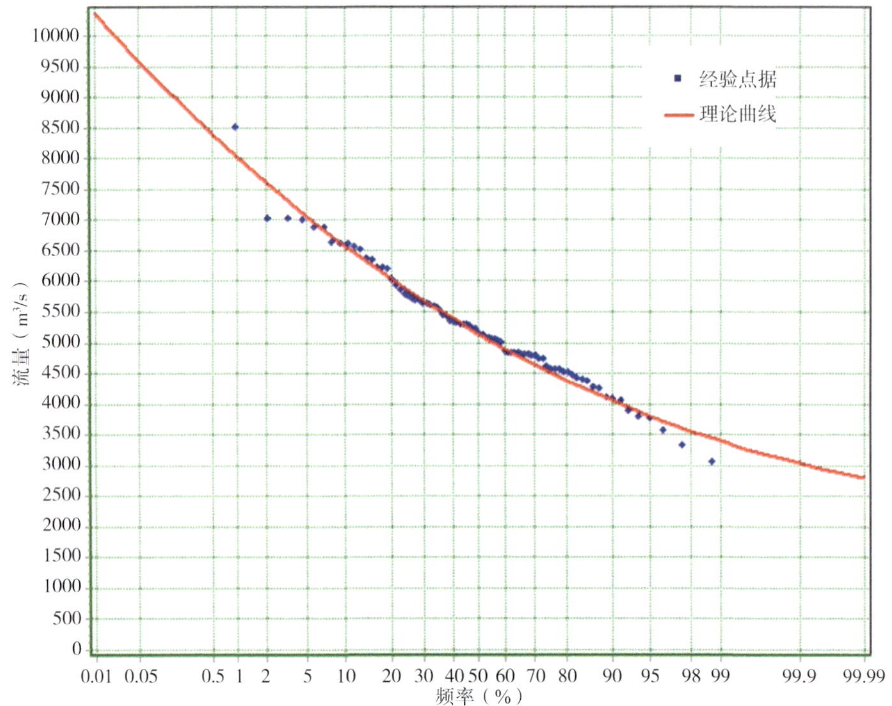

图8-12　沙坪站洪峰流量频率曲线

表8-5　沙坪站洪峰流量频率分析参数

参数名称	样本均值 Ex（m³）	变差系数 Cv	偏态系数 Cs	倍比系数 Cs/Cv	拟合度
参数值	5250	0.19	0.64	3.37	0.983

根据频率分析结果（表8-6），沙坪站30 a一遇洪水洪峰流量为9790 m³/s，沙坪站在1937—2018年间最大一日洪峰流量为8500 m³/s，未达到特大洪水标准。说明在国电大渡河流域水电开发有限公司成立以来，沙坪站还未经历特大洪水的考验。

表8-6　沙坪站洪峰流量频率分析结果表

频率(%)	沙坪站计算值（m³/s）	深溪沟、枕头坝电站设计值（m³/s）	沙南电站设计值（m³/s）	龚嘴电站设计值（m³/s）
0.1	11400	10800	12100	13800
1.0	10400	9400	9900	11200
3.3	9790		8670	
5.0	9590	6600	8250	
10.0	9250	6080	7490	
20.0	8890		6690	
50.0	8400		5440	

洪水频率分析结果中沙坪站千年一遇洪水与上游深溪沟、枕头坝两站千年一遇洪水较为接近，但小于沙南电站千年一遇洪水值。沙南电站位于沙坪站上游，与沙坪站两断面之

间有官料河汇入，官料河为流域面积大于1000 km²的右岸一级支流，多年平均流量54 m³/s，2009—2018年的10 a间，年最大一日流量为565 m³/s。故本节针对沙坪水位站的频率分析结果中千年一遇洪峰流量偏小。造成该偏差的原因是此次分析未加入历史洪水和古洪水资料，且年最大值法仅选择每年最大的洪峰流量，而丰水年的第二大值、第三大值洪水可能比枯水年的最大值要大，使得洪峰系列的高值部分信息缺失。

8.4 典型洪水分析

8.4.1 典型洪水场次

2009—2018年大渡河上游控制站丹巴断面发生4次流量突破4000 m³/s的洪水，分别是20140629、20150705、20170615、20180711场次洪水，洪峰流量分别达到4003 m³/s、4010 m³/s、4990 m³/s、4640 m³/s。

20140629场次洪水是典型的上游缓涨缓落型洪水。在前一次洪水消退过程中，降水自6月18日开始，24日雨强增大，日均面雨量由6.7 mm增大至12 mm，且持续4 d以上。丹巴流量从26日2500 m³/s左右开始显著上涨，29日达到峰值4003 m³/s，整场洪水表现出典型的缓涨缓降过程（图8-13）。

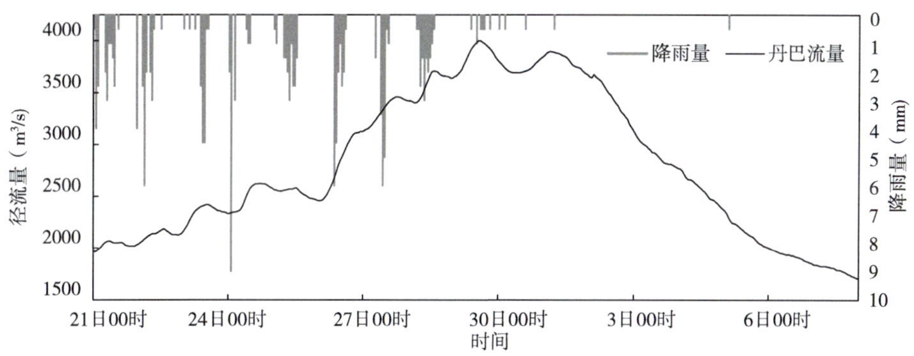

图8-13 典型洪水20140629场次

20150705场次洪水是典型的复式洪峰洪水。如图8-14所示，6月22—27日，日均降水持续7 mm左右，使流量缓慢上涨到2000 m³/s，28—29日降雨增大（日均面雨量11.1 mm），第一次洪峰（流量3200 m³/s）随之出现，随后雨量减小、流量消退；伴随着7月3—4日降水增大（日均面雨量13.8 mm），流量再次快速上涨，形成第二次洪峰（流量4010 m³/s）。

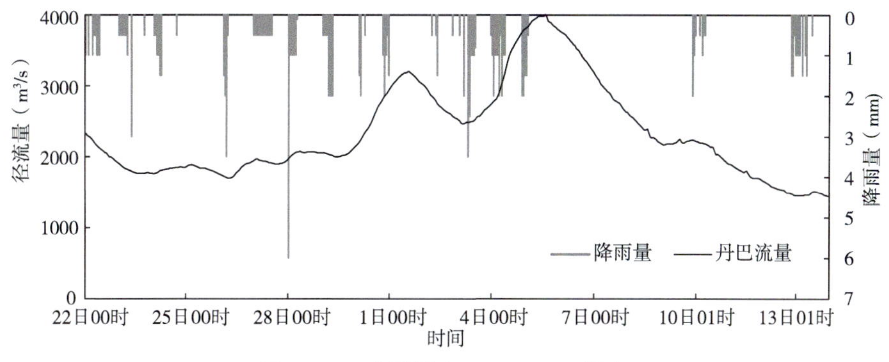

图8-14 典型洪水20150705场次

20170615场次是现有实测资料中涨势最陡、峰值最高的一场洪水（图8-15）。11—14日连续3 d强降水后，流量自1480 m³/s快速上涨至洪峰4990 m³/s，从显著起涨到洪峰出现仅3 d，上涨幅度大，总涨幅3510 m³/s，日涨幅度2058 m³/s。

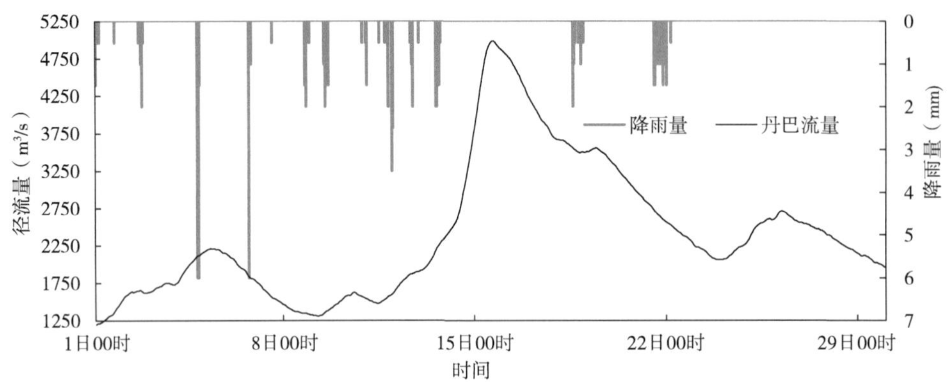

图8-15 典型洪水20170615场次

20180711场次是现有实测资料中起涨流量最大的一场洪水（图8-16）。自6月中旬以来，流域上游持续性降水使得丹巴日均流量从1000 m³/s上涨至2200 m³/s左右，随后基本维持2000 m³/s左右。进入7月上旬，降水强度增强，7月上旬一半时间内日均面雨量达到12 mm以上，丹巴流量从2000 m³/s涨到2800 m³/s，稍作停留又继续上涨到7月11日16时4640 m³/s，出现年内最大洪峰。

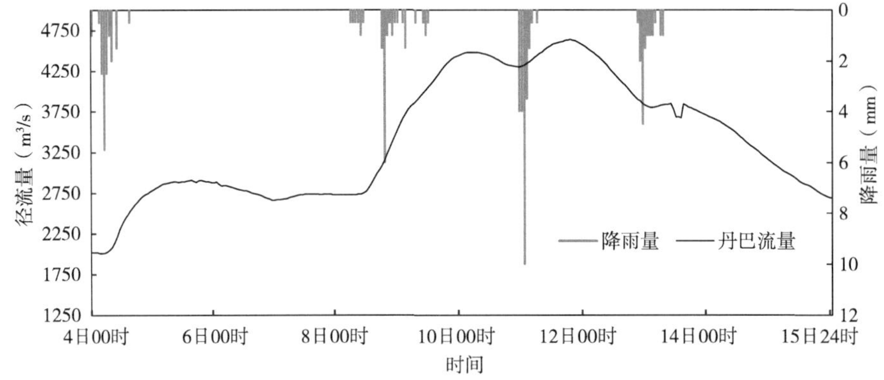

图8-16 典型洪水20180711场次

8.4.2 典型洪水降水洪峰规律分析

针对丹巴断面20140629、20150705、20170615、20180711四个场次洪水，对丹巴以上降水按双江口以上、双江口至丹巴、丹巴以上进行日面雨量统计，分析降水落区、降水变化情况与洪水变化的规律。

4场典型洪水都发生在汛期，降水持续时间长，累积降水量较大。如表8-7所示，20140629场次洪水持续降水12 d，累积降水112.33 mm，起涨流量1970 m³/s，流量涨幅2033 m³/s；20150705场次洪水持续降水13 d，累积降水109.93 mm，起涨流量2470 m³/s，流量涨幅1540 m³/s；20170615场次洪水持续降水8 d，累积降水83.70 mm，起涨流量1480 m³/s，流量涨幅3510 m³/s；20180711场次洪水累积降水10 d，累积降水91.5 mm，起涨流量2660 m³/s，流量涨幅1980 m³/s。

表8-7　各场次洪水3 d、5 d累积降水及对应流量变化统计表

洪号	3 d降水量（mm）	对应时间	5 d降水量（mm）	对应时间	洪峰流量（m³/s）	对应时间	起涨流量（m³/s）	流量涨幅（m³/s）	降水特点
20140629	40.07	2014-6-27	61.72	2014-6-27	4003	2014-6-29	1970	2033	区域普降，降水较平均
20150705	33.2	2015-7-4	47.6	2015-7-3	4010	2015-7-5	2470	1540	降水中心呈现上游至下游重复性振荡
20170615	53.47	2017-6-14	69.96	2017-6-13	4990	2017-6-15	1480	3510	降水中心由上游向下游转移
20180711	34.94	2018-7-9	51.19	2018-7-10	4640	2018-7-11	2660	1980	降水中心由上游向中游转移

如图8-17所示，20140629场次洪水的降水过程是以双江口至丹巴片区降水为主的上游全区域降水，如表8-7所示，3 d累积降水量一般，5 d累积降水量61.72 mm为近10 a中第二大。对比20140629场次洪水和20170615场次洪水，虽然5 d降水量都超过60 mm，但是流量涨幅相差近1500 m³/s，其主要原因是降水中心落点的区别，说明流域普降类型的降水引起的流量涨幅不会异常偏高。20140629场次洪水上涨速度缓慢（总历时9 d），属于典型的上游缓涨缓落型洪水。

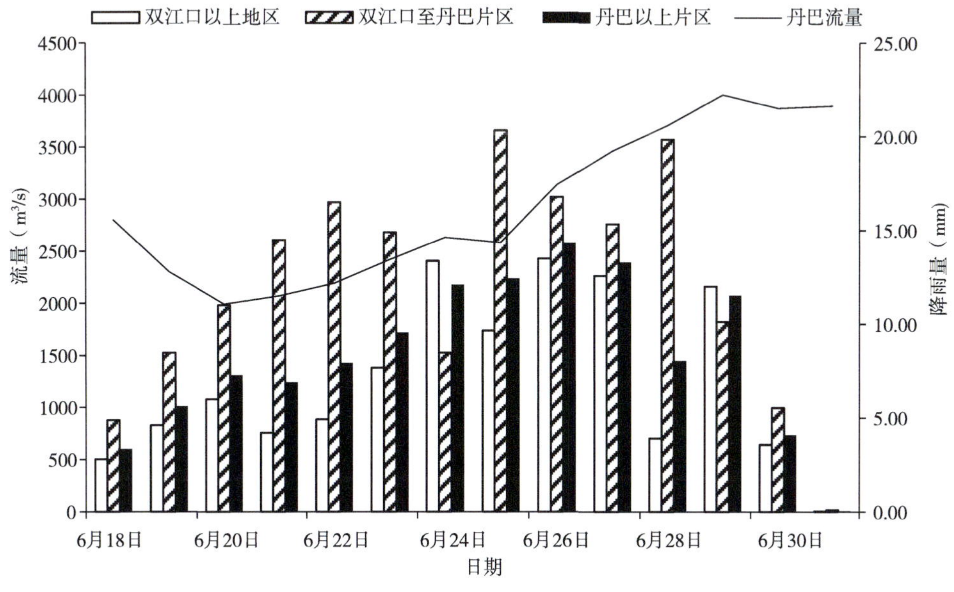

图8-17　20140629场次洪水与日降水对应关系图

如图8-18所示，20150705场次洪水虽然降水强度小（3 d降水量、5 d降水量均未达到历史前列），但是降水持续时间长，降水中心明显呈现出在河源→丹巴片区→河源→丹

巴片区→全区域的摇摆形势，容易形成短时的洪水叠加，因此与20140629场次洪水相比，虽然发生的时间相近，且降水历时、累积降水总量、起涨流量、流量涨幅等指标都相接近，但是在降水量略偏少的情况下，洪水上涨过程呈现阶梯状，总涨幅略偏大。

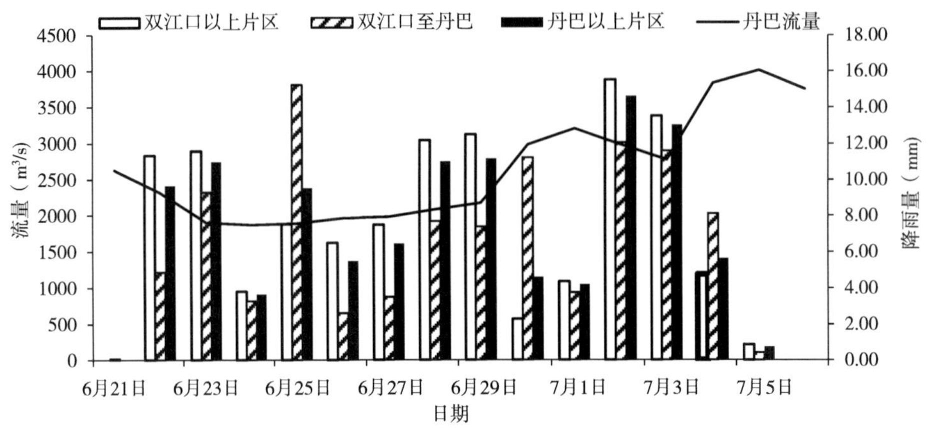

图8-18 20150705场次洪水与日降水对应关系图

20170615场次洪水发生在6月15日，是有实测资料以来首次发生在6月下旬之前的大洪水，峰现时间较常年提前约15 d。如图8-19所示，20170615场次洪水降水集中，洪峰出现的前3 d是整个地区大范围暴雨的主要时期，降水集中，强度大，易形成地面径流；同时降水中心自上至下移动，与洪水演进方向一致，形成河源洪水与区间洪水叠加之势。因此与其他两次洪水相比，虽然降水持续时间短，累积降水量稍小，但是洪峰量级高（百年一遇），呈现出显著的陡涨现象：上涨速度快，从显著起涨到洪峰出现仅3 d；上涨幅度大，日涨幅度2058 m^3/s，总涨幅3510 m^3/s。

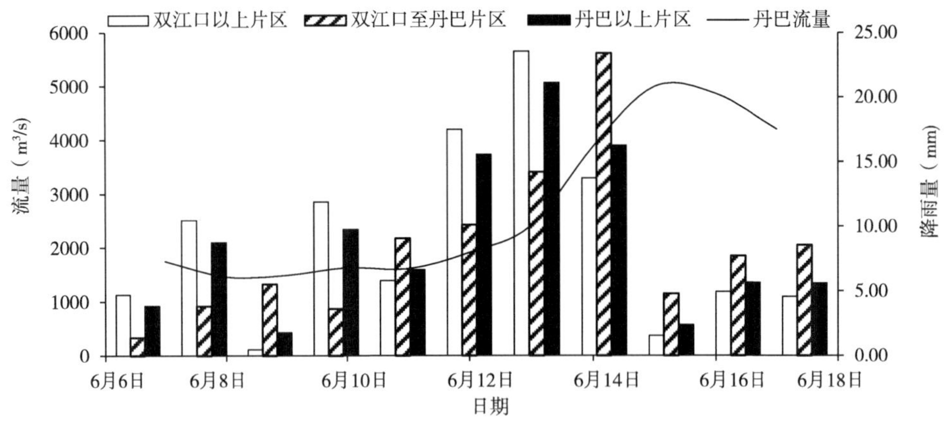

图8-19 20170615场次洪水洪水与日降水对应关系图

如图8-20所示，20180711场次洪水是由于前期持续降水使得基流较大且较稳定，当流域迎来明显的集中降水时，流量也立即呈现出上涨趋势。总体上，本次降雨以流域普降为主，同时降水中心由河源地区逐步向双江口至丹巴片区转移，再次产生河源洪水与区间洪水的叠加。本次降水虽然3 d雨量不大，但5 d雨量较大，属于明显的持续性降水，但与前期降水产生的较大基流叠加，使本次洪峰达到4640 m^3/s，是近10 a中第二大洪峰。

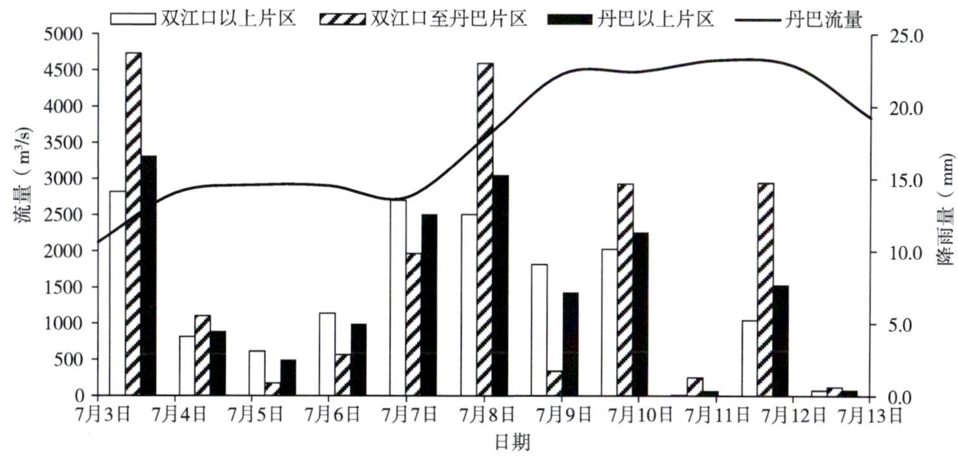

图8-20　20180711场次洪水洪水与日降水对应关系图

总的来说，丹巴断面一般会在两种情况下出现大型洪水：一是流域持续性降水，降水时间长，流量缓慢上涨后发生洪水，或者在已形成较大基流的基础上，迎来短期强降水，可能会导致流域发生大洪水；二是流域发生集中性强降水，尤其是当强降水自上游河源地区逐步向中下游地区转移时，更易发生较大洪水，此种情况下，洪水峰值较第一种情况更大，洪水量级更高。

8.5　大渡河瀑布沟–铜街子区间降雨产流关系

大渡河瀑布沟–铜街子区间位于流域中下游，区间流域面积为7908 km^2，截至2019年初，该区间已布设22个雨量站，干流已建电站6座，从上游至下游依次为瀑布沟、深溪沟、枕头坝、沙南、龚嘴、铜街子，其中瀑布沟具有不完全调节能力，龚嘴、铜街子具有日调节能力，其余为径流式电站。本节选取大渡河流域中下游瀑布沟–铜街子（瀑–铜）区间作为降水径流响应关系的研究对象。

瀑–铜区间内各级电站间距离较近，除沙南–龚嘴区间外，其余相邻电站库尾和尾水均有不同程度的衔接，改变了天然河道的水力特性。本节引入灰色关联分析法逐步实现梯级电站流量还原计算，进而得到瀑–铜区间流量，在此基础上，综合分析日尺度区间降水径流响应关系。

8.5.1　研究方法

8.5.1.1　流量传播时间计算

引入灰色关联分析法对各站到铜街子的流量传播时间进行计算，分析指标采用灰色速率关联度：

关联函数：

$$\xi_i(t)=\frac{1}{1+\left|\dfrac{\Delta X(t)}{X(t)\Delta t}-\dfrac{\Delta Y(t+i)}{Y(t+i)\Delta t}\right|} \tag{8-3}$$

灰色速率关联度：

$$r_i=\frac{1}{n-i}\sum_{t=1}^{n-i}\xi_i(t) \tag{8-4}$$

式中：$X(t)$、$Y(t)$分别为时间序列$Y=\left[Y(1),Y(2),\cdots,Y(n)\right]$与$X=\left[X(1),X(2),\cdots,X(n)\right]$（此处表示两个断面的流量过程）中时刻$t$对应的元素；$\Delta X(t)=X(t+1)-X(t)$，$\Delta Y(t+i)=Y(t+i+1)-Y(t+i)$。关联函数表示两条时间序列间隔$i$个时段的单位时间变幅的关联性，灰色速率关联度则为两个时间序列全过程关联函数的平均值。通俗地讲，灰色速率关联度表征两个时间序列在一定时间间隔下变化趋势的匹配度，取值范围为（0,1），越大表明匹配度越高，常用于河渠流量传播时间的计算。

8.5.1.2　径流还原计算

径流还原的目的是剔除上游水库（电站）对下游断面流量的调节影响，其计算式为：

$$Q_{原}(t)=Q'_{入}(t-m)-Q'_{出}(t-m)+Q(t) \tag{8-5}$$

式中：$Q_{原}(t)$为t时刻下游断面经还原后的流量；$Q'_{入}(t-m)$、$Q'_{出}(t-m)$分别为$t-m$时刻上游电站（水库）的入库、出库流量，$Q'_{入}(t-m)-Q'_{出}(t-m)$为上游电站的调节流量，m为上游电站到下游断面流量传播时间；$Q(t)$为下游断面t时刻实测流量。

对于大渡河瀑-铜区间有多座电站的情况，需要从下游至上游逐步进行还原计算（图8-21），最终得到剔除瀑-铜区间四站调节影响的铜街子还原入库流量。

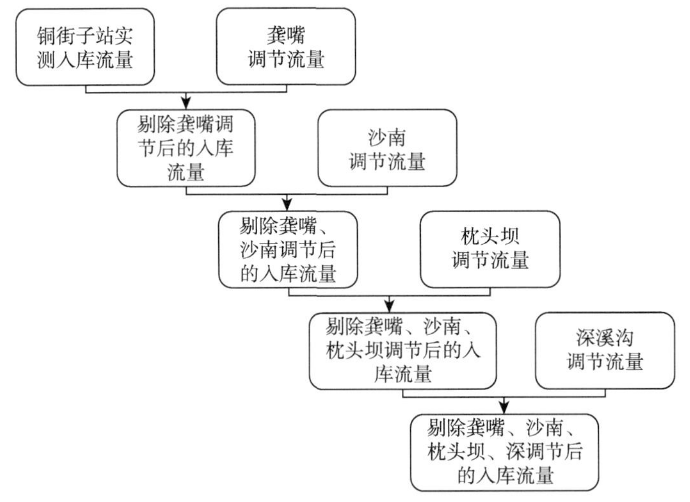

图8-21　瀑-铜区间流量处理逻辑

8.5.1.3　区间流量计算

得到剔除瀑布沟-铜街子区间四站调节影响的铜街子入库流量后，即可结合瀑布沟-铜街子流量传播时间，得到瀑布沟-铜街子区间流量：

$$Q_{瀑-铜}(t)=Q_{原铜}(t)-Q_{瀑出}(t-m) \tag{8-6}$$

式中：m为瀑布沟-铜街子流量传播时间，由灰色关联分析法得出。

8.5.2　径流还原结果

8.5.2.1　流量传播时间

通过两个电站之间不同流达时间的灰色关联分析（表8-8~表8-12），龚-铜、沙-铜、枕-铜、瀑-铜的区间流量传播时间分别在1 h、2 h、4 h、5 h时灰色关联度最强，因此瀑布沟至铜街子区间流量传播时间按5 h考虑。

表8-8 龚嘴-铜街子流量过程灰色速率关联度

时段	0 h	1 h	2 h	3 h	4 h
汛期	0.8838	**0.9015**	0.8724	0.8728	0.8697
枯期	0.7287	**0.7370**	0.7100	0.7203	0.7045

表8-9 沙南-铜街子流量过程灰色速率关联度

时段	1 h	2 h	3 h	4 h
汛期	0.8434	**0.8667**	0.8658	0.8464
枯期	0.7416	0.7661	**0.7888**	0.7529

表8-10 枕头坝-铜街子流量过程灰色速率关联度

时段	1 h	2 h	3 h	4 h	5 h	6 h
汛期	0.8234	0.8214	0.8319	**0.8554**	0.8442	0.8262
枯期	0.7138	0.7134	0.7205	**0.7441**	0.7402	0.7129

表8-11 深溪沟-铜街子流量过程灰色速率关联度

时段	2 h	3 h	4 h	5 h	6 h	7 h
汛期	0.8199	0.8214	0.8344	**0.8378**	0.8367	0.8268
枯期	0.7256	0.7258	0.7321	**0.7521**	0.7422	0.7215

表8-12 瀑布沟-铜街子流量过程灰色速率关联度

时段	4 h	5 h	6 h	7 h
汛期	0.7515	**0.7832**	0.7598	0.7515
枯期	0.7112	**0.7233**	0.7158	0.7011

8.5.2.2 区间流量

根据上述流量传播时间分析结果，最终得到瀑布沟-铜街子区间逐小时流量过程。但是由于各站小时入库流量是由水位变幅和出库流量反算而来，对于龚嘴、铜街子此类具有一定库容的电站而言，如遇负荷调整，可能会引起水位大幅波动，进而导致小时入库流量大幅偏离实际，甚至出现负值，再加上流量传播过程中可能出现的坦化现象，直接计算得到的小时区间流量异常值较多，不具备分析的条件，因此本节进行降水径流分析的时间尺度采用日尺度，并对日均流量进行滑动平均处理，时间为3 d。特别说明，为了匹配雨量统计习惯，将日均流量取作当日08时至次日08时的平均值。历年降水径流过程图表明，大渡河瀑布沟-铜街子区间径流过程与降水响应关系较为显著，呈陡起陡落的特征。2011—2018年区间降水径流过程见图8-22~图8-28（注：缺2017年数据）。

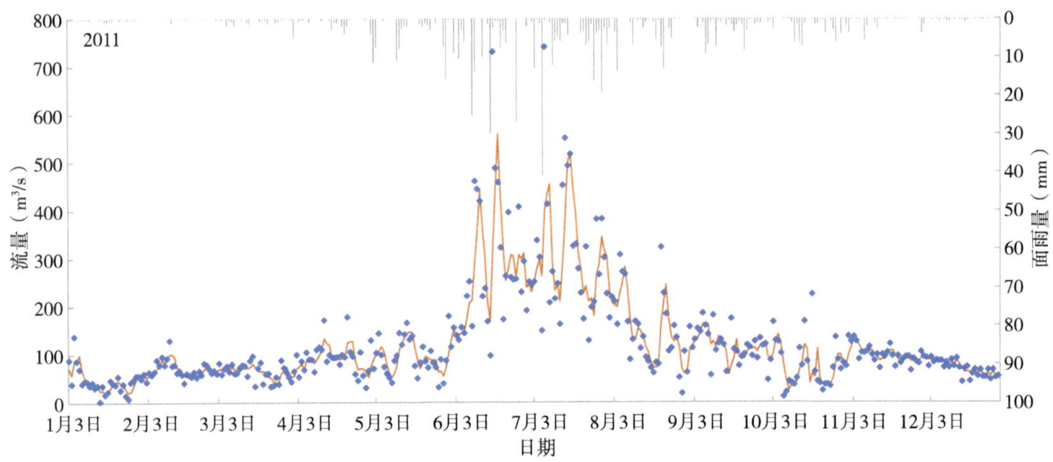

图8-22 2011年瀑-铜区间流量处理结果

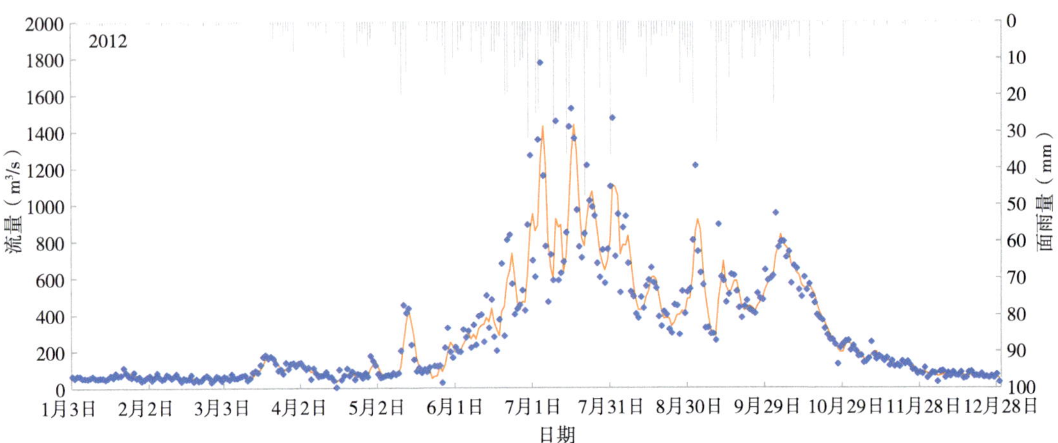

图8-23 2012年瀑-铜区间流量处理结果

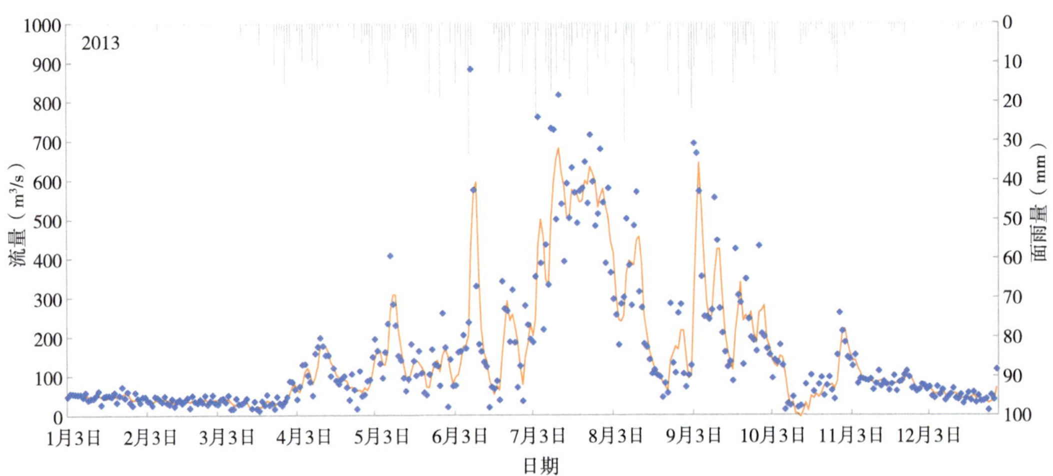

图8-24 2013年瀑-铜区间流量处理结果

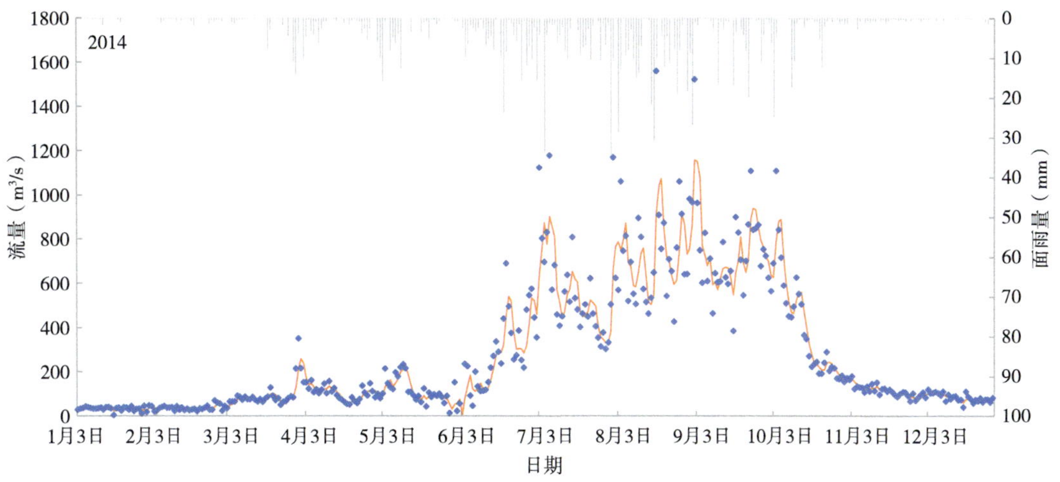

图8-25　2014年瀑-铜区间流量处理结果

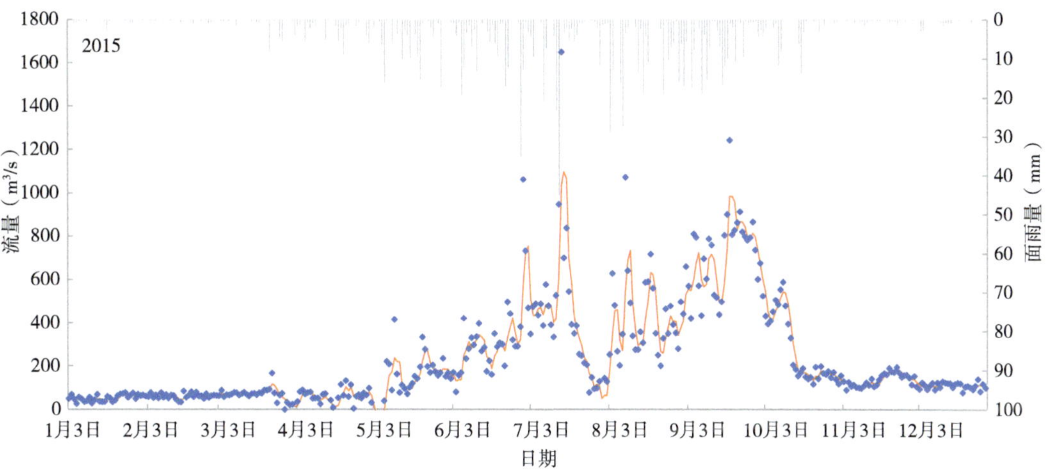

图8-26　2015年瀑-铜区间流量处理结果

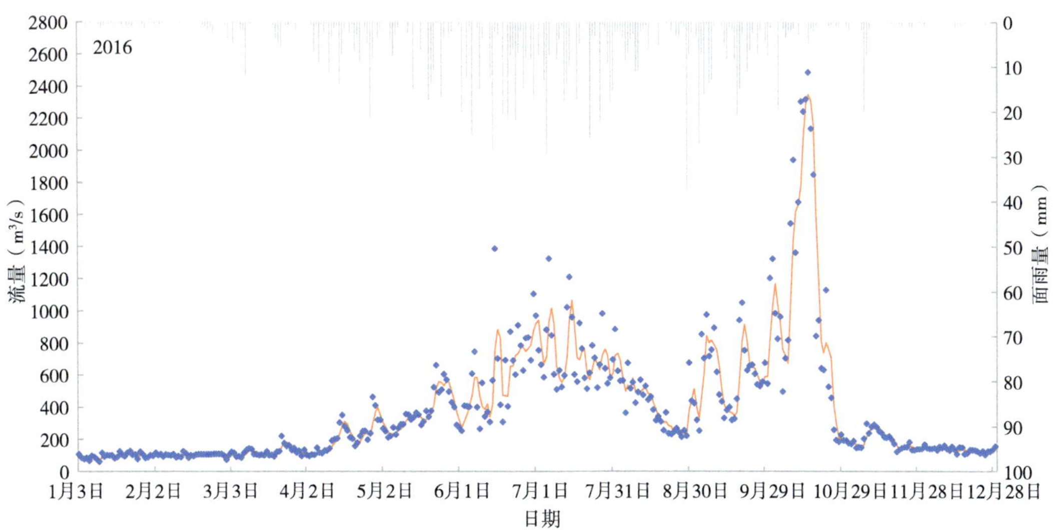

图8-27　2016年瀑-铜区间流量处理结果

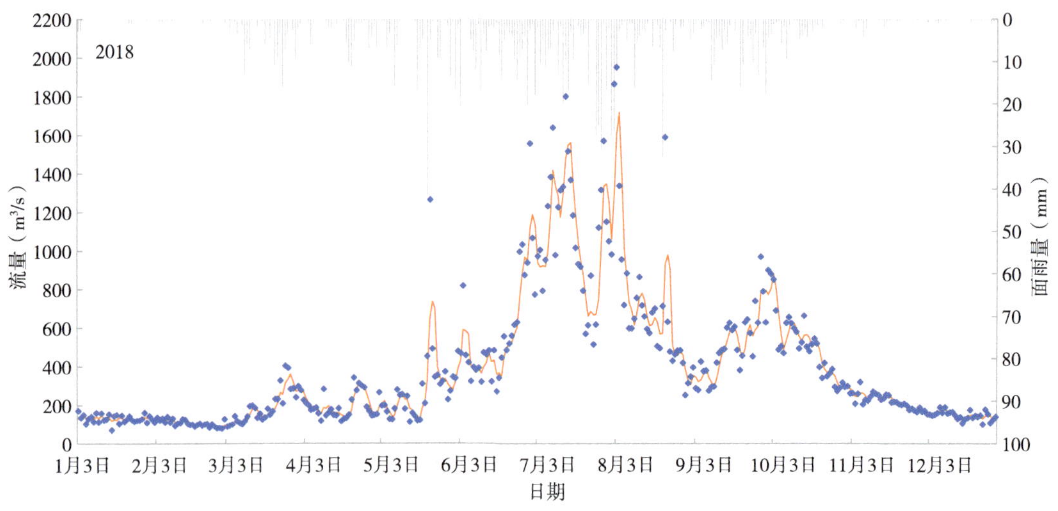

图8-28 2018年瀑-铜区间流量处理结果

8.5.3 径流分割

采用传统水文方法，选取历年中除第一次降水产流外较为明显的涨水过程进行径流分割计算，得到单次产流的径流量。

8.5.3.1 退水曲线绘制与拟合

径流分割的原理为：将单场涨水过程分割成前次产流过程的退水阶段、基流和本次产流过程的涨退水阶段，以上包围的面积就是本次降雨产流量。选取多次少雨或无雨的明显退水过程，采用退水曲线法推求大渡河瀑布沟-铜街子区间径流退水曲线，如图8-29所示。

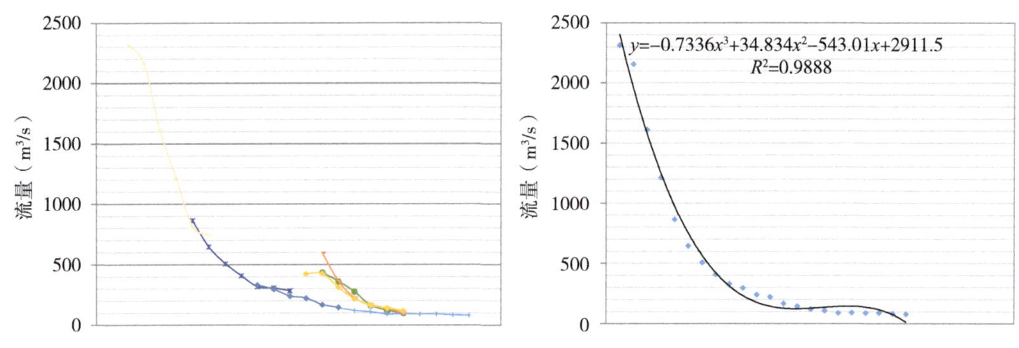

图8-29 退水曲线绘制（左图）与拟合（右图）

8.5.3.2 径流分割

根据拟合得到的退水过程线和多年枯期无雨期间的平均基流（取80 m³/s），对历年共15场次明显的涨水过程进行分割计算（表8-13），图8-30为2012年典型区间洪水径流还原结果。

表8-13　径流分割结果表

序号	面雨量（泰森多边形，mm）	产流量（万 m^3）
1	54.0339	17484.85
2	69.78	19887.65
3	131.55	87233
4	52.65	32309
5	134.47	110611
6	128.84	101228
7	78	20462
8	216.68	132381
9	67.4	23613
10	58.72	19682
11	42.41	22541
12	177.7	95172
13	26.7	37540
14	23.48	25756
15	57.05	44100

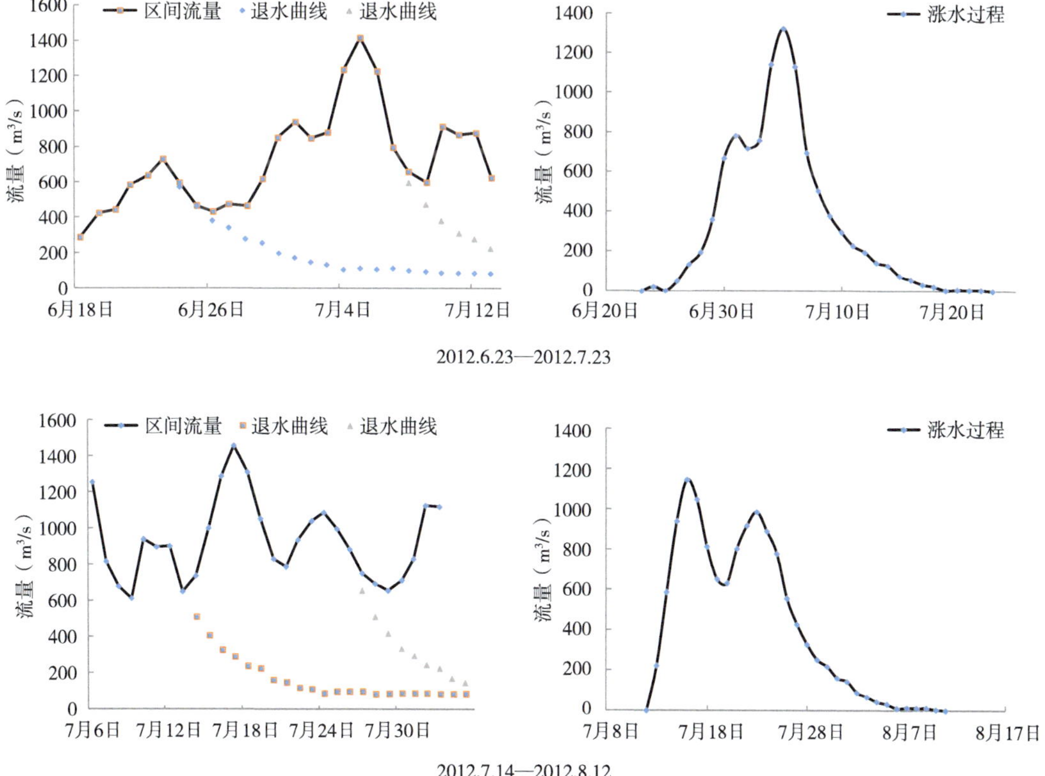

图8-30　2012年典型区间洪水径流还原

8.5.4 降水径流响应分析

泰森多边形确定的权重体系不能很好地反映大渡河瀑布沟—铜街子区间降水—径流关系（图8-31）。考虑同区域雨量站测值之间存在相关性，在此引入主成分分析法对区间22个雨量站测值进行降维处理，采用重新组合得到的主成分对区间产流量进行模拟。

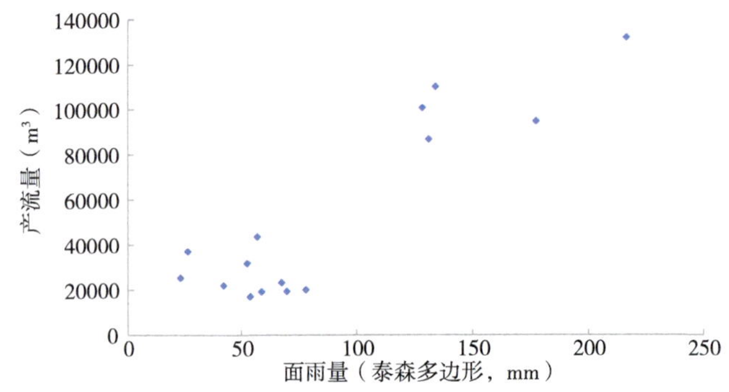

图8-31 面雨量-产流量关系

选取2011—2018年主汛期区间22个雨量站雨量进行KMO和Bartlett检验和主成分分析，结果表明（表8-14），本例KMO达到0.927，前2个主成分对应的特征根>1，提取前2个主成分的累计方差贡献率达到70.36%，基本可以反映全部指标的信息，可以代替原来的22个指标，因此可以用主成分分析法进行成分构建。

表8-14 KMO和Bartlett检验结果

KMO 取样适切性量数		0.927347
Bartlett 的球形度检验	上次读取的卡方	7818.412
	自由度	231
	显著性	0

基于此，得到由22个雨量站重新进行线性组合得到的主成分变量*F*1、*F*2，各雨量站在主成分中的系数见表8-15，根据前文计算的15场次涨水过程，整理可得主成分*F*1、*F*2与区间产流量的关系。

表8-15 主成分重构系数

主成分	毛头码	南箐	普雄	乃托	梅花	斯觉	吉米	万坪
*F*1	0.2463	0.1716	0.1692	0.1469	0.1942	0.2094	0.2233	0.2284
*F*2	−0.0249	0.1836	0.1785	0.153	0.0776	0.0533	0.1143	0.0031
主成分	茨竹坪	龚嘴	铜街子	深溪沟	枕头坝一级	红旗	毛坪	勒乌
*F*1	0.1899	0.2104	0.214	0.2423	0.2412	0.2347	0.1944	0.2396
*F*2	−0.1031	−0.1034	−0.115	−0.0513	−0.048	−0.0623	−0.0869	0.0784
主成分	岩润	永胜	龙池	沙坪	沙南	丁山		
*F*1	0.2076	0.225	0.2289	0.2314	0.2352	0.167		
*F*2	0.0761	−0.0557	−0.0986	−0.0646	−0.0872	0.1615		

由区间22个雨量站通过主成分分析法重新构建的主成分变量得到$F1$、$F2$，通过拟合可以得到主成分变量$F1$、$F2$与产流量Z之间的关系如下：

$$z = p_1 + p_2x + p_3x^2 + p_4x^3 + p_5x^4 + p_6y + p_7y^2 + p_8y^3 + p_9y^4 \tag{8-7}$$

式中：x代表$F1$，y代表$F2$，z代表产流量。

大渡河瀑布沟—铜街子区间基流较小，一般于5月开始第一次涨水，涨退速度较快，呈陡起陡落的特征，降水产流响应关系较为明显，采用主成分分析法对区间22个雨量站进行主成分重构后模拟历年间多场区间产流过程（表8-16、图8-32），R^2=0.9647，模拟效果较好。

表8-16　主成分重构系数回归方程系数

系数	p_1	p_2	p_3	p_4	p_5	p_6	p_7	p_8	p_9
取值	93977.956	−944.673	3.994	−0.005	0.000	−410.037	3.059	0.229	−0.003

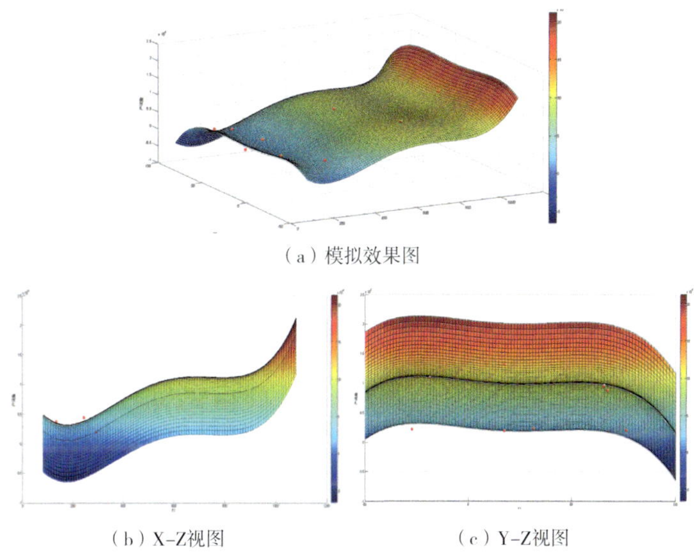

（a）模拟效果图

（b）X–Z视图　　（c）Y–Z视图

图8-32　降水产流主成分模拟效果图

第9章 大渡河流域气象服务系统介绍

从水电开发的需求来看，一是水电开发初期勘查设计阶段需要气候背景评估和气象变化资料服务；二是水电站施工建设阶段需要工地现场综合气象条件保障服务；三是发电运行、水资源调度时期需要降水实况、预报、预测与预警气象保障服务；四是流域生态环境保护与建设等过程需要气象背景服务；五是整个水电事业的安全度汛和防洪抢险要求实时气象资料和预报保障服务。水电开发对气象服务的需求本质是“安全度汛中提供雨情和预报信息、施工建设中提供流域与现场综合气象保障服务、电厂发电中提供水资源预测预警信息”。

气象为水电服务的最终目的，一是提供准确的气象信息，保障水电建设在安全、适宜的气象环境条件下进行；二是结合天气气候变化情况和信息，使相关水电建设决策做到“趋利避害”；三是结合气象预报预测和预警产品信息和服务，提高发电用水的水资源利用率；四是提供气象资料和产品，为水电发电水库流域生态保护和防治泥沙提供气象环境保障服务。

气象服务需要根据水电行业特性，提供重点突出的气象产品，丰富气象服务内容，并结合新兴的数据分析、应用、计算机技术，提供完善、可用性强的综合气象服务平台。

9.1 平台设计

9.1.1 建设任务

（1） 建立基于云技术的大渡河气象服务平台，保证平台的稳定、高效、安全；

（2） 建立基于ArcGIS技术的大渡河流域地图，界定流域范围，完成流域分区，集成水电体系相关的专题要素与流域范围内的气象专题要素，能够在地图上一目了然地了解整个流域宏观情况；

（3） 提供涵盖整个流域范围内的气象数据服务，包括实况和预报，通过地图、统计报表等多种形态，对气象数据进行多维度的分析；

（4） 集成流域内水文站的气象要素数据，给平台提供更丰富的气象资料；

（5） 提供全四川省的国家气象站数据服务，完善宏观气象要素背景；

（5） 提供针对大渡河流域的气象分析专题报告、气候分析专题报告；

（6） 提供全流域范围内的气象预警信息，为电站安全、防洪抗旱提供气象保障；

（7） 提供全流域范围内气象站点和流域面雨量的历史数据分析，并结合历史平均态，建立对比分析机制。

9.1.2　软件架构

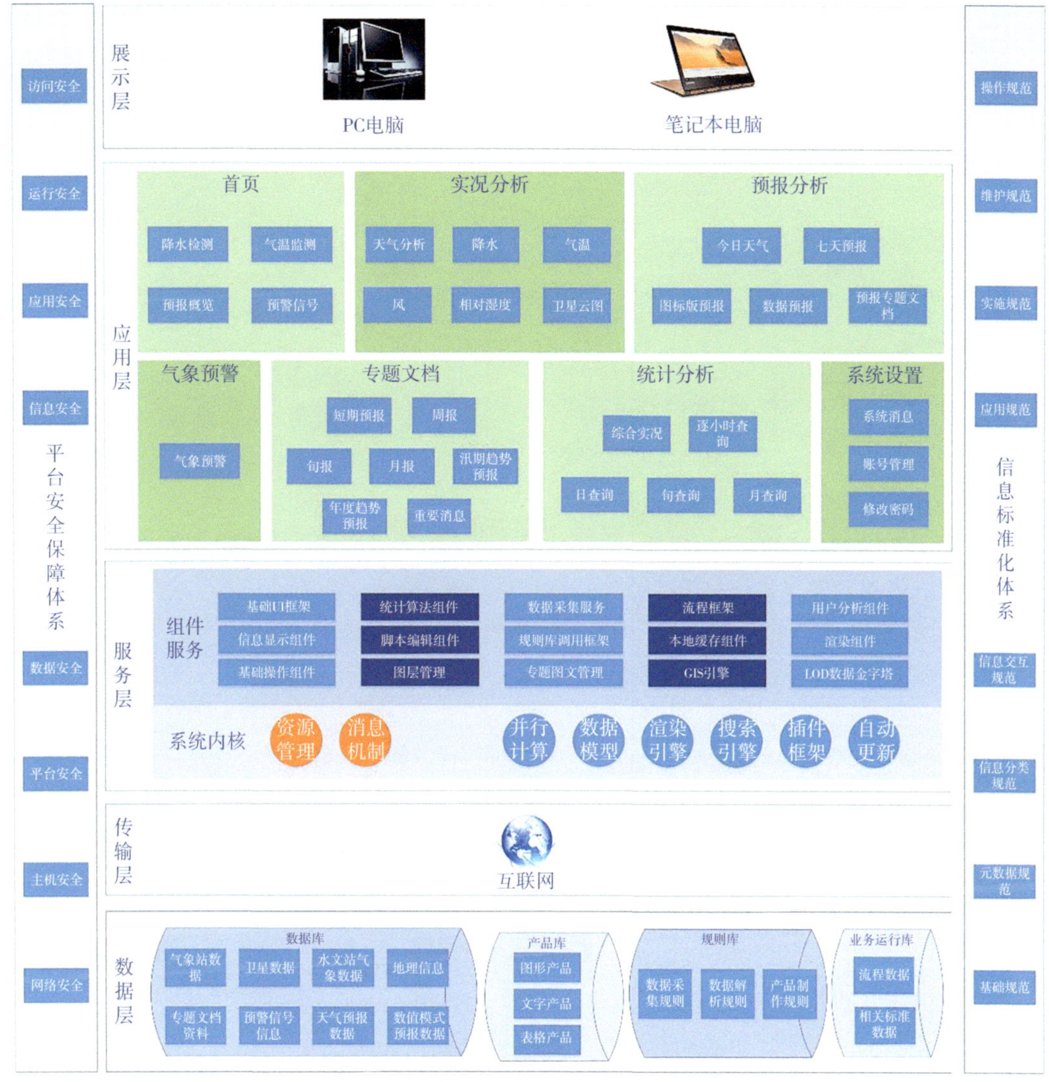

图9-1　大渡河流域气象服务系统软件架构

9.2　平台功能设计

9.2.1　首页

平台首页主要分为如下模块：降水监测、气温监测、预报概览、预警信号等。

9.2.1.1　降水监测

页面展示四川全省的降水概况，以表格和色斑图等方式展示实况降水（图9-2）。提供历史1 h、24 h、48 h、72 h累积降水量产品。并提供站点累积雨量排序功能。

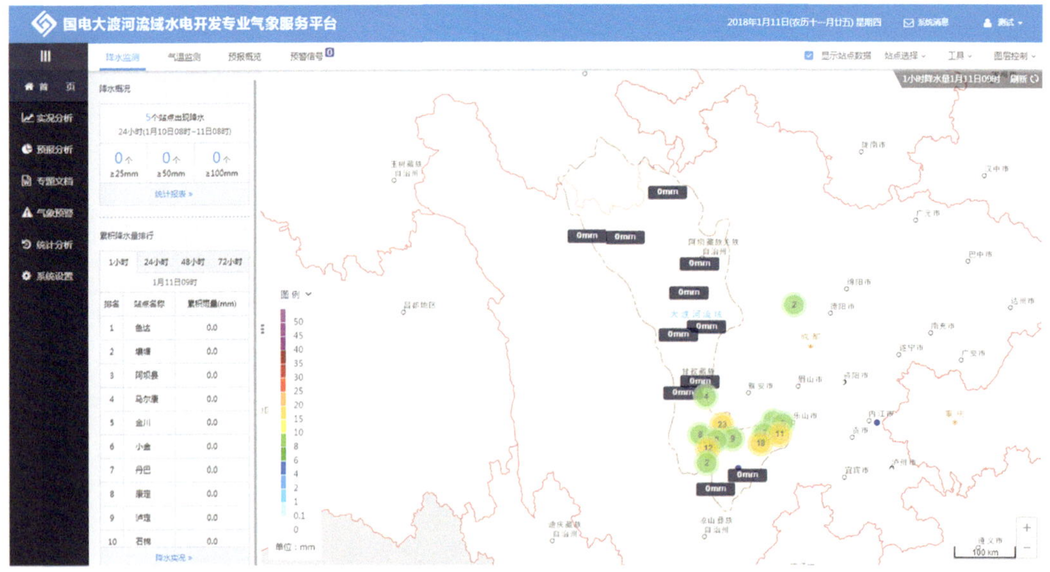

图9-2　降水监测页面

9.2.1.2　气温监测

页面展示四川全省的气温实况，以表格和色斑图等方式展示实况气温（图9-3）。提供当前气温和24 h平均气温。平台提供站点气温高、低温排序功能。

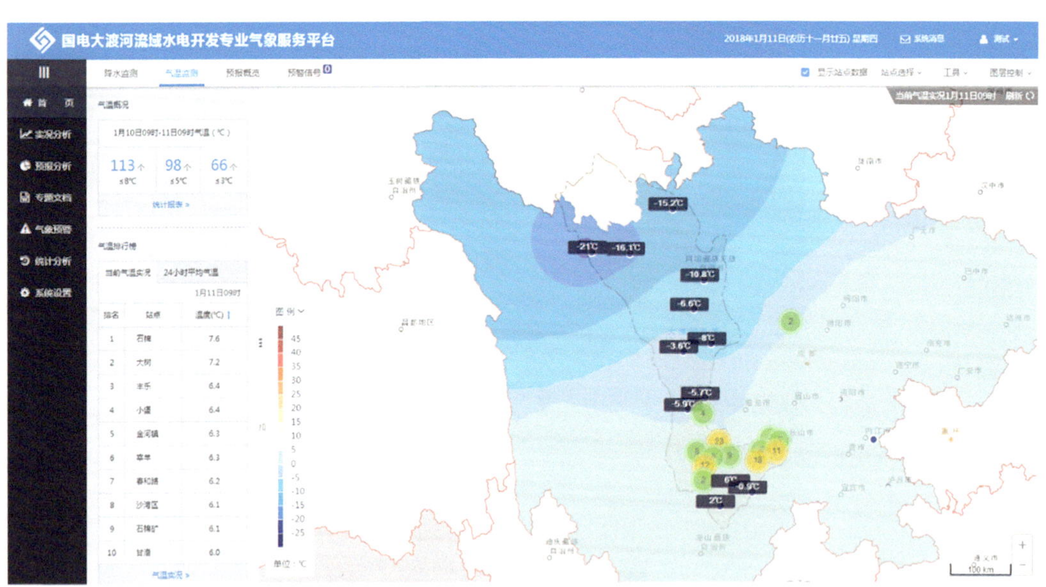

图9-3　气温监测页面

9.2.1.3　预报概览

页面展示四川全省各区县最近3 d的天气预报，包括天气现象和温度概况，并叠加至GIS地图上进行直观展示（图9-4）。

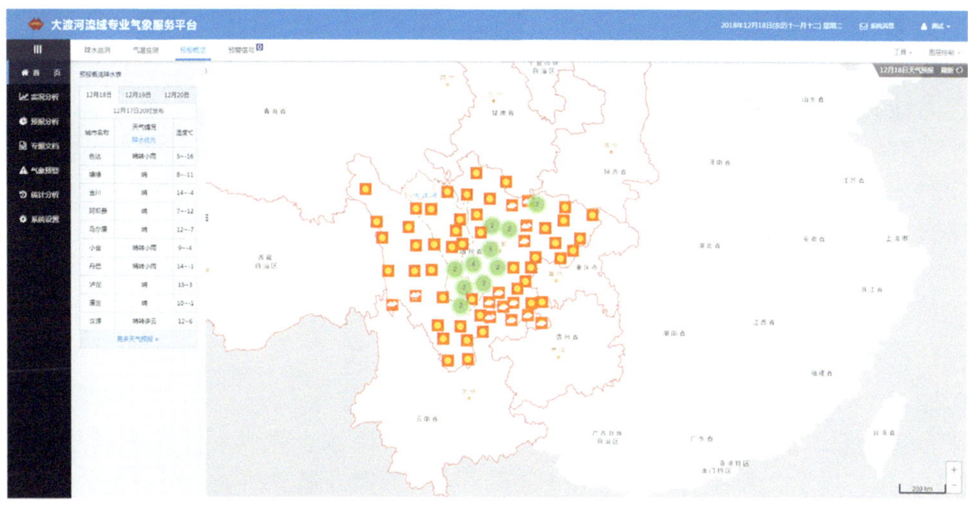

图9-4　预报概览页面

9.2.1.4　预警信号

页面展示近期发布的气象预警信息，以文字的形式在页面上进行简单说明，同时以图标的形式叠加至GIS地图上（图9-5）。电子图标展示其详细信息。包括预警类别、预警等级、发布单位、发布时间、发布内容等。

图9-5　预警信号页面

9.2.2　实况分析

平台对接国电大渡河流域水电开发有限公司提供的水文站数据接口，通过标准接口协议定时采集水文站的气象数据，气象要素包括降水、气温、风和相对湿度。这些水文站包括日部、足木足、一林场、绰斯甲、马尔康、班玛、灯塔、阿坝、草登、壤塘、色达、俄热、太阳河、刷经寺、大金、丹巴、布科、东谷、小金、抚边河、达维、丹东、边尔、沙冲、牦牛、康定、窝底、桐林、金汤、雅拉、泸定、大泥口、安顺场、农场、石棉、流沙河、兴隆、磨西、草科、田湾、洪坝、湾坝、冶勒、栗子坪、后域、丰乐、晒经、宜东、双河、清溪、瀑布沟1、岩润、毛头码、普雄、南箐、丁山、乃托、梅花、斯觉、万里、吉米、深溪沟上、勒乌、万坪、永胜、龙池、毛坪、茨竹坪、龚嘴上、铜街子上、红旗、沙坪等共计72个水文站。

平台对接四川省气象局提供的流域范围内121个自动气象站数据接口，通过标准接口协议定时采集自动气象站实况数据。

平台对接四川全省约150个国家基本气象站数据接口，通过标准接口协议定时采集国家站实况气象数据。

模块将上述水文站、自动气象站、国家站的气象数据采集、处理后主要提供各气象要素实况信息，监测内容包括降水、气温、风、相对湿度等。

9.2.2.1　天气分析

平台页面展示近期气象要素实况信息，将温度、降水、风以不同的展示方式叠加至GIS地图上进行展示，并提供历史12 h气象要素查看、滚动播放功能（图9-6）。

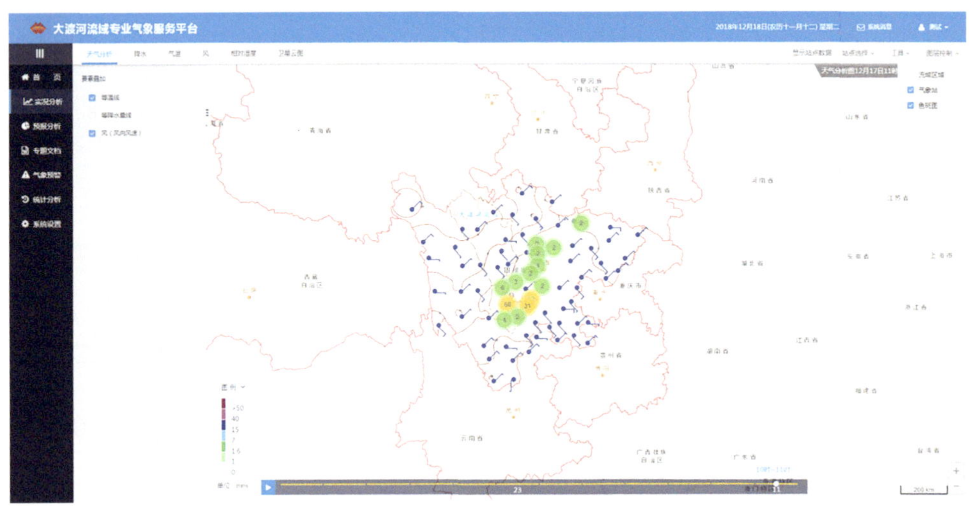

图9-6　天气分析页面

9.2.2.2　降水

该模块主要展示降水实况（图9-7），主要提供如下产品。

（1）提供四川省全省历史24 h逐小时降水量查询，并以色斑图的方式进行降水数据展示。支持逐小时播放功能。

（2）提供四川省全省历史24 h逐6 h降水量查询，并以色斑图的方式叠加至GIS地图上进行展示，提供逐6 h播放功能。

（3）提供全省历史24 h累积降水量查询功能，以色斑图方式叠加至GIS地图。

（4）提供全省近期30 d逐10 d的累积降水量，并以色斑图的方式叠加至GIS地图上进行展示，可进行逐10 d滚动播放。

（5）提供近期30 d逐10 d的降水量距平百分率产品，并以色斑图的方式叠加至GIS地图上，可逐10 d滚动播放。该产品可用于比较实况和历史同期的降水差异，为电站业务提供气象服务指导参考。

（6）平台提供近30 d内日降水量≤5 mm的少雨日空间分布产品。并以色斑图的方式叠加至GIS地图上进行直观的展示，以供用户查询。

（7）提供以天为时间单位的大渡河流域三个分区、四川省全省的任意时段面雨量查询显示功能，平台默认显示最近一天24 h（08时—08时）各流域面雨量。平台支持两种算法结果的切换显示，一为依据流域内的气象站点降水实况的泰森多边形算法计算流域面雨量；二为将流域内气象站降水量做平均值计算，得到流域面雨量。此模块提供历史同期面雨量对比分析链接，可快速跳转至统计分析的面雨量对比分析界面。

（8）提供全省旬降水量统计，提供时间选取功能，可查询历史某旬的累积降水量，并以色斑图的方式叠加至GIS地图上进行展示。此模块提供历史同期旬降水量对比分析链接，可快速跳转至统计分析的旬降水量对比分析界面。

（9）提供全省月降水量统计，提供时间选取功能，可查询历史某月的累积降水量，并以色斑图的方式叠加至GIS地图上进行展示。此模块提供历史同期月降水量对比分析链接，可快速跳转至统计分析的月降水量对比分析界面。

（10）系统新增网格降水实况数据，提供基于网格实况数据计算的24 h累积降水量、逐小时降水量、逐6 h降水量、近期累积降水量、近期降水量距平、少雨日空间分布图、面雨量（平均值面雨量）、旬降水量统计、月降水量统计。这些产品的展示方式除面雨量之外皆为色斑图。

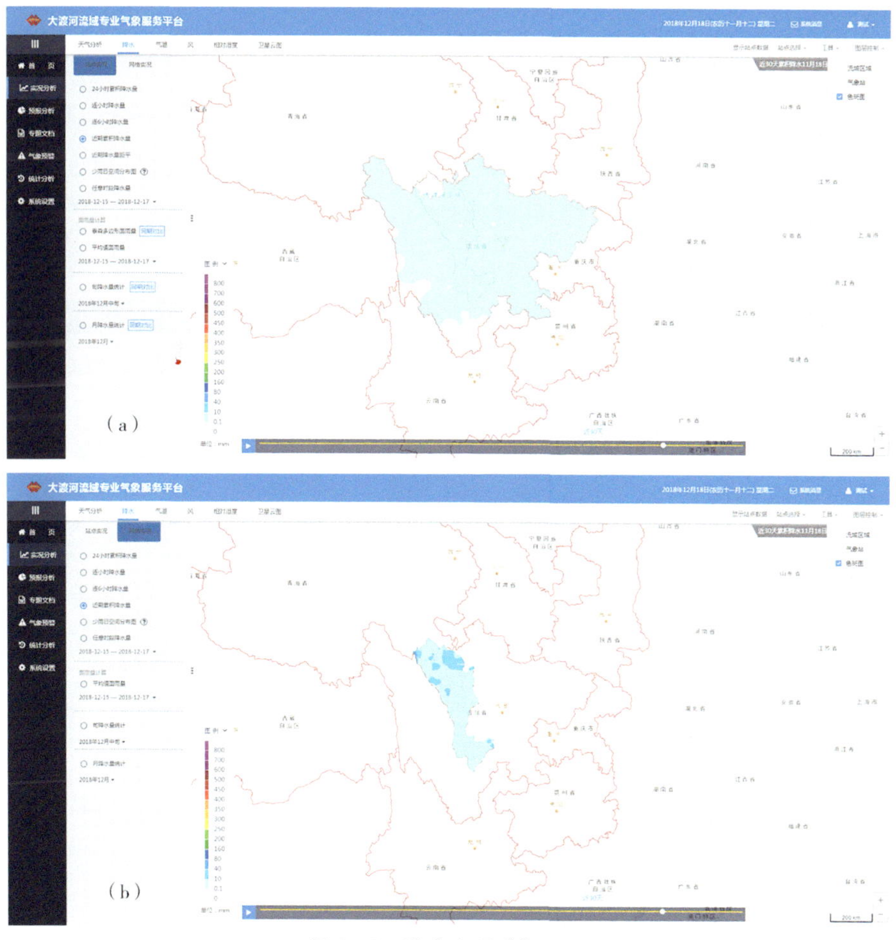

图9-7 降水实况分析页面

（a）站点实况；（b）网格实况

9.2.2.3　气温

该模块主要展示气温实况，主要提供如下产品。

（1）提供四川省全省24 h逐小时气温查询功能（图9-8），以色斑图的方式叠加至GIS地图上进行展示，并提供滚动播放功能。

（2）提供四川省全省范围内近30 d低温日（气温≤5℃）、高温日（气温≥36℃）分布图产品，并以色斑图的方式叠加至GIS地图上进行展示，为用户阐述历史气温变化和用电量之间的耦合关系。

（3）提供四川省全省范围内最近30 d逐10 d的平均温度距平产品，以色斑图方式叠加至GIS地图上进行展示，并支持滚动播放功能。

（4）提供全省24 h气温统计分析类产品，包括24 h平均气温、最高气温、最低气温等。并以色斑图的方式叠加至GIS地图上进行展示。

（5）提供全省周气温统计分析类产品，包括1周内平均气温、最高气温、最低气温等。并以色斑图的方式叠加至GIS地图上进行展示。同时支持时间选取功能，可任意查询某一周的气温实况。

（6）提供全省旬气温统计分析类产品，包括旬内平均气温、最高气温、最低气温等。并以色斑图的方式叠加至GIS地图上进行展示。同时支持时间选取功能，可任意查询某一旬的气温实况。此模块提供历史同期旬气温对比分析链接，可快速跳转至统计分析的旬气温对比分析界面。

（7）提供全省月气温统计分析类产品，包括月内平均气温、最高气温、最低气温等。并以色斑图的方式叠加至GIS地图上进行展示。同时支持时间选取功能，可任意查询某一月的气温实况。此模块提供历史同期月气温对比分析链接，可快速跳转至统计分析的月气温对比分析界面。

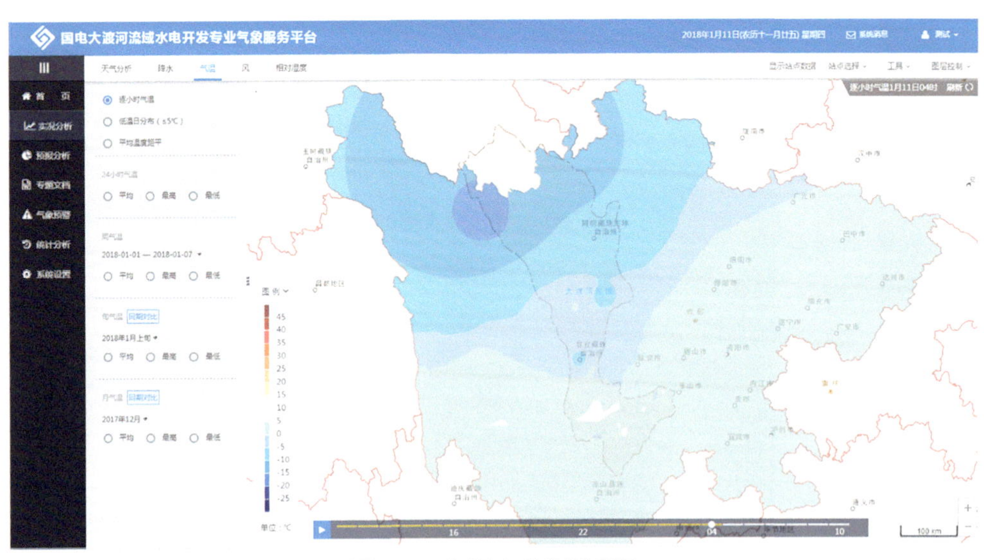

图9-8　气温实况分析页面

9.2.2.4　风

平台提供流域附近24 h内逐小时风场图，以站点风矢的展示方式叠加至GIS地图上进行展示，并提供24 h逐小时滚动播放功能（图9-9）。

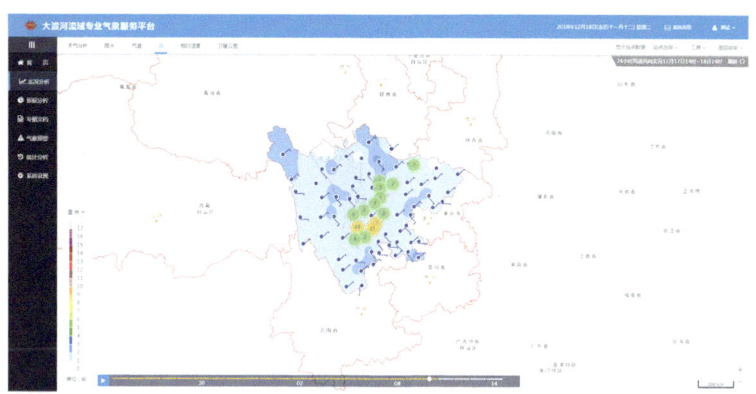

图9-9　24 h内逐小时风场图页面

9.2.2.5　相对湿度

平台提供流域附近24 h内逐小时相对湿度色斑图产品，以色斑图的方式叠加至GIS地图上进行展示，并提供24 h逐小时播放功能（图9-10）。

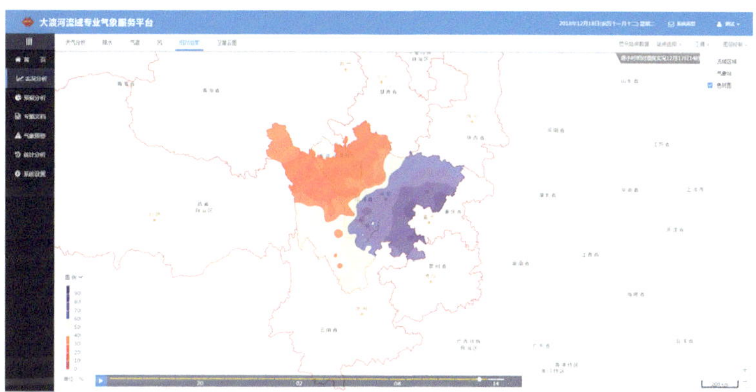

图9-10　24 h内逐小时相对湿度展示页面

9.2.2.6　卫星云图

该模块主要展示实时卫星云图（图9-11），主要提供四川省全省24 h逐小时风云2 IR1通道卫星云图查询功能，以卫星云图的方式叠加至GIS地图上进行展示，并提供滚动播放功能。

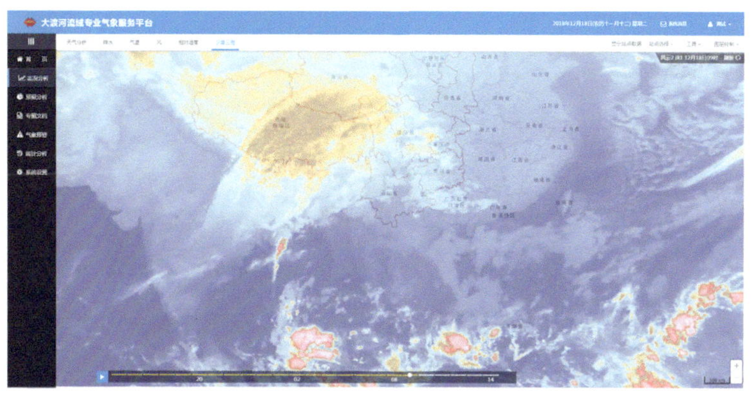

图9-11　卫星云图展示页面

9.2.3 预报分析

9.2.3.1 今日天气

平台提供四川省全省范围内地市（县）级今日天气预报，地图中以图标的形式进行标注，点击天气图标后，以“冒泡”的形式展现该站点今天的天气预报数据，包括天气现象图标、天气现象描述、气温范围、风向、风级等内容（图9-12）。

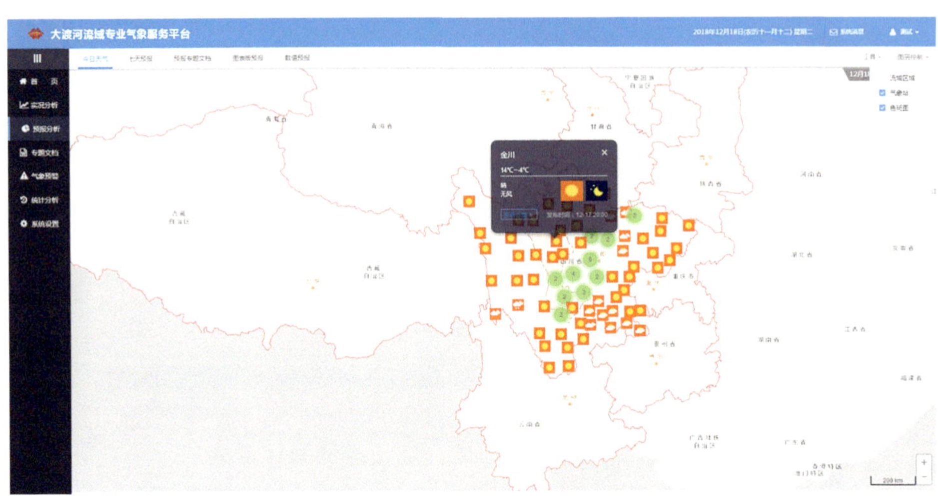

图9-12 今日天气预报页面

9.2.3.2 7 d预报

沿用“今日天气”版块功能结构，提供自今日起7 d天气预报，并支持日期选择（图9-13）。

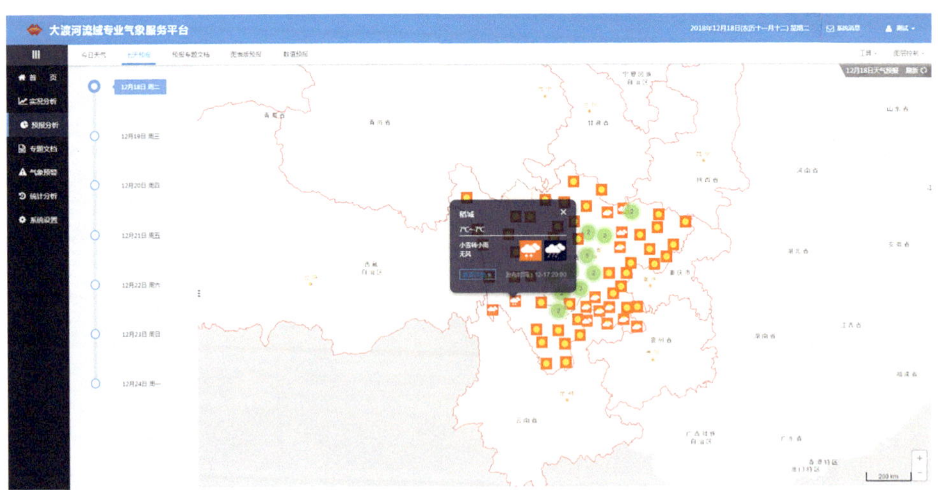

图9-13 7 d天气预报页面

9.2.3.3 图表版预报

提供每个站点的24 h预报、7 d预报、24 h逐6 h分时段预报等模块（图9-14）。采用图、表两种方式进行数据解读，便于观察分析天气变化趋势，且可以查看详细的数据。提供导出数据到Excel的功能，以及打印功能。

图9-14　图表版天气预报页面

9.2.3.4　数值预报

平台对接四川省气象局提供的西南区域数值模式预报数据接口，通过标准接口协议，定时采集大渡河流域周边的数值模式预报数据。

平台提供西南区域模式未来3 d逐3 h降水预报产品，产品展示方式为色斑图（图9-15）。

数值预报产品提供预报时效内的滚动播放功能。

提供由数值模式计算的面雨量预报功能，提供未来3 d逐日预报（图9-16）。

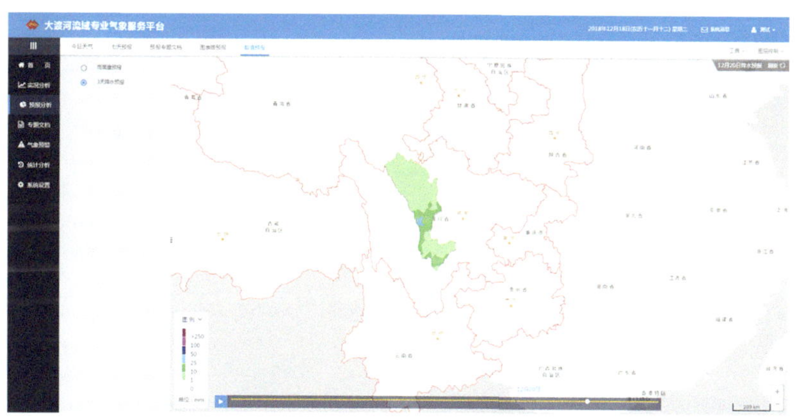

图9-15　3 d降水预报

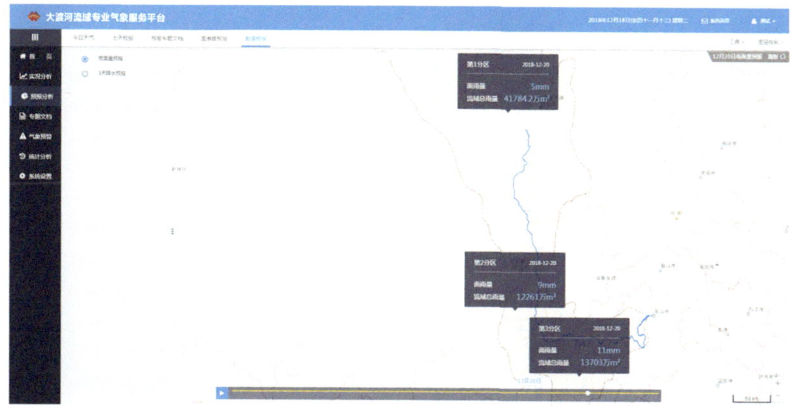

图9-16　面雨量预报

9.2.3.5 预报专题文档

链接跳转至“专题文档栏目”。

9.2.4 专题文档

此栏目主要提供由气象局、专业气象台、气候中心制作并发布的文档类天气分析产品，包含短期预报、周报、月报、延伸期预报、重要消息预报等板块。

9.2.4.1 短期预报

文档内容：以文字表格形式描述大渡河流域未来2 d的天气预报，预报内容包含天气现象、气温、相对湿度等（图9-17）。

发布频率：每天一次。

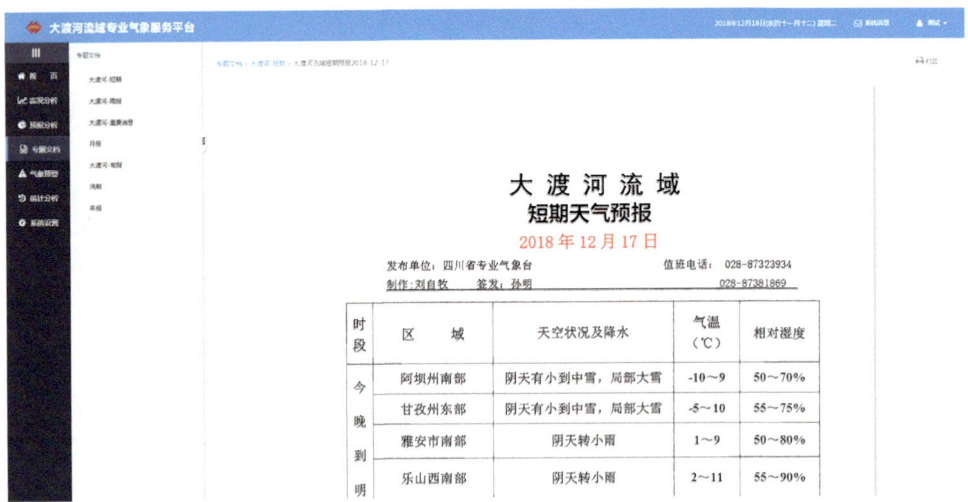

大渡河流域专业气象服务平台

大 渡 河 流 域

短期天气预报

2018 年 12 月 17 日

发布单位：四川省专业气象台　　值班电话：028-87323934

制作：刘自牧　　签发：孙明　　028-87381869

时段	区　域	天空状况及降水	气温（℃）	相对湿度
今晚到明	阿坝州南部	阴天有小到中雪，局部大雪	-10～9	50～70%
	甘孜州东部	阴天有小到中雪，局部大雪	-5～10	55～75%
	雅安市南部	阴天转小雨	1～9	50～80%
	乐山西南部	阴天转小雨	2～11	55～90%

图9-17　短期天气预报展示页面

9.2.4.2 周报

文档内容：以文字的形式描述大渡河流域本周天气总结以及下周天气趋势（图9-18）。

发布频率：每周一次。

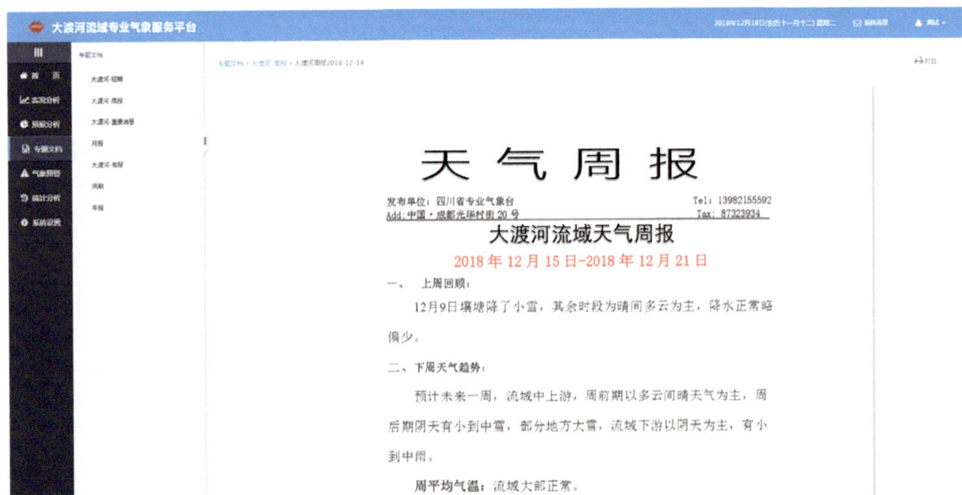

大渡河流域专业气象服务平台

天 气 周 报

发布单位：四川省专业气象台　　Tel：13982155592

Add：中国・成都光华村街 20 号　　Fax：87323934

大渡河流域天气周报

2018 年 12 月 15 日-2018 年 12 月 21 日

一、　上周回顾：

12月9日壤塘降了小雪，其余时段为晴间多云为主，降水正常略偏少。

二、下周天气趋势：

预计未来一周，流域中上游，周前期以多云间晴天气为主，周后期阴天有小到中雪，部分地方大雪，流域下游以阴天为主，有小到中雨。

周平均气温：流域大部正常。

图9-18　天气周报展示页面

9.2.4.3 旬报

文档内容：以文字描述和色斑图的方式给出大渡河流域范围旬预报，预报内容主要包括降水和气温（图9-19）。

发布频率：每旬一次。

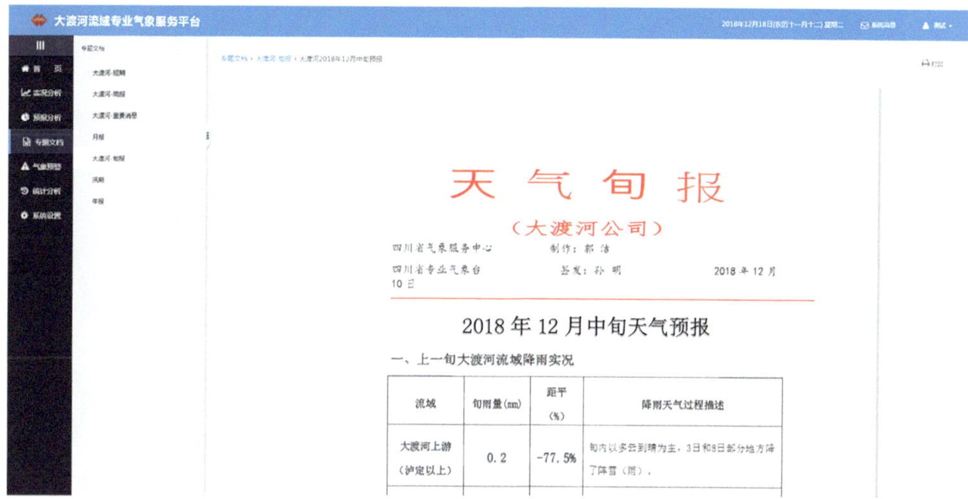

图9-19 天气旬报展示页面

9.2.4.4 月报

文档内容：以文字描述和色斑图的方式给出下月四川省内的气候趋势预测，预测内容主要包括降水和气温（图9-20）。

发布频率：每月一次。

图9-20 气候月报展示页面

9.2.4.5 汛期趋势预报（新增文档）

文档内容：以文字描述和色斑图的方式给出大渡河流域范围汛期（5—10月）趋势预报，预测内容主要包括降水和气温（图9-21）。

发布频率：每季度一次。

图9-21　汛期气候趋势预测展示页面

9.2.4.6　年度趋势预报（新增文档）

文档内容：以文字描述和色斑图的方式给出大渡河流域范围年度趋势预报，预测内容主要包括降水和气温（图9-22）。

发布频率：每年一次。

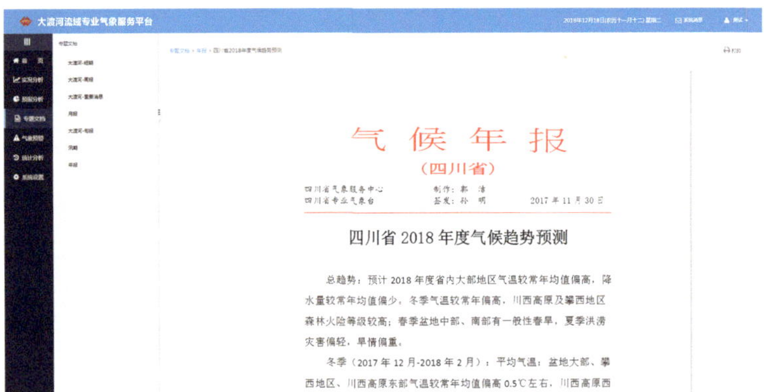

图9-22　年度气候趋势预测展示页面

9.2.4.7　重要消息预报

文档内容：以文字描述的方式提供大渡河流域范围内降水过程以及四川省全省的降温过程等重要信息（图9-23）。

发布频率：不定期发布，以降水过程和降温过程为准。

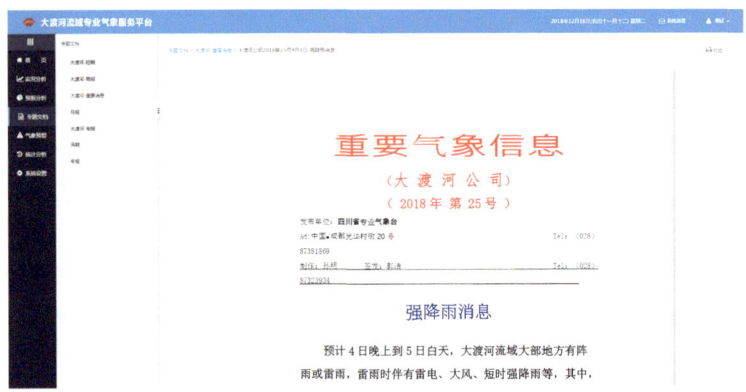

图9-23　重要气象信息预报展示页面

9.2.5　气象预警

平台提供甘孜州气象台、阿坝州气象台、凉山市气象台、雅安市气象台、乐山市气象台、四川省气象台、服务中心专业气象台发布的气象预警信息（图9-24）。

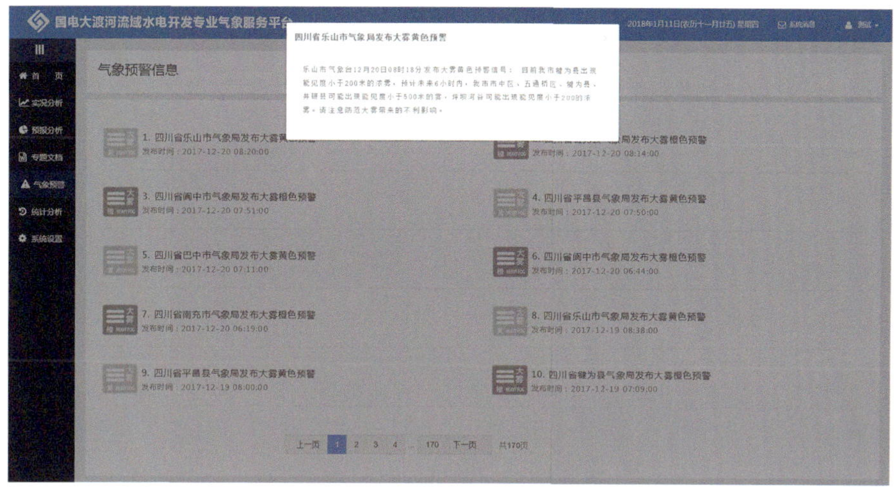

图9-24　气象预警信息展示页面

9.2.6　统计分析

平台提供统计分析功能，可针对大渡河流域的历史气象信息进行查询、统计、分析等功能。

9.3.6.1　综合实况

页面以表格的方式展示实况气象站数据的基本状况，包括各类气象要素（降水、气温、风、相对湿度、面雨量）的基本查询。

（1）概要

“概要”页面作为综合实况查询模块主页面，此页面主要展示24 h内降水和气温概况（图9-25）。可让用户快速对流域内的降水和气温情况有大致了解。

图9-25　综合实况查询模块主页面

（2）降水

平台支持站点搜索功能，可按行政区划进行搜索，也可直接输入指定站点，可查询该站点（可多选）的近期累积降水量、逐小时降水量、日降水量、月降水量、旬降水量、近期降水量距平、面雨量等（图9-26），支持表格排序、导出和打印。

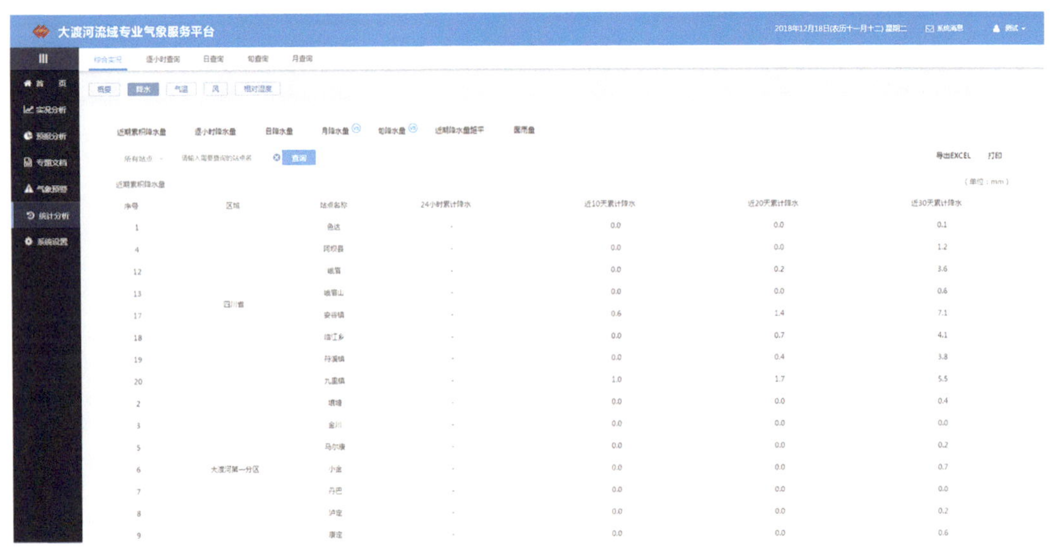

图9-26　综合实况查询——降水量

（3）面雨量

平台支持流域分区面雨量和四川省全省面雨量统计查询功能，采用时间控件的方式对时段进行选取，支持以天为单位的年内任意时段面雨量查询（图9-27）。表格显示所选区域所选时段的累积面雨量，并显示历史同期面雨量值（1981—2010年的30 a平均值）、当年之前5 a逐年同期面雨量值（如为2018年，则显示2017/2016/2015/2014/2013）和降水距平率用做对比分析。支持表格排序、导出和打印。

图9-27 综合实训查询——面雨量

(4) 气温

平台支持站点搜索功能，可按行政区划进行搜索，也可直接输入指定站点，可查询该站点（可多选）的逐小时气温、24 h气温、周气温、旬气温、月气温、温度距平、历史气温统计、高温日/低温日分布等（图9-28），支持表格排序、导出和打印。

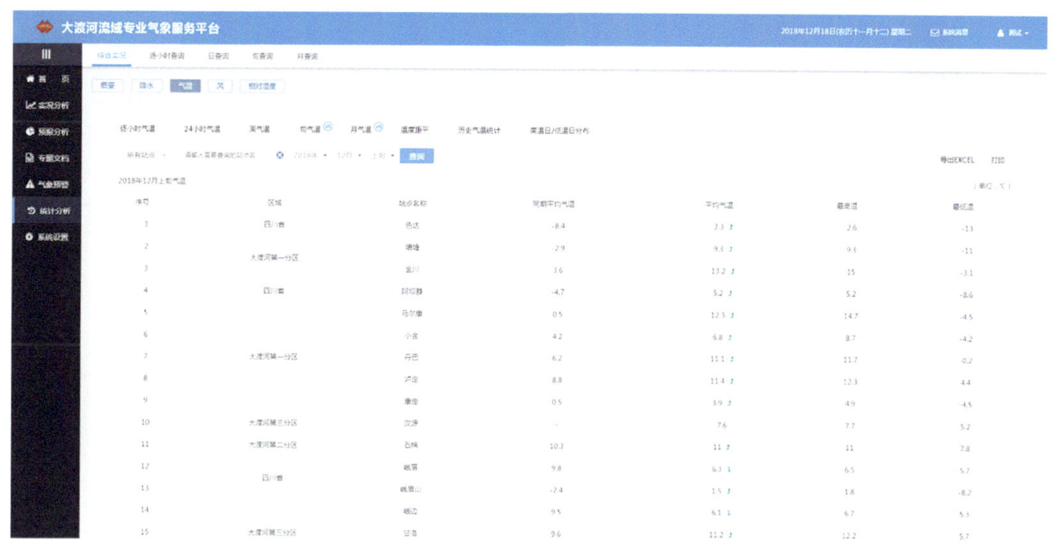

图9-28 综合实况查询——气温

(5) 风

平台支持站点搜索功能，可按行政区划进行搜索，也可直接输入指定站点，可查询该站点（可多选）的逐小时风速（图9-29），支持表格排序、导出和打印。

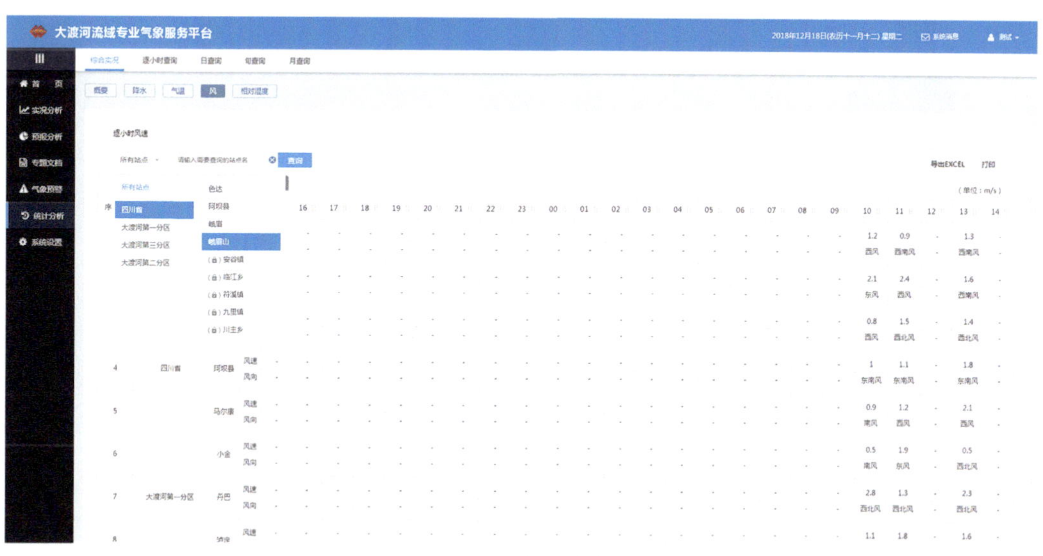

图9-29 综合实况查询——风

(6) 相对湿度

平台支持站点搜索功能，可按行政区划进行搜索，也可直接输入指定站点，可查询该站点（可多选）的逐小时相对湿度（图9-30），支持表格排序、导出和打印。

图9-30　综合实况查询——相对湿度

9.3.6.2　逐小时查询

页面分别以数据报表和图形报表的方式展示单站某日逐小时的气象要素信息，包括降水量、气温、相对湿度、风速、风向（图9-31）。支持站点查询和数据导出和打印。

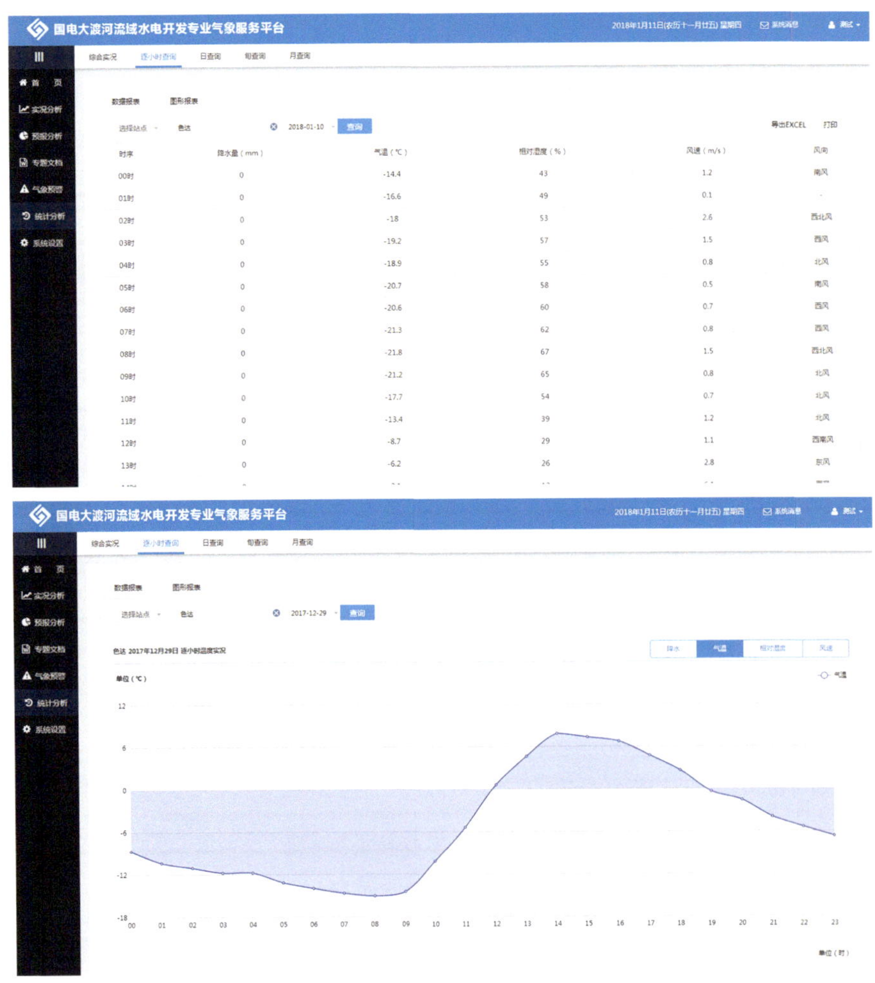

时序	降水量（mm）	气温（℃）	相对湿度（%）	风速（m/s）	风向
00时	0	-14.4	43	1.2	南风
01时	0	-16.6	49	0.1	-
02时	0	-18	53	2.6	西北风
03时	0	-19.2	57	1.5	西风
04时	0	-18.9	55	0.8	北风
05时	0	-20.7	58	0.5	南风
06时	0	-20.6	60	0.7	西风
07时	0	-21.3	62	0.8	西风
08时	0	-21.8	67	1.5	西北风
09时	0	-21.2	65	0.8	北风
10时	0	-17.7	54	0.7	北风
11时	0	-13.4	39	1.2	北风
12时	0	-8.7	29	1.1	西南风
13时	0	-6.2	26	2.8	东风

图9-31　逐小时查询页面

9.3.6.3 日查询

页面以表格方式展示单站某段日期内逐日的气象要素查询（图9-32），产品内容包括平均气温、最高气温、最低气温、降水量、平均相对湿度、极大相对湿度、极小相对湿度、平均风速、极大风速等。并支持站点、时段选取，以及数据导出、打印功能。

图9-32 日查询页面

9.3.6.4 旬查询

页面以表格方式展示单站某月内上、中、下旬的气象要素查询（图9-33），产品内容包括平均气温、最高气温、最低气温、低温日数、最长连续低温日数、降水量、降水日数、最长连续降水日数、平均相对湿度、极大相对湿度、极小相对湿度、平均风速、极大风速等。并支持站点、时间选取，以及数据导出、打印功能。

图9-33 旬查询页面

9.3.6.5 月查询

页面以表格方式展示单站某月的气象要素查询，产品内容包括平均气温、最高气温、最低气温、低温日数、连续低温日数、降水量、降水日数、连续降水日数、平均相对湿度、极大相对湿度、极小相对湿度、平均风速、极大风速等。并支持站点、时间选取，以及数据导出、打印功能。

区域	站点	平均气温(℃)	最高气温(℃)	最低气温(℃)	低温日数	连续低温日数	降水量(mm)	降水日数	连续降水日数	平均相对湿度(%)	极大相对湿度(%)	极小相对湿度(%)	平均风速(m/s)	极大风速(m/s)
四川省	色达	-5.9	9.4	-21.4	30	30	16.6	9	3	67.1	94	16	2.1	11.8
大渡河第一分区	壤塘	-1	15.2	-13.5	30	30	16.1	11	5	62.8	96	8	1.9	11.9
	金川	7	21	-2.8	25	17	20.0	8	3	65	99	16	1.2	11.8
四川省	阿坝县	-1.3	14.7	-13.3	30	30	13.2	8	4	63.5	96	13	1.8	11.5
大渡河第一分区	马尔康	3	21.4	-8.1	30	30	32.8	11	4	67.3	99	9	1.5	11
	小金	5.9	17.6	-3.4	30	30	11.9	6	3	52	98	8	2.5	13.6
	丹巴	8.7	21.8	-1.5	21	9	9.3	5	2	56.7	96	20	3.1	15.9
	泸定	11	22.5	3.3	7	2	1.7	3	1	58.1	98	19	2.2	14.3
	康定	3.4	19.3	-3.4	30	30	8.3	7	4	63.9	93	6	3.4	15.4
大渡河第三分区	汉源	12	22.3	6.8	0	0	3.2	5	2	64.6	96	31	3	12.6
大渡河第二分区	石棉	13.2	22.6	6.1	0	0	2.4	3	1	65.6	97	28	2.3	8.3
四川省	峨眉	12.1	24.1	5.4	0	0	21.5	12	4	81.3	98	29	1.2	4.1
	峨眉山	0	15.8	-8.2	30	30	17.4	15	6	81	99	10	4.6	14.6
大渡河第三分区	峨边	11.8	23.4	4.3	1	1	5.5	4	1	79.4	99	38	2.1	9.7
	甘洛	12.2	25.1	3.5	4	2	0.0	0	0	66.6	99	25	2.2	12.7
	越西	9.1	23.3	0.4	16	6	11.7	7	3	73.9	99	25	1.8	9.6
	安谷镇	12.3	27.1	4.2	1	1	23.3	13	7	-	-	-	-	-

图9-34　月查询页面

参考资料

岑思弦，秦宁生，李媛媛，2012.金沙江流域汛期径流量变化的气候特征分析[J].资源科学，34（8）：1538-1545.

陈宏，尉英华，王颖，等，2017.基于VIC水文模型的滦河流域径流变化特征及其影响因素[J].干旱气象，35（5）：776-783.

陈活泼，2013.CMIP5模式对21世纪末中国极端降水事件变化的预估[J].科学通报，85（8）：743-752.

陈宁，黄鹂，沈树勤，等，2005.江苏省流域面雨量气候特征及雨涝关系的探讨[J].气象科学，25（5）：518-527.

冯强，王昂生，李吉顺，1998.我国降水的时空变化与暴雨洪涝灾害[J].自然灾害学报，7（1）：87-93.

高琦，徐明，李武阶，等，2013.长江上游六流域强降水面雨量特征分析[J].人民长江，44（13）：14-17.

姜爱军，杜银，谢志清，等，2005.中国强降水过程时空集中度气候趋势[J].地理学报，60（6）：1007-1014.

康晓燕，马学谦，韩辉邦，等，2017.1981—2015年黄河上游河曲地区大气可降水量变化特征[J].干旱气象，35（6）：975-983.

李倩，李兰海，包安明，2012.开都河流域积雪特征变化及其与径流的关系[J].资源科学，34（1）：91-97.

李武阶，王仁乔，郑启松，2000.几种面雨量计算方法在气象和水文上的应用比较[J].暴雨灾害（1）：62-67.

刘佳，马振峰，杨淑群，等，2015.1961—2010年大渡河流域极端降水事件变化特征[J].长江流域资源与环境，24（12）：2166-2176.

刘俊峰，陈仁升，宋耀选，2012.中国积雪时空变化分析[J].气候变化研究进展，8（5）：364-371.

刘志红，柳锦宝，巴桑，等，2012.MODIS数据支持下的四川近10年积雪时空分析[C].中国气象学会年会论文集.

刘艳，李杨，张璞，2010.玛纳斯河流域融雪径流与积雪-气象因子分析[J].水土保持研究，17（2）：145-149.

刘艳，张璞，2010.基于遥感的径流丰枯与高山区积雪关系分析[J].水土保持研究，17（3）：44-48.

卢新玉，谢国辉，李杨，等，2010.玛纳斯河流域积雪变化特征及其与气温、降水的关系[J].沙漠与绿洲气象，4（2）：35-39.

纳丽，郑广芬，任少云，等，2013.宁夏春、夏、秋季干旱与降水集中期及集中度的关系[J].冰川冻土，35（4）：1015-1021.

孙燕华，黄晓东，王玮，等，2014.2003—2010年青藏高原积雪及雪水当量的时空变化[J].冰川冻土，36（6）：1337-1344.

万欣，康世昌，李延峰，等，2013.2007—2011年西藏纳木错流域积雪时空变化及其影响因素分析[J].冰川冻土，35（6）：1400-1409.

王家祁，顾文燕，姚惠明，1997.中国降水与暴雨的季节变化[J].水科学进展，8（2）：108-116.

王仁乔，李才媛，王丽，等，2003.六大流域强降水面雨量气候特征分析[J].气象，29（7）：38-42.

吴付华，樊明兰，程琳，2013.大渡河干流暴雨洪水特性初步分析[J].四川水力发电，32（1）：4-7.

吴宜进，熊安元，姜彤，等，2008.近50年长江流域降水日数的演变趋势[J].长江流域资源与环境，17（2）：217-222.

徐晶，姚学祥，2007.流域面雨量估算技术综述[J].气象，33（7）：15-21.

于大峰，陈良华，孙士型，等，2012.长江上游流域面雨量时空分布特征[J].干旱气象，30（4）：563-569.

张顺谦，马振峰，2011.1961—2009年四川极端强降水变化趋势与周期性分析[J].自然资源学报，6（11）：1918-1929.

ALEXANDER L V，ZHANG X，PETERSON T C，et al，2006.Global observed changes indaily climate extremes of temperature and precipitation[J].Journal of Geophysical Research，111，D05109，doi：10.1029/2005JD006290.

DAVID T SANDWELL，1987.Biharmonic spline interpolation of GEOS-3 and SEASAT altimeter Data[J].Geophysical Research Letters，14（2）：139-142.

GRINSTED A，MOORE J C，JEVREJEVA S，2004.Application of the cross wavelet transform and wavelet coherence to geophysical time series[J].Nonlinear Processes in Geophysics，11：561-566.

IPCC，2007.Climate Change 2007：The physical science basin[M].Contribution of working group 1 to the fourth assessment report of the intergovernmental panel on climate change.

YOU Q L，KANG S C，AGUILAR E，et al，2011.Changes in daily climate extremes in China and their connection to the large scale atmospheric circulation during 1961-2003[J].Climate Dynamics，36：2399-2417.